王振波　孔宪宾　主编
徐道远　主审

中 国 土 木 工 程 学 会 教 育 工 作 委 员 会 江 苏 分 会 组 织 编 写

应用型本科院校土木工程专业规划教材

工程力学

（上册）

知识产权出版社
全国百佳图书出版单位

内容提要

本书系"应用型本科院校土木工程专业规划教材"之一，分为上、下两册。上册涉及静力学问题，包括传统的理论力学中的静力学内容和材料力学的大部分内容，并将内力及内力图集中为一章，作为静力学和材料力学联结点。下册则涉及动力学问题，包括传统理论力学中的运动学部分以及材料力学中的动力问题（包括疲劳）。本书具有体系新颖、内容紧凑、概念清晰、习题量适中等特点，适合工程力学的教学和学习。

本书可作为高等院校土木工程专业及相关专业的教学用书，也可供相关专业工程技术人员参考。

责任编辑：陆彩云　张　冰

图书在版编目（CIP）数据

工程力学. 上册/王振波，孔宪宾主编. —北京：
知识产权出版社，2012.7
应用型本科院校土木工程专业规划教材
ISBN 978-7-5130-0770-2

Ⅰ.①工… Ⅱ.①王…②孔… Ⅲ.①工程力学-
高等学校-教材　Ⅳ.①TB12
中国版本图书馆 CIP 数据核字（2011）第 165406 号

应用型本科院校土木工程专业规划教材

工程力学（上册）
GONGCHENG LIXUE

王振波　孔宪宾　主编　　徐道远　主审

出版发行：知识产权出版社

社　　址：北京市海淀区马甸南村 1 号		邮　　编：100088	
网　　址：http：//www.ipph.cn		邮　　箱：bjb@cnipr.com	
发行电话：010-82000860 转 8101/8102		传　　真：010-82005070/82000893	
责编电话：010-82000860 转 8024		责编邮箱：zhangbing@cnipr.com	
印　　刷：北京富生印刷厂		经　　销：新华书店及相关销售网点	
开　　本：787mm×1092mm　1/16		印　　张：17	
版　　次：2006 年 6 月第 1 版		印　　次：2012 年 7 月第 2 次印刷	
字　　数：403 千字		印　　数：4101～7100 册	
定　　价：28.00 元			

ISBN 978-7-5130-0770-2/TB·002（3669）

中国土木工程学会教育工作委员会江苏分会组织编写

应用型本科院校土木工程专业规划教材

编 写 委 员 会

主 任 委 员　李爱群

副主任委员　吴胜兴　刘伟庆

委　　　员　（按姓氏拼音字母排序）

包 华	崔清洋	何培玲	何卫中	孔宪宾
李庆录	李仁平	李文虎	刘爱华	刘训良
佘跃心	施凤英	田安国	童 忻	王振波
徐汉清	宣卫红	荀 勇	殷惠光	张三柱
朱正利	宗 兰			

审 定 委 员 会

顾　　　问　蒋永生　周 氏　宰金珉　何若全

委　　　员　（按姓氏拼音字母排序）

艾 军	曹平周	陈国兴	陈忠汉	丰景春
顾 强	郭正兴	黄安永	金钦华	李爱群
刘伟庆	陆惠民	邱宏兴	沈 杰	孙伟民
吴胜兴	徐道远	岳建平	赵和生	周国庆

总　序

　　中国土木工程学会教育工作委员会江苏分会成立于 2002 年 5 月，现由江苏省设有土木工程专业的近 40 所高校组成，是中国土木工程学会教育工作委员会的第一个省级分会。分会的宗旨是加强江苏省各高校土木工程专业的交流与合作，提高土木工程专业的人才培养质量，服务于江苏乃至全国的建设事业和社会发展。

　　人才培养是高校的首要任务，现代社会既需要研究型人才，也需要大量在生产领域解决实际问题的应用型人才。目前，除少部分知名大学定位在研究型大学外，大多数工科大学均将办学层次定位在应用技术型高校这个平台上。作为知识传承、能力培养和课程建设载体的教材在应用型高校的教学活动中起着至关重要的作用，但目前出版的教材大多偏重于按照研究型人才培养的模式进行编写，"应用型"教材的建设和发展却远远滞后于应用型人才培养的步伐。为了更好地适应当前我国高等教育跨越式发展的需要，满足我国高校从精英教育向大众化教育重大转移阶段中社会对高校应用型人才培养的各类要求，探索和建立我国高校应用型本科人才培养体系，中国土木工程学会教育工作委员会江苏分会与中国水利水电出版社、知识产权出版社联合，组织江苏省有关院校的教师，编写出版了适应应用型人才培养需要的应用型本科院校土木工程专业规划教材。其培养目标是既掌握土木工程学科的基本知识和基本技能，同时也包括在技术应用中不可缺少的非技术知识，又具有较强的技术思维能力，擅长技术的应用，能够解决生产实际中的具体技术问题。

　　本套教材旨在充分反映应用型本科的特色，吸收国内外优秀教材的成功经验，并遵循以下编写原则：

- 突出基本概念、思路和方法的阐述以及工程应用实例；

- 充分利用工程语言，形象、直观地表达教学内容，力争在体例上有所创新并图文并茂；

- 密切跟踪行业发展动态，充分体现新技术、新方法，启发学生的创新思维。

　　本套教材虽然经过编审者和编辑出版人员的尽心努力，但由于是对应用型本科院校土木工程专业规划教材的首次尝试，故仍会存在不少缺点和不足之处。我们真诚欢迎选用本套教材的师生多提宝贵意见和建议，以便我们不断修改和完善，共同为我国土木工程教育事业的发展作出贡献。

中国土木工程学会教育工作委员会江苏分会

2006 年 4 月

前　　言

　　《工程力学》上、下两册是由中国土木工程学会教育工作委员会江苏分会组织编写的应用型本科系列教材中的一部分，是针对应用型本科土木建筑类各专业的"工程力学"课程而编写的教材。本教材具有以下特点：

　　（1）体系新颖，上册涉及静力学问题，包括传统的理论力学静力学内容和材料力学的大部分内容，但将内力及内力图集中为一章，作为静力学和材料力学联结点，即从刚体平衡引伸到变形体平衡，较为恰当。下册则涉及动力学问题，包括传统理论力学中的运动学部分以及材料力学中的动力问题（包括疲劳）。体系的处理比较合理。

　　（2）内容紧凑，在上述体系范围内，有关工程力学基本内容均已涉及，但摒弃了一些过深而又不实用的内容，专业对口性较强。

　　（3）概念清晰，突出了"应用"的特点。教材中绝大部分内容在阐述方面注意交待来龙去脉，由浅入深，推导论证详而不繁，突出了应用的条件和前提。例题注重对解题思路的引导、公式的正确应用和对结果合理性的分析。

　　（4）习题量适中，习题既有足够的基本题，又包括了一些思考性及综合性的题目。

　　本教材是一本有特色的，符合应用型本科教学要求的教材。可供建筑类各专业使用。学分为9～10学分类型的专业可全书使用，其他类型的专业可选辑使用，也可只用上册或下册。

　　本教材的编写分工如下：

　　上册由王振波教授和孔宪宾教授主编；宿迁学院王振波、佘守坚和乔燕编写了第一章、第五章、第十一章、附录Ⅰ和附录Ⅱ；淮阴工学院孔宪宾、沈化荣和夏江涛编写了第二章、第三章、第六章和第七章；盐城工学院崔清洋编写了第九章和第十章；徐州工程学院李天珍编写了第八章；南通大学王海霞编写了第四章。

下册由孔宪宾教授和王振波教授主编；淮阴工学院孔宪宾、沈化荣和夏江涛编写了第二章、第十章、第十一章、第十二章和第十三章；宿迁学院王振波、佘守坚、乔燕编写了第四章、第六章、第八章和第九章；盐城工学院崔清洋编写了第七章；徐州工程学院李天珍编写了第三章和第五章；南通大学王海霞编写了第一章。

本教材由河海大学徐道远教授主审。

本教材在编写过程中，得到了南京工业大学刘伟庆教授的大力支持，安徽理工大学王晋平副教授对本书的编写也提出了许多宝贵意见，在此表示衷心感谢。

限于编者水平，本书难免存在不足和欠妥之处，诚请各位师生和读者批评指正。

编者

2006 年 1 月

目　　录

第 一 章

绪 论

【**本章要点**】
- 工程力学的任务及主要内容。
- 荷载的分类及结构的分类。
- 杆件的几何特征与基本变形形式。
- 变形固体的基本假设。

第一节 工程力学的任务

工程力学不仅是工程结构构件的设计基础,而且在解决许多工程技术问题中有着广泛的应用。20世纪产生的诸多高新技术,如大跨度桥梁(见图1-1)、大型水利工程(见图1-2)、电视塔(见图1-3)和高层建筑(见图1-4)等许多重要工程都与工程力学有密切关系。

在建筑工程中,如桥梁、水坝、电视塔、隧道和房屋等,用以承担预定的任务和支承荷载、由建筑材料按合理的方式组成的建筑物称为结构。而这些结构又往往是由若干构件按一定形式组成,如房屋结构中的梁和柱等。

图 1-1 大跨度桥梁

图 1-2 长江三峡工程

图 1-3　艾菲尔铁塔　　　　　　　　　　　　　图 1-4　高层建筑

在荷载作用下，承受荷载和传递荷载的建筑结构和构件会引起周围物体对它们的反作用。同时构件本身因受荷载作用而将产生变形，并且存在着发生破坏的可能性。但结构本身具有一定的抵抗变形和破坏的能力，即具有一定的承载能力，而构件的承载能力的大小与构件的材料性质、截面的几何尺寸和形状、受力性质、工作条件和构造情况等有关。在结构设计中，若其他条件一定时，如果构件的截面设计得过小，当构件所受的荷载大于构件的承载能力时，则结构将不安全，它会因变形过大而影响正常工作，或因强度不足而破坏。当构件的承载力远远大于构件所承受的荷载时，则会构成材料的浪费。因此，工程力学的主要内容可归纳为以下几个方面。

（1）力系的简化和力系的平衡问题。研究和分析此问题时，我们往往将所研究的对象视为刚体。所谓刚体是指在任何外力作用下不变形的物体。事实上，刚体是不存在的，任何物体在受到力的作用时，都将发生不同程度的变形（这种物体称为变形体），如房屋结构中的梁和柱，在竖向荷载作用下，梁将产生弯曲变形，而柱将发生压缩变形。但在很多情况下物体的变形对研究平衡问题的影响甚微，故将变形略去不计。这样会大大简化对力系平衡问题的研究。

（2）强度问题。强度即构件抵抗破坏的能力。例如，起吊重物时，吊车梁可能被压弯断裂，在设计时就要保证它在荷载作用下，正常工作时不会发生破坏。

（3）刚度问题。刚度即构件抵抗变形的能力。再如，吊车梁在荷载等因素作用下，虽然满足强度问题，即不致破坏，但梁的变形过大，超出所规定的范围，也会影响正常的工作。

（4）稳定性问题。稳定性即构件保持其原有平衡状态的能力。对于比较细长的中心受压杆，当压力超过一定值时，杆件将不能保持其原有的直线形状，而突然变成曲线形状，改变它原来受压的工作性质而发生破坏。这种现象称为丧失稳定或简称失稳。例如，房屋结构中的承重柱若过长、过细，就可能由于柱子的失稳而导致整个房屋的突然倒塌。

因此，设计工程构件时，在材料选用和形状尺寸选取上，既要保证构件有足够的承载能力，又要尽量节省材料，节约资金，达到既安全又经济的要求。

第二节 工程力学的主要内容

一、本书上册的主要内容

（一）荷载的分类

在工程力学中，作用在物体上的力一般可分为两种：一种是使物体运动或使物体有运动趋势的主动力，如重力、风压力等；另一种是阻碍物体运动的约束力。约束是指能够限制构件运动的其他物体，而约束作用于被约束构件上的力称为约束反力，简称反力。通常把作用在结构上的主动力称为**荷载**。荷载和反力是相互对立又相互依存的一个矛盾的两个方面。它们都是其他物体作用在结构上的力，所以又统称为外力。在外力作用下物体内部相互作用力的改变量称为内力。结构的强度和刚度，都直接与内力有关，而内力又是由外力引起和确定的。在结构设计中，首先分析和计算作用在结构上的外力，然后计算结构中的内力。因此，确定结构所受的荷载，是进行结构受力分析的前提，须慎重对待。若将荷载估计过大，则设计的结构尺寸将偏大，造成浪费；若将荷载估计过小，则设计的结构不够安全。

在工程实际中，结构受到的荷载是多种多样的，为了便于分析，下面从不同的角度，对荷载进行分类。

1. 按作用在结构上的时间分类

荷载按其作用在结构上的时间久暂分为恒载和活荷载。

（1）**恒载**是指作用在结构上的不变荷载，即在结构建成以后，其大小和位置都不再发生变化的荷载，如结构的自重。

（2）**活荷载**是指在施工和建成后使用期间可能作用在结构上的可变荷载。所谓可变荷载，就是这种荷载有时存在、有时不存在，其作用位置和范围可能是固定的（如风荷载、雪荷载、教室的人群重量等），也可能是移动的（如吊车荷载、桥梁上行驶的车辆等）。不同类型的房屋建筑，因其使用情况不同，活荷载的大小也就不同。各种常用的活荷载，在《工业与民用建筑结构荷载规范》（GB 50009—2001，2006 年版）中都有详细的规定，并以每平方米面积的重量来表示。

2. 按作用在结构上的分布情况分类

荷载按其作用在结构上的分布情况分为分布荷载和集中荷载。

（1）分布荷载是指满布在结构某一表面上的荷载，又可分为均布荷载和非均布荷载。图 1-5（a）所示为梁的自重，荷载连续作用，大小相同，这种荷载称为**均布荷载**。梁的自重是以每米长度重量来表示，单位是 N/m 或 kN/m，又称为线均布荷载。图 1-5

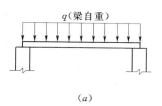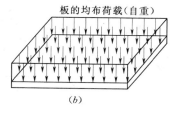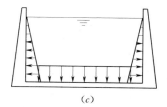

(a)　　　　(b)　　　　(c)

图 1-5

(b) 所示为板的自重，也是均布荷载，它是以每平方米面积重量来表示的，单位是 N/m² 或 kN/m²，故又称为面均布荷载。图 1-5 (c) 所示为一水池，池壁受到水压力作用，水压力的大小与水深成正比，这种荷载形成一个三角形的分布规律，即荷载连续作用，但各处大小不同，称为非均布荷载。

（2）集中荷载是指作用在结构上的荷载一般总是分布在一定的面积上，当分布面积远小于结构的尺寸时，则可认为此荷载是作用在结构的一点上，称为集中荷载。如吊车的轮子对吊车梁的压力、屋架传给砖墙或柱子的压力等，都可认为是集中荷载。其单位一般用 N 或 kN 来表示。

3. 按作用在结构上的性质分类

荷载按其作用在结构上的性质分为静力荷载和动力荷载。

（1）**静力荷载**是指荷载从零慢慢增加至最后的确定数值后，其大小、位置和方向就不再随时间而变化，这种荷载称为静力荷载。如结构的自重、一般的活荷载等。

（2）**动力荷载**是指荷载的大小、位置、方向随时间而迅速变化，称为动力荷载。在这种荷载作用下，结构产生显著的加速度，因此，必须考虑惯性力的影响。如动力机械产生的荷载、地震荷载等。

以上是从三种不同角度将荷载分为三类，但它们并不是孤立无关的，例如结构的自重，它既是恒载，又是分布荷载，也是静力荷载。

（二）结构的分类

根据不同的观点，结构可分为各种不同的类型。此处仅介绍两种最常用的分类方法。

若按空间分类，结构可分为平面结构和空间结构。组成结构的所有杆件的轴线和作用在结构上的荷载都在同一平面内，此结构称为平面结构；如果组成结构的所有杆件的轴线或荷载不在同一平面内的结构称为空间结构。实际工程中结构都是空间结构，但大多数结构在设计中是被分解或简化为平面结构来计算的。有些情况下，必须考虑结构的空间作用。

若按几何特征分类，结构可分为杆件结构、薄壁结构和实体结构。杆件的几何特征是指杆件的长度远远大于某截面的宽度和厚度的结构，称为杆件结构，如图 1-6 (a) 所示；薄壁结构是指厚度远远小于其他两个尺寸的结构，如图 1-6 (b)、(c) 所示；实体结构是指三个方向的尺寸相接近的结构，如图 1-6 (d) 所示。

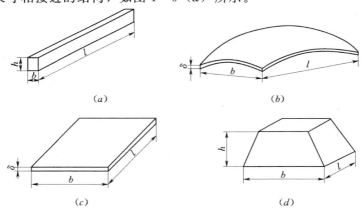

(a) (b) (c) (d)

图 1-6

本书只研究平面杆件和杆系结构。杆件常见的形式主要包括拉（压）杆、扭转杆（轴）、梁和拱等；杆系常见的形式主要包括刚架、桁架和组合结构等。

1. 梁

梁是一种常见的受弯杆件，其轴线一般为直线，可以是单跨的和多跨的，如图 1-7 所示。

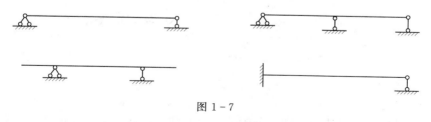

图 1-7

2. 拱

拱的轴线为曲线，在竖向荷载作用下，不仅产生竖向约束反力，而且产生水平推力，如图 1-8 所示。

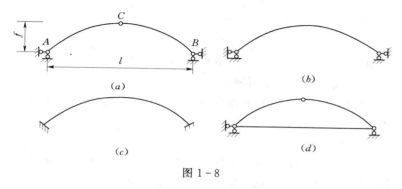

图 1-8

3. 刚架

刚架是由直杆组成，其结点多数是刚结点，也可有部分铰结点，如图 1-9 所示。

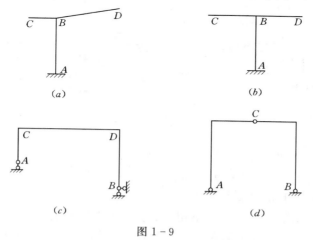

图 1-9

4. 桁架

桁架由直杆组成，各杆件由理想的铰结点连接，荷载作用在结点上，如图 1-10

所示。

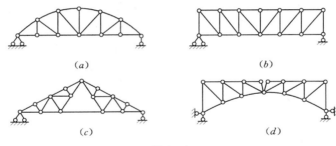

图 1-10

5. 组合结构

组合结构是由部分梁或刚架和部分桁架组成的结构，梁和刚架杆件主要受弯，桁架杆件主要承受轴力，如图 1-11 所示。

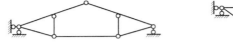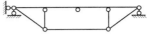

图 1-11

以上五种类型的杆系结构，将在以后的章节中作详细介绍。

（三）杆件的几何特性与基本变形形式

工程力学在研究杆件及杆系结构各部分的强度、刚度和稳定性问题时，首先要了解杆件的几何特征和基本变形形式。

1. 杆件的几何特性

杆件的长度方向称为纵向，垂直于长度的方向称为横向。垂直于杆件长度方向的截面称为横截面，各横截面形心的连线称为轴线，二者相互垂直，如图 1-12 所示。按照杆件轴线的形状，分为直杆、曲杆和折杆。而等直杆就是轴线为直线且各横截面的形状、尺寸均不改变的杆件。

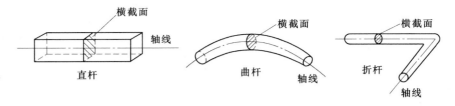

图 1-12

2. 杆件的基本变形形式

杆件在外力作用下不仅产生内力，而且产生变形，不同的荷载产生不同的变形，杆件的实际变形可分解为以下几种基本形式。

（1）轴向拉伸或压缩。在一对大小相等、方向相反、作用线与杆轴重合的外力作用下，使杆件在长度方向发生伸长的变形，称为**轴向拉伸**，如图 1-13（a）所示；长度方向发生缩短的变形，称为**轴向压缩**，如图 1-13（b）所示。

（2）剪切。在一对大小相等、方向相反、作用线相距很近的横向力作用下，杆件的主要变形是横截面沿外力作用方向发生相对错动的变形，称为**剪切**，如图1-13（c）所示。

（3）扭转。在一对大小相等、转向相反、作用面与杆轴垂直的外力偶矩作用下，杆件的相邻横截面将绕着轴线发生相对转动，而杆件的轴线仍保持为直线的变形，称为**扭转**，如图1-13（d）所示。

（4）弯曲。在杆件的纵向平面内作用一对大小相等、转向相反的外力偶矩，使杆轴线由直线变为曲线的变形，称为**弯曲**，如图1-13（e）所示。

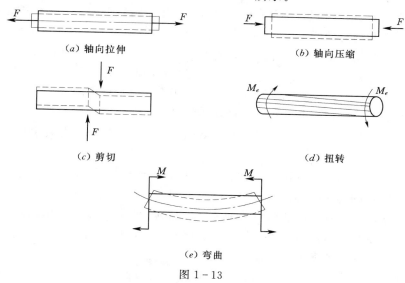

（a）轴向拉伸   （b）轴向压缩

（c）剪切   （d）扭转

（e）弯曲

图1-13

轴向拉伸或压缩、剪切、扭转和弯曲是杆件变形的四种基本形式。实际结构中杆件的变形有时是单一的基本形式，但大多数是几种基本变形组合的复杂变形。

（四）变形固体的基本假设

固体因外力作用而变形，故称为变形固体。固体有多方面的属性，研究的角度不同，侧重面各不一样。研究构件的强度、刚度和稳定性时，为抽象出力学模型，掌握与问题有关的主要属性，略去一些次要属性，对变形固体作下列假设。

1. 连续性假设

连续性假设认为，组成固体的物质不留空隙地充满了固体的体积。实际上，组成固体的粒子之间存在着空隙并不连续，但这种空隙的大小与构件的尺寸相比极其微小，可忽略不计。于是就认为固体在其整个体积内是连续的。这样，当把某些力学量看作是固体的点的坐标的函数时，对这些量就可以进行坐标增量为无限小的极限分析。

2. 均匀性假设

均匀性假设认为，在固体内到处有相同的力学性能。就使用最广泛的金属来说，组成金属的各晶粒的力学性能并不完全相同。但因构件或构件的任一部分中都包含为数极多的晶粒，而且无规则地排列，固体的力学性能是各晶粒的力学性能的统计平均值，所以可以认为各部分的力学性能是均匀的。这样，如从固体中取出一部分，不论大小，也不论从何处取出，力学性能总是相同的。

3. 各向同性假设

各向同性假设认为，无论沿任何方向，固体的力学性能都是相同的。就金属的单一晶粒来说，沿不同的方向，力学性能并不一样。但金属构件包含数量极多的晶粒，且又杂乱无章地排列，这样，沿各个方向的力学性能就接近相同了。具有这种属性的材料称为各向同性材料，如钢、铜、玻璃等。

沿不同方向力学性能不同的材料，称为各向异性材料，如木材、胶合板和某些人工合成材料等。

二、本书下册的主要内容

本书下册主要研究物体的动力分析，即研究作用于物体上的力与物体的运动之间的关系。分为运动学和动力学两部分。

运动学是从几何学角度来研究运动物体的时空特征。在工程实际中，许多设计本身就要实现物体或物体系统的某种运动状态或运动特征，因此，运动学理论在各工程技术领域中均有广泛的应用。同时，运动学知识是学习和研究动力学理论的基础。

在运动学研究中，首先涉及物体运动状态的描述，在描述物体的运动状态时必须指出它是相对于哪一个物体的，这就需要有一个参照物，固定在这个参照物上的坐标系称为参考坐标系或参考系。

运动学中涉及时间量度的两个概念，即瞬时和时间间隔。瞬时是指时间轴上的某一点，即运动过程中的某一时刻。时间间隔是指时间轴上某一连续区间，即两个瞬时之间的一段时间。在运动学中我们将研究对象抽象为点和刚体两种模型。所谓点是指运动物体的大小与其运动范围相比可以忽略不计的情形。此时可以把物体简化为一个点，不符合上述条件的一般情形则应将所研究的物体看作刚体。

动力学则是研究作用于物体上的力与物体运动之间的关系，从而建立机械运动的普遍规律。动力学在工程实践中有着广泛的应用，如厂房、桥梁在动荷载作用下的设计计算，各类建筑物的抗震设计，动力基础的隔震和减震等都要用到动力学的知识。

在动力学中，当物体的大小对所研究的问题不起主要作用时，常将物体简化为一个质点，所谓质点是指具有一定质量的几何点。当被研究的物体的尺寸形状不可忽略时，通常把物体或物体系统看作由许多质点组成的质点系，刚体可以看成各质点之间的距离保持不变的质点系。

根据研究对象的不同，动力学可分为质点动力学和质点系动力学两部分。

第二章

静力学基础及物体的受力分析

【本章要点】
- 静力学基本原理。
- 约束及约束反力。
- 物体的受力分析及受力图。

物理学中已经阐明力是物体间的相互机械作用，这种作用可使物体机械运动状态发生变化，称为力的运动效应（或外效应），力的作用也可使物体的大小和几何形状发生变化，称为力的变形效应（或内效应）。当研究力的运动效应时，可略去物体的变形，将物体视为刚体，力对物体作用的运动效应取决于力的大小、方向和作用线，此时力可用滑移矢量来描述。当研究力的变形效应时，则将物体视为变形固体，力的变形效应取决于力的大小、方向和作用点，此时力需用定位矢量来描述。

物理学中称一个处于静止或作匀速直线运动的物体为处于平衡状态。使物体处于平衡状态的力系称为平衡力系。使同一物体具有相同效应的力系称为等效力系。若一个力与一个力系等效，则称此力为该力系的合力。

第一节 静力学公理

一、二力平衡原理

二力作用在同一刚体上，使刚体处于平衡状态的充要条件是：该二力必须等值、反向和共线。

图 2-1 所示两种情况均满足二力平衡原理。其中图 2-1（a）所示的二力使杆产生拉伸的趋势，称为拉力；图 2-1（b）所示的二力使杆产生压缩的趋势，称为压力。

图 2-2 所示两种情况均为一绳索受二等值、反向力作用。显然，图 2-2（a）所示二力为平衡力，而图 2-2（b）所示二力，由于此时绳索在压力下不能再视为刚体所以不能平衡。

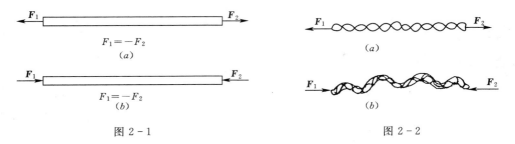

图 2-1
图 2-2

图 2-3 所示情况，虽然二力等值、反向又共线，但由于不是作用于同一刚体，因此不能平衡。

二力平衡是一切平衡力系的基础。建筑结构中受二力平衡的杆件很多，钢筋受拉平衡、柱子受轴向压力平衡都属于这一类。力学中将受到二力而平衡的杆件（直杆、曲杆均可）称为二力杆，图 2-4 所示两种情况均为二力杆。对于只在两点上受力而平衡的杆件，应用二力平衡原理可以确定其未知力的方位。

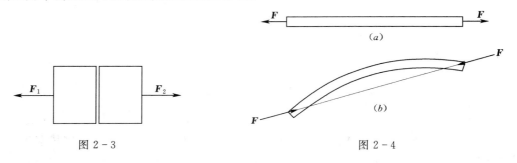

图 2-3
图 2-4

二、加减平衡力系原理

在作用于同一刚体的某力系上增加或除去任意平衡力系，并不改变原力系对该刚体的作用。

根据这个原理可以导出力沿作用线的可传性。图 2-5（b）比图 2-5（a）增加了一对平衡力，且有 $F_1 = F_2 = F$，根据加减平衡力系原理，显然图 2-5（a）与图 2-5（b）二力系为等效力系，由于图 2-5（b）中 F_2 与 F 又可视为一平衡力系，将此平衡力系减去即成图 2-5（c）所示力系；同理，图 2-5（b）与图 2-5（c）力系等效，最终图 2-5（a）与图 2-5（c）力系等效，但此时力已由刚体的 A 点沿作用线移到了 B 点，而未改变原力系对它的作用效果。

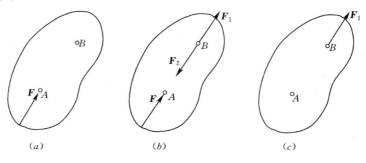

图 2-5

　　根据力的可传性，力的三要素中的作用点可改为作用线。因此，力矢量是滑移矢量。

　　力的可传性仍然是建立在刚体这个概念基础之上的，只有当所研究的对象可以视为一个刚体时，力的可传性才能是正确的。

三、力的平行四边形法则

　　作用于物体上同一点的两个力，可以合成一个合力，合力也作用于该点，合力的大小和方向由这两个力为邻边所构成的平行四边形的对角线来确定。这个公理表明合力是分力的几何和或矢量和。以 $\boldsymbol{R}$ 表示力 $\boldsymbol{F}_1$ 与 $\boldsymbol{F}_2$ 的合力，则由上述公理得

$$\boldsymbol{R}=\boldsymbol{F}_1+\boldsymbol{F}_2$$

　　图 2-6（a）即为该公理的图解说明。图中平行四边形对角线 $\overline{OO'}$ 矢量就是合力 $\boldsymbol{R}$。由于 $\overline{OC}$ 与 $\overline{BO'}$ 两线段平行又相等，因此在求 $\boldsymbol{F}_1$ 与 $\boldsymbol{F}_2$ 的合力时，只要作出如图 2-6（b）所示的三角形就可同样得到合力 $\boldsymbol{R}$。图中 $\boldsymbol{F}_1$ 与 $\boldsymbol{F}_2$ 是首尾相联的，这种作法称为力的三角形法则。不过这种方法只能确定合力的大小和方向，而不能确定合力作用线位置，显然作用线必须仍然通过原二力的交点。

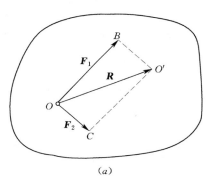
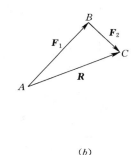

（a）　　　　　　　　　　　　　　　　（b）

图 2-6

　　力的平行四边形法则是力系简化的主要依据，因为它解决了两个已知力求合力以及一个合力分解为两个已知方向的分力问题。

　　前面已经研究过二力平衡问题，在掌握了力的平行四边形法则后我们可以得到有关三力平衡的一条重要定理，**即作用在同一刚体上不平行的三个力若使刚体平衡，则该三力必须汇交于一点，且三力共面。** 此定理证明如下：如图 2-7 所示刚体上不平行的三个力 $\boldsymbol{F}_1$、$\boldsymbol{F}_2$ 与 $\boldsymbol{F}_3$ 处于平衡状态，根据力的平行四边形法则，$\boldsymbol{F}_2$ 与 $\boldsymbol{F}_3$ 可合成为一个过交点 D 的力 $\boldsymbol{R}$，此时三力平衡已变成为 $\boldsymbol{F}_1$ 与 $\boldsymbol{R}$ 的二力平衡。根据二力平衡的条件，显然 $\boldsymbol{F}_1$ 的作用线也必须通过 $\boldsymbol{F}_2$ 与 $\boldsymbol{F}_3$ 的交点 D，因此三力平衡

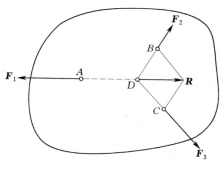

图 2-7

必须交于一点。由于 $\boldsymbol{R}$ 与 $\boldsymbol{F}_2$ 和 $\boldsymbol{F}_3$ 在同一平面，且 $\boldsymbol{F}_1$ 与 $\boldsymbol{R}$ 在同一直线上，所以 $\boldsymbol{F}_1$、$\boldsymbol{F}_2$ 与 $\boldsymbol{F}_3$ 也必在同一平面内。不过需要注意的是，"汇交于一点"这个条件仅是三力平衡的必要条件，而不是充分条件。或者说已经汇交于一点上的三个力并不一定都是平衡力系。

四、作用与反作用定律

两物体间相互作用的力总是大小相等、方向相反、沿同一直线，并分别作用在这两个物体上。这一定律是研究结构受力分析特别是绘制隔离体受力图的基础。该定律中需要强调的是，作用力与反作用力一定是分别作用于两个物体，在研究其中任何一个物体的受力时，其上只有这两个力中的一个。

研究图 $2-8$（a）所示柱、基础和地基受力时，可通过截面 A 与 B 将三者隔离开。柱子在上部荷载 F 与自重 G_1 作用下基础有受压的趋势，它对基础的作用力 N_A 示于图 $2-8$（c）中，而基础给柱子的反作用力 N_A' 示于图 $2-8$（b）中；基础在 N_A 与自重（包括部分土重）G_2 作用下给地基的作用力 N_B 示于图 $2-8$（d）中，而地基对基础的反作用力 N_B' 示于图 $2-8$（c）中。以基础为对象，它受到柱子给它的作用力 N_A、自重 G_2 和地基给它的反作用力 N_B'，基础在这三个力作用下处于平衡状态，因此 N_A、G_2、N_B' 三力构成平衡力系。

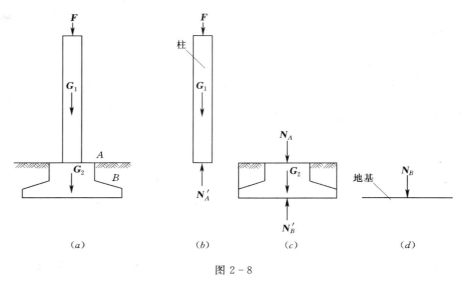

（a）　　　　　　（b）　　　　　　（c）　　　　　　（d）

图 $2-8$

第二节　约束与约束反力

在空中航行的飞机、导弹等，它们在空中可以不受限制地自由飞行，这种在空间运动不受任何限制的物体，称为自由体。顶棚下用绳索吊着的灯、铁轨上运行的火车、由墙支承的屋架等，它们在空中的运动都受到了一定的限制，这类运动受到某些限制的物体统称为非自由体。对非自由体运动的限制通常称为约束。例如墙体对屋架下落的运动起到限制作用，则称墙体给屋架一个约束。墙体作为约束体，屋架显然是被约束体，约束体与被约束体间有相互接触和作用，因此也就一定存在与约束相适应的约束力（或称为约束反力）。如何确定约束反力的大小、方向和作用点是绘制结构或构件受力图和进行受力分析的基础。一般约束反力的大小需要根据主动力（或称为荷载）的作用情况利用平衡条件才能确定，但约束反力的方向必定与限制运动的方向相反，这是确定约束反力方向的基本原则。至于约束反力的作用点显然应是约束体与被约束体的接触点。建筑工程中常遇到的约束有柔性约束、光滑面约束、铰链约束、固定铰支座、滚轴支座、单链杆支座、固定端支座等。这些约束以及相应约束反力的特点必须熟练掌握，反复应用。

一、柔性约束

柔性约束是由柔软的不可伸长的细长物体构成的。例如，吊装工程中使用的钢丝绳 [见图 2-9 (a)]、链条 [见图 2-9 (b)] 和机器传动中的皮带 [见图 2-9 (c)] 等，整体考查可以看作柔体（只抗拉不抗压）约束，由于它只能限制沿柔体自身中心线伸长方向的运动，因此柔体约束所产生的约束反力的方位必定是沿柔体的中心线，其指向背离被约束的物体，其作用点为柔体与被约束体的接触点。图 2-10 (a) 所示一重为 G 的预制板被起吊，钢丝绳通过 A、B 两点与构件连接。根据柔体约束反力的特点，在解除柔体约束后，应在图 2-10 (b) 中的 A、B 两点画出两个约束反力，其方位分别与 AC 和 BC 线重合，指向背离预制板，作用点分别在 A 与 B。此处须强调指出，约束反力必须画在已经解除约束的被约束物体上（代替约束的作用），而不要直接画在图 2-10 (a) 中，以免混淆作用与反作用。同时还需说明，约束反力 T_A 与 T_B 的大小此时尚不能确定，这需根据主动力 G 的大小通过平衡条件才能最后求出。一般在画受力图时只要根据约束反力特点正确画出力的作用点与方向即可。

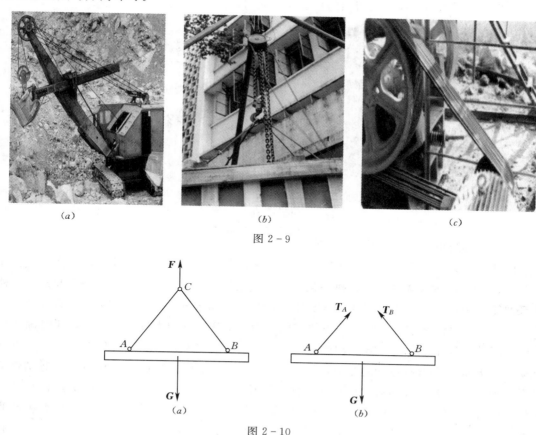

(a)   (b)   (c)

图 2-9

(a)   (b)

图 2-10

二、光滑面约束

图 2-11 (a) 所示一任意光滑面 BAC 对一重 G 的物体产生约束作用。如不计接触点的摩擦，可看作是光滑面约束。由于这种约束不能限制物体沿 A 点公切线方向的运动（光

滑），而只能限制物体过 A 点垂直于公切线并指向 BAC 内部的运动，因此在画物体的受力图时［见图 2-11（b）］，光滑面的约束反力，其方位应与过 A 点的公切线相垂直，其指向应朝着被约束体，作用点显然为 A。图 2-11（c）所示为一在 A 点具有光滑面的物体 D 与在 A 点为尖角的物体 E 相接触，解除约束 E，D 物体在 A 点应受到约束反力 N_A 的作用，由于尖角可视为半径很小的圆弧，故 N_A 的方向仍垂直于公切线，指向物体 D［见图 2-11（d）］。

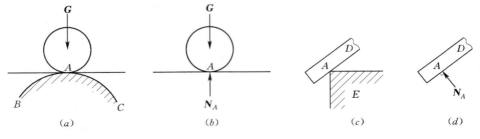

图 2-11

图 2-12 所示啮合齿轮的齿面约束也属于光滑面约束。

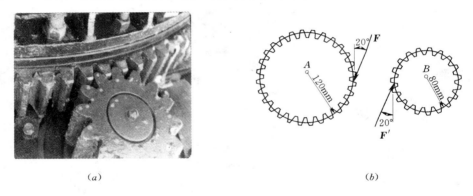

图 2-12

三、铰链约束

用圆柱销钉插入两构件的圆孔中，将二者连起来，称为圆柱销钉铰链，简称**铰链**。如图 2-13（a）所示某体育馆三铰拱屋架，其顶点用铰链 C 将 A、B 两片拱联系起来。这种联系的简单构造是由拱片 A、拱片 B 和销钉 C 三部分组成的，轴与孔接触处可认为是完全光滑的。三者之间都在起着相互约束的作用。为了了解这种约束反力的特点，暂时确认 A 片固定不动，B 片有向右下方运动的趋势［见图 2-13（b）］。由于 A 不动，销钉 C 也不能动，当 B 向右下方有运动趋势时，销钉 C 与 B 孔必在孔边某点 a 相接触，此时销钉 C 可以视为 B 孔的光滑面约束，根据光滑面约束反力性质，在 B 孔上必有过 a 点且垂直于公切线的 R_A 力存在；根据作用与反作用定律，此时销钉 C 上 a 点必有与 R_A 相等相反的 R'_A 力存在，销钉 C 在此力作用下将产生向左下方运动的趋势，由于 A 片不动，C 与 A 必在孔边某点 b 接触，A 孔边 b 点将受到来自销钉 C 的与公切线相垂直的作用力 R_B，同时 A 片将对销钉 C 产生 R'_B 的反作用力；由于孔和轴皆为圆形。因此，与公切线相垂直的力均应过孔的中心，此外因销钉 C 处于二力平衡状态，所以 R'_A 与 R'_B 必在同一直线上、相等且方向相反，故 $\boldsymbol{R}_A$ 与 $\boldsymbol{R}_B$ 也必定等值、反向，在同一直线上且过孔的中心，如果孔视为无穷小的一点，且仅研究 A 片与 B 片间的相互作用，则 $\boldsymbol{R}_A$ 与 $\boldsymbol{R}_B$ 就形成了铰链约束中的约束反力。这种约束反力是成对出现的，作用点位于孔心，其方向由于与运动趋势有关，而 A、B 的相互运动趋势又是任意的，所以约束反力的方向是任意的。这种任意方向的约束反力在画受力图和进行受力计算时都很不方便，为便于画图和计算，一般将此二力沿水平和铅垂方向分解（不是唯一方式）成如图 $2-13$ (c) 所画的 $\boldsymbol{X}_C$ 与 $\boldsymbol{Y}_C$ 和 $\boldsymbol{X}_C'$ 与 $\boldsymbol{Y}_C'$ 且 $X_C=X_C'$，Y_C $=Y_C'$，其指向可以假设，但当 $\boldsymbol{X}_C$ 与 $\boldsymbol{Y}_C$ 假设后 $\boldsymbol{X}_C'$ 与 $\boldsymbol{Y}_C'$ 就不能再假设，而必须视为作用和反作用的关系。在明确了铰链约束的本质以后，也可用一种更为简要的方式说明约束反力的特点。由于滚轴起的作用就是限制 A、B 的相互分离，且这种分离都可以分解为水平与铅垂两个方向，所以其约束反力就应如图 $2-13$ (c) 所示。

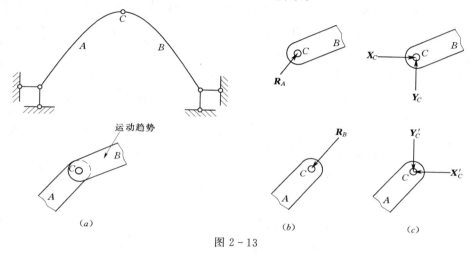

图 $2-13$

如图 $2-14$ 所示剪刀和钉书机，它们中间连接的销钉也是铰链约束。

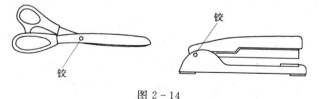

图 $2-14$

四、铰链固定支座

将铰链约束中的某一片视为固定不动的支座，而另一个视为结构或构件，这种支承方式就称为铰链固定支座或简称固定铰支座［见图 $2-15$ (a)］。图 $2-15$ (b) 为这种支座的构造简图，其支座反力示于图 $2-15$ (c) 中，X_A、Y_A 指向可假设，这种支座含有两个未知量 X_A 与 Y_A。图 $2-15$ (d) ～ (g) 所示为固定铰支座的常见计算简图，应当熟悉。固定铰支座中固定二字的涵义是指支座中心不能移动，但结构或构件却可以绕支座中心任意转动。

建筑结构中理想的固定铰支座虽有但并不多，一般多数是简化成（或近似视为）这类支座。

图 $2-16$ 所示两种实际支承，一种为梁插入墙内少许，另一种为柱与基础间空隙填入沥青麻丝。研究它们的约束特点，不难看出，梁左端在墙内将不能发生任何移动；柱与基

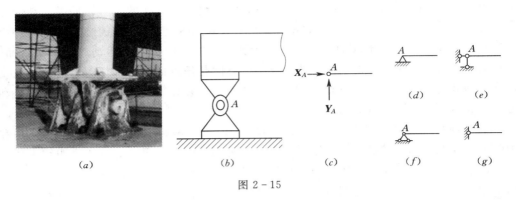

图 2-15

础如不考虑向上的相对移动，则也可以认为不发生任何移动，但这两种情况中梁相对墙、柱相对基础是否可以看作铰链一样自由转动呢？严格来说都有一定误差，但当梁和柱相对它们的支座发生转动时，这些支座又不能完全阻止住这种转动，为了简化计算，均视为可以自由转动，这样上述两种支承都可用固定铰支座代替。

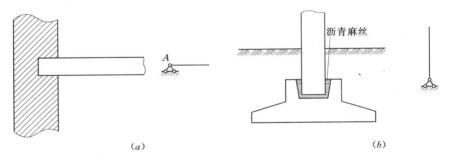

图 2-16

五、可动铰支座

在铰链固定支座的下面加上滚轴，使构件在支座处有水平移动的可能，这种支座称为可动铰支座，如图 2-17（a）所示。其构造简图如图 2-17（b）所示。这种支座只能阻止构件上下移动，不能阻止水平移动和绕支座中心的转动，其计算简图如图 2-17（c）所示。针对这种约束的特点，可动铰支座约束反力作用线通过铰链中心，垂直于支承面，方向可假设。这种支座只有一个未知量 R_A，也可称为可动铰支座，如图 2-17（d）所示。图 2-17（e）也是这类支座计算简图之一。

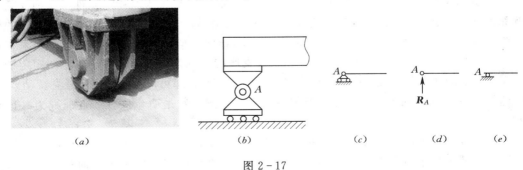

图 2-17

建筑工程中理想的可动铰支座是很少的，但能近似视为可动铰支座的却不少。施工中跳板搭在两根木棍上，不考虑跳板向上运动时可近似视为可动铰支座。

图 2-18（a）中梁的两端支座，按前面的讨论均应简化为固定铰支座，但考虑到图中 AB 梁与墙体间多少存在一定间隙，水平方向稍有移动的可能性，同时为了使计算简化，两支座中的一个可视为铰链固定支座，另一个可视为可动铰支座。图 2-18（b）给出了这种梁的计算简图，由于该梁支座均属于简单支承约束，这种梁称为简支梁。

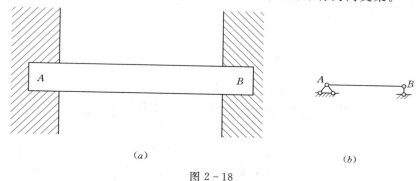

图 2-18

若不计自重，中间不受力两端为铰接的直杆（或弯杆）称为链杆（或二力杆）构件与支座间用如图 2-19（a）、（b）所示的一根直杆相连称为单链杆支座。这种支座的计算简图绘于图 2-19（c）中，由于它限制了构件与支座间沿杆轴线方向的相对移动，因此约束反力〔见图 2-19（d）〕为与杆轴重合方向的力 R_A，其指向待定。对比单链杆支座与可动铰支座不难看出，两者均限制构件铅垂方向移动，均不限制构件水平移动和绕支座中心的转动，因此两者实质是相同的。将单链杆支座与铰链固定支座对比，不难发现，两者虽不相同，但铰链固定支座可视为相互交叉的双链杆支座，如图 2-15（e）～（g）所示计算简图。

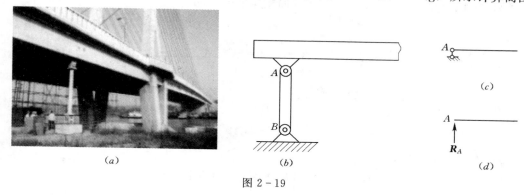

图 2-19

六、固定端支座

图 2-20（a）所示为一固定在墙上的悬挑梁，由于该梁只有一端与墙连接，因此墙体必须完全控制梁的移动和转动，这种在 A 点既限制构件沿水平和铅垂两个方向运动又能限制构件绕 A 点转动的支座称为固定端支座，其计算简图示于图 2-20（b）中，这种梁通常称为悬臂梁。固定端支座的反力除 X_A 与 Y_A 外还必须具有阻止转动的力偶反力 m_A〔见图 2-20（c）〕。图 2-20（d）中预制柱与基础间如采用现浇混凝土，使柱与基础连为一整体，此时基础可视为固定端支座，计算图示于图 2-20（e）。一般情况下固定端支座存在

三个未知量，即两个反力与一个力偶。

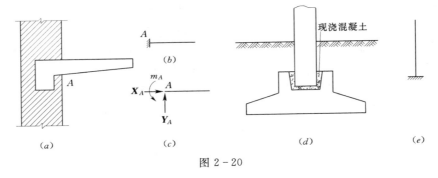

图 2 - 20

第三节　物体的受力分析和受力图

在研究结构及其构件的强度、刚度和稳定性问题时，都要对所研究的对象进行受力分析。受力分析的基础是必须明确所研究对象受到哪些力的作用，而不需要考虑对象给其他部分的作用力。因此就必须将所研究的对象从与它相联系的周围物体中分离出来，解除全部约束单独画出，称为分离体（或称为隔离体），将分离体上所受各力均正确标出，此图即称为物体的受力图。隔离体可以是整体结构（不含支座），也可以是结构中的一个构件，还可以是一个构件的一部分，甚至是一个微元体，这取决于研究问题的需要。无论隔离出结构的任何一部分，都应根据约束与约束反力的特征正确绘出被去掉部分对隔离体的作用力，同时还应绘出隔离体上受到的主动力。

【例 2 - 1】　绘出图 2 - 21（a）所示简支梁的受力图。

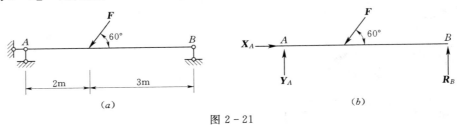

图 2 - 21

解：按以下步骤作受力图：

（1）解除 A、B 支座约束，将梁 AB 绘于图 2 - 21（b）中。

（2）按主动力 F 的位置绘 F。

（3）由于 A 支座为铰链固定支座，解除约束后应有垂直、水平两个约束反力，即 X_A 与 Y_A，其正确指向与主动力有关，此时可先任意假设，图中暂定 X_A 向右 Y_A 向上。B 支座为链杆支座，解除约束后，其反力 R_B 应沿垂直方向，指向暂设向上。

经上述几步即可绘出梁 AB 的受力图〔见图 2 - 21（b）〕。

【例 2 - 2】　绘出图 2 - 22（a）所示牛腿柱的受力图。

解： 解除 A 端约束将牛腿柱取出，由于 A 端为固定端约束，其约束反力为三个，分别为铅垂反力 Y_A、水平反力 X_A 与反力偶 m_A，它们的指向与转向均为假设，再将主动力相应画出，得到如图 2-22 (b) 所示的受力图。需特别指出的是，固定端支座由于它限制构件的转动，因此一定存在反力偶，绘受力图时若遗忘了它，将使受力计算得到错误结果。

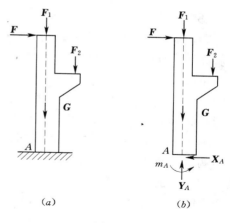

图 2-22

【例 2-3】 绘出图 2-23 (a) 所示三铰拱整体受力图与左右两构件的受力图。

解： 取如图 2-23 (b) 所示三铰拱整体为隔离体，根据支座条件，A 点应有两个反力 X_A、Y_A，B 点同样应有两个反力 X_B、Y_B，反力指向仍为假设，绘完主动力 F 后即得到受力图。

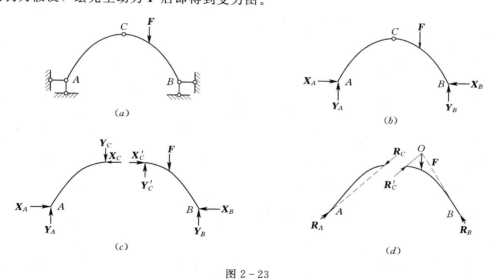

图 2-23

取三铰拱左半跨 AC 为隔离体 [见图 2-23 (c)]，解除支座 A 后存在 X_A 与 Y_A 两个反力，解除铰链 C 后，根据铰链约束的特点，应存在拱右侧对左侧的约束力 X_C 与 Y_C（指向仍可假设）。在绘制三铰拱右半跨 CB 的受力图时，C 处的约束反力仍然为水平和垂直两个，即 X_C' 与 Y_C'，但需特别指出的是，此二约束反力的指向要分别与 X_C 与 Y_C 相反，因为它们彼此间构成作用与反作用。换句话说，X_C 与 Y_C 指向假定后，X_C' 与 Y_C' 方向就不能再任意假设。画上主动力 F 后即完成了受力图的绘制。

在绘制左半跨受力图时，如果考虑到 AC 杆可视为二力杆，则其受力图将如图 2-23 (d) 左所示，此时约束反力 A 点为 R_A，C 点为 R_C，且二反力在 A 与 C 的连线上，反力指向仍为假设，但应符合二力平衡原理。当绘右侧受力图时 R_C' 的方位与指向均应与 R_C 成反作用，由于右侧只有三力作用 [见图 2-23 (d)]，且 R_C' 与 F 方位均已知，故根据三力平衡定理，R_B 的方位应通过前两力的交点 O。

【例 2 - 4】 绘出图 2 - 24（a）所示多跨静定梁的受力图（包括整体与 AC 和 CD 的受力图）。

解： 取整体为研究对象时应解除所有与地面相联的支座，由于 A 端为固定铰支座，所以解除后应有两个支座反力 X_A、Y_A；B 支座为单链杆支承，其约束反力 R_B 沿链杆方向。D 端为可动铰支座，且与地面成 30° 夹角，因此，该端约束反力 R_D 应与铅垂线成 30° 夹角，受力图如图 2 - 24（b）所示，图中反力方向均为假设。AC 梁与 CD 梁的受力图绘于图 2 - 24（c）和图 2 - 24（d）中，与图 2 - 24（b）不同之处在于铰 C 处分开，因此左右各有 X_C、Y_C 与 X'_C、Y'_C 约束反力存在，并彼此形成作用及反作用。如果注意到 CD 梁上只作用有力偶 m 而 R_D 反力的方位又已确定，且 X'_C 与 Y'_C 又可合为一力 R'_C，根据力偶应与力偶平衡的原理，R'_C 的方位将可按图 2 - 24（f）所示定出，形成另一种形式的受力图，此时 AC 梁的受力图显然应如图 2 - 24（e）所示，C 点将受到 R'_C 的反作用力 R_C 的作用。

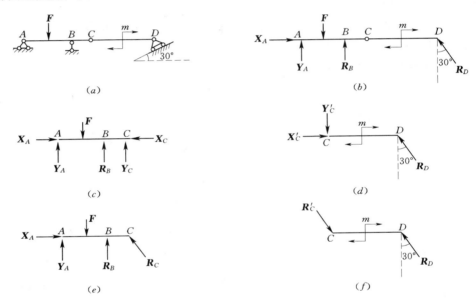

图 2 - 24

【例 2 - 5】 绘出图 2 - 25（a）中圆柱 O 及杆 AB 的受力图，并指出 A 点反力 R_A 的方向。已知墙面 AC 与圆柱 O 为光滑接触，但圆柱 O 与杆 AB 为非光滑接触，AB 杆自重不计。

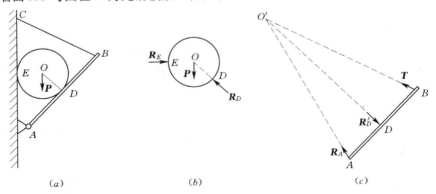

图 2 - 25

解：本例如果先绘 AB 杆受力图，由于圆柱与杆为非光滑接触，因此接触点的约束反力方位将无法确定，这样 A 点反力方向就无法确定。先绘圆柱体的受力图，除主动力 P 外，由于 E 点为光滑接触，因此去掉墙后约束反力 R_E 应垂直公切线指向圆柱体［见图2-25(b)］。D 点虽为非光滑接触，但约束反力必通过 D 点，再根据三力平衡定理，其作用线又应通过 R_E 和 P 的交点，因此反力 R_D 的方向可完全确定。在这种条件下，杆 AB 在 D 点应受到与 R_D 大小相等方向相反的力 R_D' 的作用［见图2-25(c)］，因为绳索拉力 T 必与绳索轴线相重合，再应用三力平衡定理，R_A 的方向应通过 A 并交汇于 T 与 R_D' 的交点 O'。

通过本例的分析可以看出，D 点虽然为非光滑接触，但在本例的特殊条件下 D 点并未出现摩擦力。

习　　题

2-1　绘出各指定物体的受力图（未标注自重的物体，自重不计）。

（1）圆盘

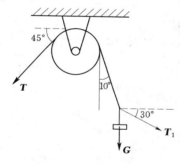

（2）AB 杆

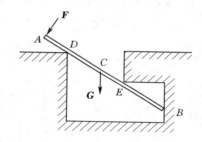

（3）A、B 物体

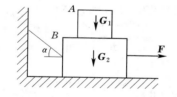

（4）AB 杆

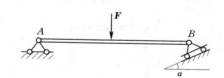

（5）圆柱 O 和 AB 杆

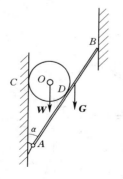

（6）A、F 点和 DE 杆

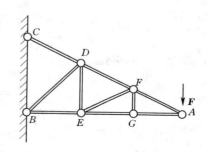

（7）整体

（8）AB、BC 和整体

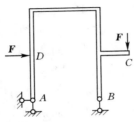

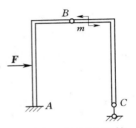

（9）*AB* 杆　　　　　　　　　　　（10）*AB*、*BC* 和整体

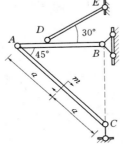

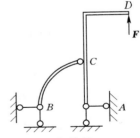

2-2　绘出各指定物体的受力图（物体自重不计）。

（1）*AC*、*BC* 和整体　　　　　　（2）*BC*、*ACD* 和整体

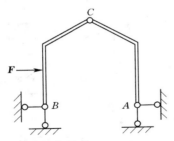

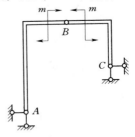

（3）*AB*、*BC* 和整体　　　　　　（4）*AB*、*BC* 和整体

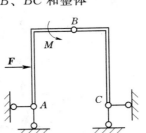

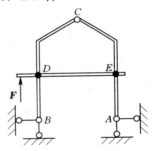

（5）*ABC* 杆　　　　　　　　　　　（6）*DE* 杆

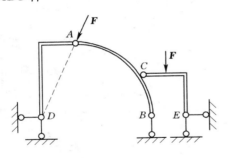

第三章

平面力系的合成与平衡

【本章要点】
- 平面汇交力系的合成与平衡。
- 平面力偶系的合成与平衡。
- 平面任意力系的简化。
- 平面任意力系的平衡。
- 物体系统的平衡。

如果力系中各力的作用线都在同一平面内且成任意分布，则这个力系称为平面任意力系。工程中的大量问题都可以简化为平面任意力系合成与平衡问题，而且分析和解决平面任意力系问题的方法又具有普遍性，因此，平面任意力系的研究具有特别重要的意义。遵循一般的学习规律：从简单到复杂、从特殊到一般。所以，在此先介绍两种特殊力系即平面汇交力系和平面力偶系的合成与平衡问题。

第一节 平面汇交力系

作用于刚体上的力系，若各力的作用线同在一个平面内且汇交于一点，则称为平面汇交力系。平面汇交力系是最简单的力系。本节运用几何法和解析法来讨论平面汇交力系的合成与平衡问题。

一、平面汇交力系的合成

根据刚体内力的可传性原理和力的合成的平行四边形法则，容易证明平面汇交力系可以合成为一个合力。合力的作用线必然通过原汇交力系各力的汇交点。合力的大小和方向则可以用本节所述的几何法和解析法两种不同的方法加以确定。

（一）几何法确定平面汇交力系的合力

1. 平面上二力合成的力三角形法则

根据静力学基本以原理，任意两个汇交力 F_1、F_2 的合力 R 的大小和方向可由平行四边形法则确定（见图 3-1）。注意到平行四边形对边平行且相等的性质，可以将作图过程加以简化，即用相应的三角形代替平行四边形来确定合力的大小和方向。这便是二力合成的三角形法则。如图 3-1（b）所示，在平面上按首尾相连的方式顺次画出力矢量 F_1 和 F_2，此时，连接 F_1 首端和 F_2 末端的矢量表示出合力矢量 R 的大小和方向。由 F_1、F_2、R 构成的三角形称为力三角形，如图 3-1（b）所示。应注意的是力三角形仅仅表示出各力的大小和方向，并不表示出各力的作用线位置。合力的作用线仍然通过二力汇交点。显然 F_1、F_2 的前后顺序并不影响合成的结果。

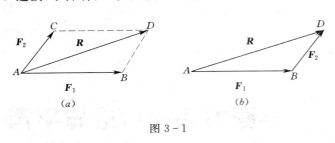

图 3-1

2. 平面汇交力系合成的力多边形法则

考察图 3-2（a）所示四力汇交于 A 点的情形。如图 3-2（b）所示，先作力三角形 0-1-2 得到 F_1、F_2 的合力 $R_{1,2}$。继续作力三角形 0-2-3 得到 $R_{1,2}$ 与 F_3 的合力 $R_{1,2,3}$。$R_{1,2,3}$ 也是 F_1、F_2、F_3 三个力的合力。再作力三角形 0-3-4 便得到 $R_{1,2,3}$ 与 F_4 的合力 R。R 也就是 F_1、F_2、F_3、F_4 四个力的合力，在图 3-2（b）中略去 $R_{1,2}$、$R_{1,2,3}$，由 F_1、F_2、F_3、F_4 和 R 构成的多边形称为力多边形，如图 3-3（a）所示。

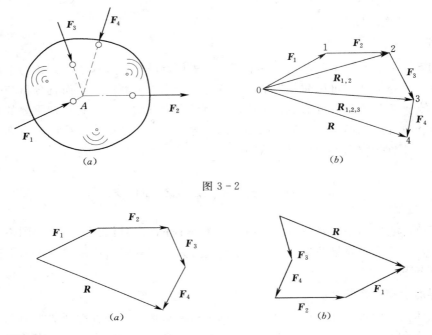

图 3-2

图 3-3

综上所述，平面交汇力系的合力 R 通过原力系的汇交点，其方向大小可按力多边形法则确定，力多边形由组成力系的所有各力矢量按顺序首尾相接而组成。合力矢量与力多边形的闭合边重合，其首端与第一个力向量的首端重合，其末端与最后一个力矢量的末端重合。

显然改变力多边形中各分力的连接顺序，不影响合成的结果［见图 3-3（b）］。

【例 3-1】　如图 3-4（a）所示，平面吊环上作用有四个力 F_1、F_2、F_3、F_4，它们汇交于圆环的中心。其中 F_1 水平向左，大小为 10kN；F_2 指向左下方，与水平轴所交锐角为 30°，大小为 15kN；F_3 竖直向下，大小为 8kN；F_4 指向右下方与水平方向夹角为 45°，大小为 10kN。试求其合力。

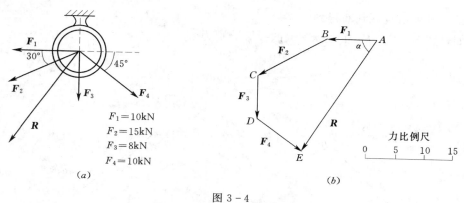

$F_1=10\text{kN}$
$F_2=15\text{kN}$
$F_3=8\text{kN}$
$F_4=10\text{kN}$

（a）

力比例尺

（b）

图 3-4

解：用力比例尺，按顺序绘出 F_1、F_2、F_3、F_4 诸力矢量得到力多边形 $ABCDE$，连接 AE 便得合力矢量 R。按比例量得 $R=27.5\text{kN}$，并量得矢量与水平方向的夹角为 $\alpha=55°$。作图过程如图 3-4（b）所示。合力结果示于图 3-4（a）中，合力通过原力系的汇交点。

（二）解析法确定平面汇交力系的合力

1. 力在轴上的投影

设 W 轴是力矢量所在平面内的一个有向轴（见图 3-5）。自力 F 的始端 A、末端 B 向 W 轴引垂线，垂足为 a 和 b，线段 ab 并冠以正负号，称为力 F 在 W 轴上的投影。力在轴上的投影是一个代数量，且与力的单位相同，一般记为 F_w。设 F 与 W 轴的正方向的夹角为 α，则

$$F_w = F\cos\alpha \tag{3-1}$$

式中：α 为力矢量的方向角；$\cos\alpha$ 为方向余弦。

式（3-1）对 α 角的任意取值都适用，但是在实际计算中，为了方便起见，当 α 为钝角时往往取其补角 θ 进行计算，并根据观察判断投影的正负号。

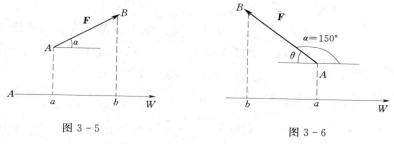

图 3-5　　　　　　　　图 3-6

例如，图 3-6 中 F 与 W 轴之夹角为 150°，$F=50\text{kN}$，则

$$F_w = -F\cos\theta = -50 \times \cos30° = -43.3\text{kN}$$

2. 力在平面直角坐标系中的投影

在平面直角坐标系中，通常用大写字母 X、Y 表示力 F 在 x 轴和 y 轴上的投影。假设

力 F 与 x 轴、y 轴正方向的夹角分别为 α、β（见图 3-7），则

$$X = F\cos\alpha, \quad Y = F\cos\beta \qquad (3-2)$$

通常情况下多用 F 和 x 轴所夹锐角 α 计算力的投影。即

$$X = \pm F\cos\alpha, \quad Y = \pm F\sin\alpha \qquad (3-3)$$

式中的正负号可由直观判断得到。

例如，图 3-8 中 F_1 在坐标轴上的投影分别为

$$X_1 = 10 \times \cos30° = 8.66\text{kN}$$
$$Y_1 = -10 \times \sin30° = -5\text{kN}$$

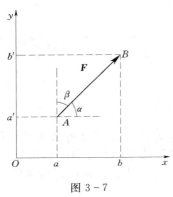 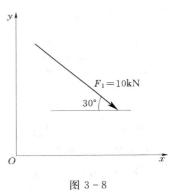

图 3-7　　　　　　　　　　　　　　　　图 3-8

当力 F 的投影 X 和 Y 已知时，则力 F 的大小和方向可由下式计算得到：

$$F = \sqrt{X^2 + Y^2}, \quad \tan\alpha = \left|\frac{Y}{X}\right| \qquad (3-4)$$

式中：α 为力矢量 F 与 x 轴所夹锐角的大小，其具体方向由投影 X、Y 的正负号确定，例如，当 $Y<0$，$X>0$ 时，力在坐标平面内指向 x 轴的正向，y 轴的负方向。

不难看出，在直角坐标系中，如果将力沿两个坐标轴方向分解为两个分力，那么分力的大小恰好与力的投影的绝对值相等。但是必须指出，只有在直角坐标系中才有上述对应关系，在一般情况下投影和分量在数值上并无必然的联系。

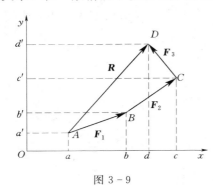

图 3-9

3. 合力投影定理

在平面直角坐标系中考察力多边形 $ABCD$（见图 3-9）。

从几何关系中不难证明合力的投影 ad 与各分力的投影 ab、bc、cd 之间的代数和关系：

$$ad = ab + bc - cd$$

即

$$R_x = \sum X_i, \quad R_y = \sum Y_i \qquad (3-5)$$

可见，合力在坐标轴上的投影等于各分力投影的代数和，这就是合力投影定理。

4. 用解析法求平面汇交力系的合力

利用力在直角坐标系中的投影和力矢量的关系以及合力投影定理，可以用解析法来计算平面汇交力系的合力。

首先选定合适的平面直角坐标系，然后求出各分力在坐标轴上的投影 X_i、Y_i。利用合力投影定理得

$$R_x = \sum X_i, \quad R_y = \sum Y_i$$

进而求出合力的大小和方向：

$$R = \sqrt{R_x^2 + R_y^2}, \quad \tan\alpha = \left| \frac{R_y}{R_x} \right| \tag{3-6}$$

式中：α 为合力与 x 轴所夹锐角，具体指向哪个方位由 R_x、R_y 的正负号判定。

【例 3-2】　用解析法计算 ［例 3-1］ 中的合力。

解： 选定参考坐标系如图 3-10 所示。根据力的大小和方向求出各力的投影，即

$X_1 = -F_1 = -10\text{kN}, Y_1 = 0$

$X_2 = -F_2\cos30° = -15 \times \dfrac{\sqrt{3}}{2} = -12.99\text{kN}$

$Y_2 = -F_2\sin30° = -7.5\text{kN}$

$X_3 = 0, Y_3 = -F_3 = -8\text{kN}$

$X_4 = F\cos45° = 7.07\text{kN}$

$Y_4 = -F_4\sin45° = -7.07\text{kN}$

由合力投影定理得

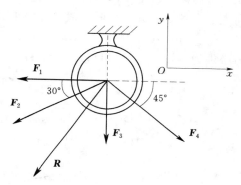

图 3-10

$$R_x = \sum X = -10 - 12.99 + 7.07 = -15.92\text{kN}$$
$$R_y = \sum Y = -7.5 - 8 - 7.07 = -22.57\text{kN}$$
$$R = \sqrt{R_x^2 + R_y^2} = 27.62\text{kN}$$
$$\tan\alpha = \left| \frac{R_y}{R_x} \right| = \frac{22.57}{15.92} = 1.418$$
$$\alpha = 54.8°$$

合力为 27.62kN，与 x 轴所夹锐角为 54.8°。由 $R_x < 0$，$R_y < 0$ 可见合力通过原汇交点且指向左下方，如图 3-10 所示。

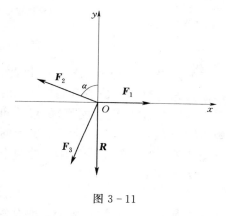

图 3-11

【例 3-3】　如图 3-11 所示，平面汇交力系由 F_1、F_2、F_3 三个力组成，其中 F_1 沿水平方向作用，大小为 20kN，F_2 和 F_3 大小相等且互相垂直。设三力的合力 R 竖直向下，大小为 15kN，试求 F_2、F_3 的大小和方向。

解： 假设 F_2 与 y 轴正方向夹角为 α，则 F_3 与 y 轴正方向夹角为 $\alpha + \pi/2$，记 $F_2 = F_3 = F$，根据合力投影定理可知

$$X_1 + X_2 + X_3 = R_x = 0$$

即

$$20\text{kN} - F\sin\alpha - F\cos\alpha = 0$$
$$Y_1 + Y_2 + Y_3 = R_y = 0$$
即
$$F\cos\alpha - F\sin\alpha = -15\text{kN}$$
则
$$F\cos\alpha = 2.5\text{kN}, \quad F\sin\alpha = 17.5\text{kN}$$

由此解得：F_2 与 y 轴的夹角 $\alpha = 81.87°$，$F_2 = F_3 = 17.68\text{kN}$。

二、平面汇交力系的平衡条件及其应用

（一）平面汇交力系平衡的几何条件

由前面的讨论结果可知，平面汇交力系可以合成为一个合力，合力通过汇交点，其方向大小由各分力矢量顺序组成的力多边形的闭合边确定。当由各分力矢量组成的力多边形自行闭合时，其合力为零。此时平面汇交力系平衡。反之，如果平面汇交力系平衡，其合力必须为零，力多边形自行闭合。

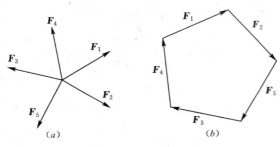

图 3 - 12

因此，平面汇交力系平衡的充分必要条件是合力等于零，即 $R = \sum F_i = 0$。

平面汇交力系平衡的几何条件是力多边形自行闭合。

例如，图 3 - 12（a）所示为平面内彼此夹角相等（都等于 72°）的汇交于一点的五个大小相等的力 F_1、F_2、F_3、F_4、F_5。其力多边形恰好为一个正五边形，自行闭合，如图 3 - 12（b）所示。因此，该五个力所组成的平面汇交力系平衡。

（二）平面汇交力系平衡的解析条件

由以上讨论可知，平面汇交力系可以合成为一个合力。在平面直角坐标系中合力的投影等于各分力投影的代数和。因此，当各分力在 x 轴、y 轴上的投影的代数和 $\sum X$、$\sum Y$ 不全为零时，合力也不为零，平面汇交力系不平衡。反之，当 $\sum X$、$\sum Y$ 全为零时，合力不存在，力系平衡。因此，在平面直角坐标系中，平面汇交力系平衡的解析条件是：力系中各个力在两个坐标轴上的投影的代数和均等于零，即

$$\begin{cases} \sum X = 0 \\ \sum Y = 0 \end{cases} \Leftrightarrow 平面汇交力系平衡 \tag{3-7}$$

式（3 - 7）称为平面汇交力系的平衡方程。

（三）平衡条件的应用

根据平面汇交力系的平衡条件可以写出两个互相独立的方程 $\sum X = 0$ 和 $\sum Y = 0$。因此，利用平衡条件可以求解平衡问题中的两个未知量。同时因为式（3 - 7）是平面汇交力系的充分条件，一旦满足，力系即平衡。此时汇交力系在平面内任意斜轴 x' 上的投影的代数和必为零，即 $\sum X' = 0$ 自然满足。因此，我们即使再选择不同的参考坐标系，也写不出新的独立的平衡方程式。换句话说，利用平面汇交力系的平衡条件只能求解平衡问题中的两个未知量。

【**例 3 - 4**】　重量 $G = 100\text{N}$ 的球用两根细绳悬挂固定，如图 3 - 13（a）所示。试求各

绳的拉力。

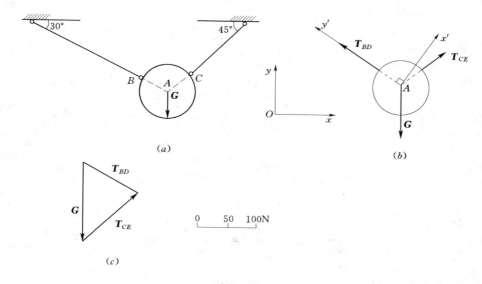

图 3-13

解： 以 A 球为研究对象，受力图如图 3-13 (b) 所示。

1. 几何法

根据力多边形闭合条件，作出力三角形，量得 $T_{BD}=73$N，$T_{CE}=90$N。

2. 解析法

设参考坐标系（xOy）如图 3-13 所示，列出平衡方程：

$$\sum X = 0：\qquad T_{CE}\cos45° - T_{BD}\cos30° = 0$$

$$\sum Y = 0：\qquad T_{CE}\sin45° + T_{BD}\sin30° - G = 0$$

联立解得

$$T_{CE} = 89.6\text{N},\quad T_{BD} = 73.2\text{N}$$

3. 列平衡方程求解

若选择坐标系 $x'Ay'$，其中 Ax' 轴与 $\boldsymbol{T}_{BD}$ 垂直，列出平衡方程可直接求出 T_{CE}。

$$\sum X' = 0：T_{CE}\cos15° - G\cos30° = 0 \Rightarrow T_{CE} = \frac{100 \times \cos30°}{\cos15°} = 89.6\text{N}$$

【例 3-5】 平面刚架在 C 点受水平力 $\boldsymbol{F}$ 作用，如图 3-14 (a) 所示。设 $F=80$kN，不计刚架自重，试求 A、B 支座反力。

解： 取刚架为研究对象，它受到 $\boldsymbol{F}$、$\boldsymbol{R}_A$、$\boldsymbol{R}_B$ 三个力作用，其受力图如图 3-14 (b) 所示。应用三力平衡汇交定理可以确定 $\boldsymbol{R}_A$ 的方向，设直角坐标系如图 3-14 (b) 所示，列出平衡方程：

$$\sum X = 0：\qquad F + R_A\cos\alpha = 0 \Rightarrow R_A = -\frac{F}{\cos\alpha} = -80 \times \frac{5}{4} = -100\text{kN}$$

负号表示反力方向与原假定方向相反。再由

$$\sum Y = 0：\quad R_B + R_A\sin\alpha = 0 \Rightarrow R_B = -R_A\sin\alpha = -100 \times \left(-\frac{3}{5}\right) = 60\text{kN}$$

正号表示反力方向与原假定方向一致。

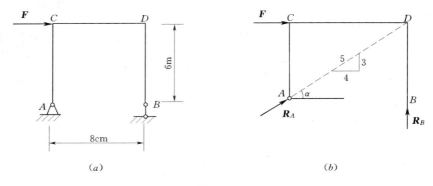

图 3-14

第二节　平面力偶系

一、平面内力对点的矩

（一）力矩的概念

力矩的概念是静力学中最基本的概念之一，它在静力学中有着极其重要的意义。

力使物体绕某点转动效应的量度，称为力对该点的矩，简称力矩。平面内力对点之矩可用代数量描述，力使物体绕该点逆时针转为正，反之为负，力矩的大小等于力的大小与力的作用线到该点距离的乘积。

$$m_O(\boldsymbol{F}) = \pm Fh \tag{3-8}$$

从图 3-15 容易看出，力矩的大小恰好为以矩心为顶点以力矢量为底边的三角形面积的 2 倍，即

$$m_O(\boldsymbol{F}) = 2S_{OAB} \tag{3-9}$$

实践表明，力使物体绕一固定点转动的效应，取决于力对该点矩的大小。例如，用扳手拧紧螺栓时，螺栓中心到力作用线的距离越大（即力臂越大）时越省力。

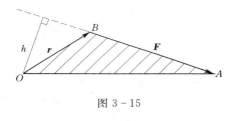

图 3-15

力矩的单位是力的单位乘以长度的单位。常用单位有 N·m、kN·m 等。

（二）合力矩定理

平面汇交力系的合力对平面内任一点的矩等于各分力对该点的矩的代数和。这就是平面汇交力系的合力矩定理。现就二力合成的情形，证明如下。

假设 $\boldsymbol{F}_1$、$\boldsymbol{F}_2$ 是平面内任意指定的两个力（见图 3-16）。A 点是二力的汇交点，$\boldsymbol{R}$ 是它们的合力。O 是平面内指定的任一点。连 OA、OB、OC、OD，得三角形 OAB、OAC、OAD。选 A 为坐标原点，建立直角坐标系 xAy 如图 3-16 所示。

根据式（3-9）得

$$m_O(\boldsymbol{F}_1) = 2S_{OAB} = OA \cdot Y_1$$

同理可得

$$m_O(\boldsymbol{F}_2) = OA \cdot Y_2, \quad m_O(\boldsymbol{R}) = OA \cdot R_y$$

由合力投影定理知

$$R_y = Y_1 + Y_2$$

上式两端乘以 OA 得

$$R_y \cdot OA = Y_1 \cdot OA + Y_2 \cdot OA$$

故

$$m_O(\boldsymbol{R}) = m_O(\boldsymbol{F}_1) + m_O(\boldsymbol{F}_2) \qquad (3-10)$$

上述证明可以推广到多个和组成的任意汇交力系的情形,即

$$m_O(\boldsymbol{R}) = \sum m_O(\boldsymbol{F}_i) \qquad (3-11)$$

在实际问题中经常利用合力矩定理将计算简化。

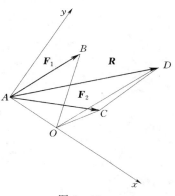

图 3-16

【例 3-6】　试求图 3-17 所示结构中 F 力对 A 点的矩,已知 $F=100\text{N}$。

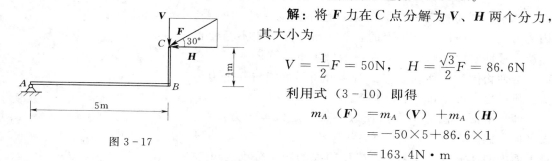

解:将 F 力在 C 点分解为 V、H 两个分力,其大小为

$$V = \frac{1}{2}F = 50\text{N}, \quad H = \frac{\sqrt{3}}{2}F = 86.6\text{N}$$

利用式(3-10)即得

$$\begin{aligned} m_A(\boldsymbol{F}) &= m_A(\boldsymbol{V}) + m_A(\boldsymbol{H}) \\ &= -50 \times 5 + 86.6 \times 1 \\ &= 163.4\text{N} \cdot \text{m} \end{aligned}$$

图 3-17

二、平面力偶

(一) 力偶的概念

在静力学中力偶也是一个重要的概念。在生活和生产中,人们经常施加等值、反向、不共线的两个平行力使物体转动。例如,司机用双手操作方向盘、木工用丁字头螺丝钻孔(见图 3-18)等。

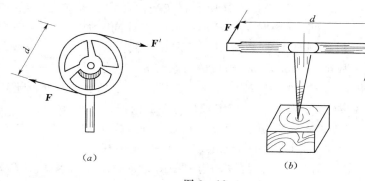

(a)　　　　　　　　　(b)

图 3-18

这种作用在同一刚体上大小相等、方向相反、作用线不重合的两个平行力所组成的力系称为力偶。组成力偶的两个力既不互相平衡,也不能合成为一个合力,所以力偶是一个最简单的特殊力系。力偶与单个力一样,是构成力系的基本元素。

(二) 平面力偶和力偶矩

如果把组成力偶的两个力限定在一个指定的平面内,这样一类力偶称为平面力偶。平

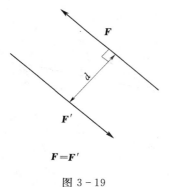

$$F = F'$$

图 3 - 19

面力偶对物体所产生的转动效应由组成力偶的两个力的大小与两个力之间的距离（力偶臂）的乘积确定。

力偶对物体的作用是使物体转动，其转动效应的量度称为力偶矩。力偶的转动效应取决于力偶的作用面、转向和力偶矩的大小。对于平面力偶其转动效应取决于转向和力偶矩的大小，因此平面力偶的力偶矩可用代数量来描述。

$$m = \pm Fd \tag{3-12}$$

通常以逆时针力偶为正值（图 3 - 19 所示力偶即为正力偶），以顺时针力偶为负值。力偶矩的单位与力矩的单位相同。常用单位有 N·m、kN·m 等。

（三）平面力偶的性质

（1）力偶不能与一个力等效，也不能与一个力平衡。因为力偶在平面内任意轴上的投影和等于零，它不会使物体产生移动效应，而一个力在一般轴上的投影不为零，它必然会使物体产生移动效应。因此力偶不可能与一个力等效。所以也不可能和一个力平衡。

（2）**平面力偶对平面内任意一点的矩恒等于力偶矩。**设平面力偶由 F、F' 组成，力偶臂为 d（见图 3-20）。点 A 是平面内的任意点，A 到 F、F' 作用线的距离分别为 AC、AB。记力偶对 A 点的矩为 m_A，力偶矩为 m，显然有

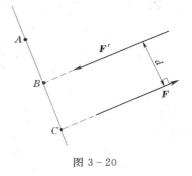

图 3 - 20

$$m_A = m_A(\boldsymbol{F}, \boldsymbol{F}') = F \cdot AC - F' \cdot AB = F \cdot BC = Fd = m$$

$$m_A = m$$

变换 A 点的位置，容易证明上述结论仍然成立。

（3）**两个平面力偶等效的充分必要条件是力偶矩相等。**假设 m_1 是平面内任一力偶 $\boldsymbol{F}_1$、$\boldsymbol{F}_1'$ 组成。$m_1 = F_1 d_1$，如图 3-21（a）所示。在平面任意位置加上任意一个力偶 m_2，m_2 由 $\boldsymbol{F}_2$、$\boldsymbol{F}_2'$ 组成，但是满足 $m_2 = F_2 d_2 = F_1 d_1 = m_1$。与此同时加上另一反向力偶 m_3，m_3 由 $\boldsymbol{F}_3$、$\boldsymbol{F}_3'$ 组成，$\boldsymbol{F}_3$、$\boldsymbol{F}_3'$ 分别与 $\boldsymbol{F}_2$、$\boldsymbol{F}_2'$ 等值、反向、共线。$m_3 = -m_2 = -m_1$。显然 m_2、m_3 是一组平衡力系。故由 m_1、m_2、m_3 组成的力系与 m_1 等效〔见图 3-21（b）〕。按平行四边形法则可以求出 $\boldsymbol{F}_3'$ 与 $\boldsymbol{F}_1$ 的合力 $\boldsymbol{F}_4'$ 以及 $\boldsymbol{F}_3$ 与 $\boldsymbol{F}_1'$ 的合力 $\boldsymbol{F}_4$。显然 $\boldsymbol{F}_4$ 与 $\boldsymbol{F}_4'$ 大小相等，方向相反〔见图 3-21（c）〕。根据合力矩定理，对平面内任一点 A 取矩：

$$m_A(\boldsymbol{F}_4, \boldsymbol{F}_4') = m_A(\boldsymbol{F}_1, \boldsymbol{F}_1', \boldsymbol{F}_3, \boldsymbol{F}_3')$$

$$m_A(m_1) + m_A(m_3) = m_1 + m_3 = 0$$

故 $\boldsymbol{F}_4'$ 过 A 点。$\boldsymbol{F}_4$ 与 $\boldsymbol{F}_4'$ 等值、反向、共线，构成平衡力系。因此力系 $\boldsymbol{F}_4$、$\boldsymbol{F}_4'$、$\boldsymbol{F}_2$、$\boldsymbol{F}_2'$ 与 m_2 等效〔见图 3-21（d）〕。根据等效力系的递推性质 m_1 与 m_2 等效。

在上述证明中，$\boldsymbol{F}_1$ 与 $\boldsymbol{F}_2$ 不平行，当 $\boldsymbol{F}_1$ 与 $\boldsymbol{F}_2$ 平行时，只要引进中间力偶 m_3 且组成 m_3 的两个力与 $\boldsymbol{F}_1$ 不平行，即可由等效的递推性证得：只要力偶矩 $m_1 = m_2$，则 m_1 与 m_2 两力偶等效。显然，力偶矩不相等的两个力偶不能等效。因此在同平面内的力偶等效的充分必要条件是力偶矩相等。

$$m_1 = m_2 \Leftrightarrow 两力偶等效 \tag{3-13}$$

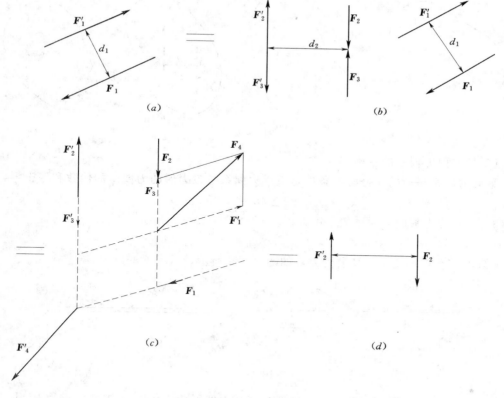

图 3-21

因此，在保持力偶矩不变的前提下，可以任意改变组成力偶的力的大小和力臂的长度，也可以将力偶在作用平面上在同一刚体内部任意移转，并不影响力偶对刚体的转动效应。

由力偶的这一性质可见，平面力偶的作用效应只与力偶矩的大小有关，而组成力偶的两个力的具体情况并不重要。因此在受力图中通常只写出力偶矩的大小，不画出具体的力，如图 3-22 所示。

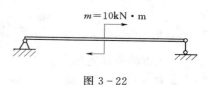

图 3-22

三、平面力偶系的合成与平衡

（一）平面力偶的合成

如图 3-23 所示，假设 m_1、m_2 是作用在物体同一平面内的两个力偶，根据力偶的等效性质，m_1 可以与通过 A、B 两点的一对竖向力 F_1、F_1' 等效。m_2 同样可以与通过 A、B 两点的一对竖向力 F_2、F_2' 等效。如果 A、B 两点的水平距离为 d，则有 $F_1 d = m_1$，$F_2 d = m_2$。显然，F_1、F_2 与 F_1'、F_2' 的合力大小相等，方向相反，并通过 B 点，$R = F_1 + F_2$，同理，$R' = F_1' + F_2'$。R 与 R' 组成新的力偶 M，M 即为原二力偶的合成结果，$M = Rd = (F_1 + F_2) d = m_1 + m_2$。

上述结论可以推广到任意多个力偶合成的情形，即任意个在同平面内的力偶可合成为一个力偶，合力偶的力偶矩等于力偶系中各力偶的力偶矩的代数和。可写为

$$M = \sum m_i \qquad\qquad (3-14)$$

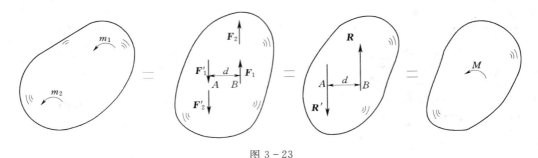

图 3 - 23

（二）平面力偶系的平衡

平面力偶系平衡的充分必要条件是组成力偶系的各力偶的力偶矩的代数和等于零，即

$$\sum m_i = 0 \qquad\qquad (3-15)$$

式（3 - 15）称为平面力偶系的平衡方程。

【例 3 - 7】   简支梁 AB 上受力，如图 3 - 24 所示，试求梁的反力。

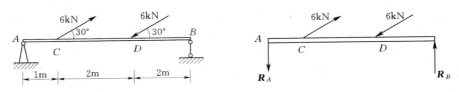

图 3 - 24

解： 以 AB 梁为研究对象。因为力偶只能与力偶平衡，所以 A 铰处的反力 R_A 与 B 铰处的反力 R_B 必组成一个力偶。由平面力偶系的平衡条件：

$$\sum m_i = 0: \quad R_B \times 5 - 6 \times 2 \times \sin 30° = 0 \Rightarrow R_B = 1.2\text{kN}(\uparrow), \ R_A = 1.2\text{kN}(\downarrow)$$

第三节   平面任意力系

一、力的平移定理

设 F 是作用于刚体上 A 点的一个力。B 是力作用平面内的任意一点，如图 3 - 25 所示。今在 B 处增加一对大小相等、方向相反的作用力，$|F'| = |F''| = |F|$。F' 与 F'' 构成平衡力系，因此由 F、F'、F'' 组成的力系与 F 等效。显然 F 与 F'' 也组成一个力偶，其力偶矩等于 F 对 B 点的力矩。根据力偶等效性质，可以在 B 点用一个力偶 m 代替 F、F'。上述过程实际上相当于把力 F 从 A 点向 B 点的平移。图 3 - 25（c）所示的作用于 B 点的 F'' 力和一个力偶 m 与图 3 - 25（a）所示的作用于 A 点的一个力 F 等效。

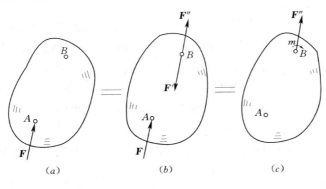

（a）   （b）   （c）

图 3 - 25

综上所述，作用于刚体上的力，可以平行移动到力的作用平面内的任一点，但必须附加一力偶才能保持与原作用力等效，此附加力偶的力偶矩等于原作用力对新作用点的矩。这就是力的平移定理。

二、平面任意力系向平面内一点简化

如图 3-26（a）所示，O 是平面任意力系作用平面内的任一指定点。将组成力系的各

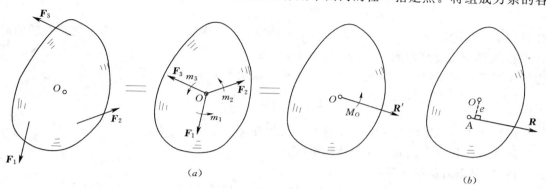

图 3-26

个力平移至 O 点便得到与原力系等效的一组汇交力和一组力偶，新的一组力 F_1'、F_2'、F_3' 分别与原力系中的各个力 F_1、F_2、F_3 相等；新的一组力偶 m_1、m_2、m_3 分别等于原力系中各个力对 O 点的矩 $m_O(F_1)$、$m_O(F_2)$、$m_O(F_3)$。将汇交于 O 点的一组力 F_1'、F_2'、F_3'、…连续合成后，其合力矢量 R' 称为力系向 O 点简化的主矢。显然有

$$R' = \sum F_i' = \sum F_i$$

将力偶 m_1、m_2、m_3、…合成得一个合力偶，其力偶矩 M_O 称为力系向 O 点简化的主矩，O 点称为简化中心。显然有

$$M_O = \sum m_i = \sum m_O(F_i)$$

综上所述，平面任意力系向平面内任选简化中心简化，可得一个力和一个力偶。所得力的作用线通过简化中心，大小和方向等于力系中各力的矢量和；所得力偶的力偶矩等于力系中各力对简化中心力矩的代数和。

力系中各力的矢量和称为力系的主矢，各力对一点力矩的代数和称为力系对该点的主矩。

力系的主矢、主矩是力系本身固有的，与力系是否简化，向哪一点简化无关。力系的主矢不是力，更谈不上合力，主矢只不过是具有力的量纲的自由矢量，只有大小、方向，而无作用点或作用线。主矩不是力偶矩，更不是力偶、合力偶。但力系对不同点的主矩一般是不同的。

三、平面任意力系合成讨论

为了讨论平面任意力系合成的最后结果，我们先在平面内任选一点 O，将力系向 O 点简化，可得到下述四种结果：

（1）主矢不等于零，主矩等于零，即

$$R' \neq 0, \quad M_O = 0$$

此时力系合成为一个合力，合力的方向、大小由主矢确定且通过简化中心。

（2）主矢等于零，主矩不等于零，即

$$\boldsymbol{R}' = 0, \quad M_O \neq 0$$

此时力系合成为一个力偶，其力偶矩与主矩相等。根据力偶的性质可知，此时力系对任一简化中心的主矩将是一个常量。

（3）主矢和主矩均不等于零，即

$$\boldsymbol{R}' \neq 0, \quad M_O \neq 0$$

此时力系与通过简化中心的一个力和一个力偶等效，如图 3-26（a）所示。选择合适的简化中心 A 继续简化将得到一个合力。如图 3-26（b）所示，合力的大小与主矢相等，合力的作用线到原简化中心 O 的距离等于主矩除以主矢大小所得的商，即

$$\boldsymbol{R} = \boldsymbol{R}', \quad e = \frac{M_O}{R'}$$

（4）主矢和主矩均等于零。此时不存在合力或合力偶，力系平衡。

四、平面任意力系的平衡条件和平衡方程

（一）平衡方程的一般形式

由前面的讨论可知，当平面力系向平面内某一点简化时主矢和主矩都等于零，则原力系平衡。因此，主矢和主矩都等于零是平面任意力系平衡的充分必要条件，即

$$\left. \begin{array}{l} \boldsymbol{R}' = 0 \\ M_O = 0 \end{array} \right\} \Leftrightarrow 平面任意力系平衡 \qquad (3-16)$$

在直角坐标中平面力系平衡的解析条件可以进一步写成

$$\left. \begin{array}{l} \sum X = 0 \\ \sum Y = 0 \\ \sum m_O(\boldsymbol{F}_i) = 0 \end{array} \right\} \Leftrightarrow 平面任意力系平衡 \qquad (3-17)$$

式（3-17）是平面任意力系平衡方程的基本形式，包括两个投影式和一个力矩式。x、y 可以是平面内任意两个正交轴，O 可以是平面内任意指定点。

（二）平衡方程的其他形式

平面任意力系的平衡方程除了式（3-17）表示的基本形式外，还可以表示成二力矩式和一个投影式或三力矩式。这些不同形式的平衡方程组彼此都是等效的。

二力矩式的平衡方程为

$$\left. \begin{array}{l} \sum X = 0 \\ \sum m_A(\boldsymbol{F}) = 0 \\ \sum m_B(\boldsymbol{F}) = 0 \end{array} \right\} \Leftrightarrow 平面任意力系平衡 \qquad (3-18)$$

式中：x 轴与 A、B 两点的连线不互相垂直。

满足 $\sum m_A(\boldsymbol{F}) = 0$ 说明力系不可能简化为一个力偶，若存在合力则其作用线必然通过 A 点。满足 $\sum m_B(\boldsymbol{F}) = 0$ 说明若存在合力，必然通过 AB 连线。但是满足 $\sum X = 0$ 则要求合力与 x 轴相垂直。这就完全排除了合力存在的可能性，因此原力系平衡。

三力矩式的平衡方程为

$$\left. \begin{array}{l} \sum m_A(\boldsymbol{F}) = 0 \\ \sum m_B(\boldsymbol{F}) = 0 \\ \sum m_C(\boldsymbol{F}) = 0 \end{array} \right\} \Leftrightarrow 平面任意力系平衡 \qquad (3-19)$$

式中：A、B、C 三点不共线。

满足任意一个力矩式说明力系不可能简化为一个力偶。若存在合力，则合力的作用线必须通过矩心。因为与三个力矩式对应的矩心 A、B、C 三点不共线，所以同时满足三个力矩式即排除了合力存在的可能性，因此，式（3-19）给出的条件同时是平面力系平衡的充分必要条件。

虽然可以根据平衡条件选择不同的投影轴和不同的矩心写出许多不同的方程，但是真正独立的方程只有三个。因为力系只要满足了如式（3-17）～式（3-19）所示的任意一种平衡方程组的三个方程，也就满足了平衡条件，因而也就满足了其他所有的方程。所以利用平面任意力系的静力平衡方程只能求解三个未知量。

五、单个物体的平衡问题

在研究单个物体的平衡问题时，通常是荷载已知，要求计算约束反力。此时只要我们正确分析物体的受力，明确作用于物体上所有的外力，包括主动力和未知的约束反力。这些力构成了平面平衡力系。按照问题的具体条件，选择合适的平衡方程，求解方程便可确定未知反力的大小。但是必须指出的是，根据平衡条件只能列出三个独立的静力平衡方程。因此当一个物体所受的外部约束条件含有三个以上的未知力时，仅仅依据静力平衡条件是不能确定最终的解答的。下面通过具体的算例来说明计算物体的平衡问题的一般方法和步骤。

【例 3-8】 试计算图 3-27（a）所示简支梁两端支座的反力。

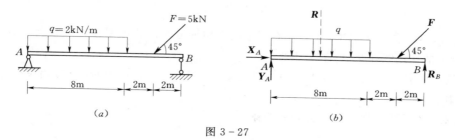

图 3-27

解： 绘出 AB 梁的受力图〔见图 3-27（b）〕，其中 A 支座有两个未知的约束力 X_A、Y_A，B 支座有一个未知的约束力 R_B，总共有三个未知力。因此可以应用静力平衡方程求出解答。在选用静力平衡方程时，为了使得解题方便，首先考虑力系在水平方向的投影的代数和为零，即选用方程 $\sum X = 0$，这样在方程中只出现 X_A 一个未知数。即

$$\sum X = 0: \quad X_A - F\cos45° = 0 \Rightarrow X_A = F\cos45° = 5 \times \frac{\sqrt{2}}{2} = 3.45\text{kN}(\rightarrow)$$

同理，由于 X_A、Y_A 两个未知力均通过 A 点，力系对 A 点取矩时只出现 R_B 一个未知力。因此选用方程：

$$\sum m_A = 0:$$

$$R_B \times 12 - F\sin45° \times 10 - q \times 8 \times 4 = 0 \Rightarrow R_B = \frac{5 \times \dfrac{\sqrt{2}}{2} \times 10 + 2 \times 8 \times 4}{12} = 8.28\text{kN}(\uparrow)$$

注意： 计算分布力 q 对 A 点的力矩时，可应用其合力 R（如图中虚线所绘）对 A 点取

矩。即

$$m_A(q) = -q \times 8 \times 4$$

力系对 B 点取矩，有

$\sum m_B = 0$：

$$F\sin 45° \times 2 + q \times 8 \times 8 - Y_A \times 12 = 0 \Rightarrow Y_A = \dfrac{5 \times \frac{\sqrt{2}}{2} \times 2 + 2 \times 8 \times 8}{12} = 11.26\text{kN}$$

至此，我们应用了三个独立的平衡方程，亦即力系已经满足所有的平衡条件，此时力系已完全平衡。因此，不论力系在任何方向取投影，其代数和都必然等于零；也不论对平面内任一点取矩，其力矩代数和也必然等于零。虽然我们不曾再应用这些方程，但是这些方程都自然满足，不再是独立方程，也不可能应用这些方程求出第四个未知数。

【例 3-9】　一悬臂梁荷载和尺寸如图 3-28 所示。已知力偶矩 M、荷载集度 q 和长度 l，求固定端 A 的约束反力。

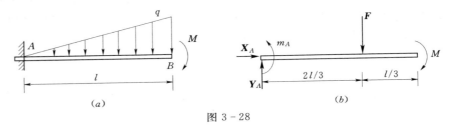

图 3-28

解：以 AB 梁为研究对象。作用在梁上的三角形分布荷载可用合力 $\boldsymbol{F}$ 代替，其大小 $F = ql/2$，合力的作用线在距 A 端 $2l/3$ 处。

注意：固定端 A 处约束反力须用一对正交分力 $\boldsymbol{X}_A$、$\boldsymbol{Y}_A$ 和矩为 m_A 的力偶表示，如图 3-28（b）所示。

取图示坐标系，列出平衡方程并求解：

$\sum X = 0$：　　　　　　　　$X_A = 0$

$\sum Y = 0$：　　　　　　　　$Y_A - F = 0$

$\sum m_A = 0$：　　　　　　　$m_A - F \times \dfrac{2}{3}l - M = 0$

解得

$$Y_A = F = \frac{1}{2}ql, \quad m_A = \frac{ql}{2} \times \frac{2}{3}l + M = \frac{ql^2}{3} + M$$

求得的 Y_A 和 m_A 均为正值，表明实际的反力 $\boldsymbol{Y}_A$ 的指向和反力偶 m_A 的转向与图中假设一致。

六、物体系统的平衡

当几个相互联系的物体共同受力时，系统的平衡问题要比单个物体复杂得多。根据刚化原理，系统作为整体所受的外力应满足平衡力系的平衡条件。同时还必须满足系统内部每一个局部或每一单个物体的平衡条件。假设系统由 n 个物体组成，每一个物体可以由平衡条件列出 3 个平衡方程，故系统可以有 $3n$ 个独立的平衡方程，由此可解出 $3n$ 个未知力（包括外部平衡时约束和内部相互约束）。当 n 个物体都平衡时，整个系统也必然平衡，因而不可能再写出新的独立平衡方程。换句话说，利用平衡方程不可能求出多于 $3n$ 个的未知力。

　　求解物体系统的平衡问题时，首先要注意选择合适的研究对象，认真分析研究对象的受力，不重复，不遗漏，然后选择合适的平衡方程求解未知力。尽量减少每一平衡方程中的未知力个数，避免求解联立方程。下面举例说明解题方法和步骤。

【**例 3-10**】　结构受力如图 3-29 所示。试求 CD 和 EF 杆所受的力。

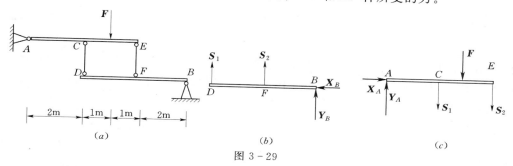

图 3-29

　　解：CD 和 EF 杆均为二力杆，它们所受的力和它们对其他物体所施加的力均通过杆的中心线，或者受拉，或者受压。既然题目只要求计算这两个未知力，我们选择研究对象和方程式应尽量避免出现其他未知力。因此显然不宜选择整体作为研究对象，因为那样所涉及的力全是外部约束反力。现分别取上下两个横梁 AE 杆和 DB 杆作为研究对象，选择合适的平衡方程，这样就可以很方便地求出 CD 和 EF 杆的内力。具体作法如下。

　　1. 以 DB 杆为研究对象

　　取 DB 杆为隔离体，画出受力图如图 3-29 (b) 所示，图中 S_1、S_2 分别为 CD 和 EF 杆对 DB 杆的作用力，并假设杆件受拉。对 E 点取力矩，写出平衡方程：

$$\sum m_B = 0: \qquad 4S_1 + 2S_2 = 0 \Rightarrow S_2 = -2S_1 \qquad\qquad (1)$$

　　2. 以 AE 杆为研究对象

　　取 AE 杆为隔离体，受力如图 3-29 (c) 所示。对 A 点取力矩，写出平衡方程：

$$\sum m_A = 0: \qquad 2S_1 + 3F + 4S_2 = 0$$

将式 (1) 代入得

$$S_1 = \frac{F}{2} \text{（拉）}, \qquad S_2 = -F \text{（压）}$$

【**例 3-11**】　三铰刚架如图 3-30 所示。试求 A 和 B 处的反力。

　　解：三铰刚架可以看成左右两个刚体所组成的物体系统，因此可以列出 6 个平衡方程求解 6 个未知力。虽然作为整体只有 4 个未知约束力，但是作为单个物体平衡时，两个物体之间的彼此相互作用力就成为外力了。所以，在 C 铰处的约束反力，也是系统平衡时待求的未知力，则总共有 6 个未知力。问题归结为如何选择适当的研究对象和平衡方程，用最简便的方法求出指定的未知力。由于所求的是系统的外部约束力，所以首先考虑整体作

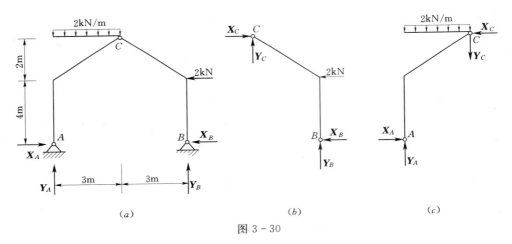

图 3－30

为研究对象，此时恰好不涉及两个内部联系力。注意到 X_A、Y_A、X_B 汇交于 A 点，因此将所有外力对 A 点写出平衡方程，即可直接求得 Y_B 的值。

由整体平衡，有

$$\sum m_A = 0: \qquad Y_B \times 6 + 2 \times 4 - 2 \times 3 \times 1.5 = 0 \Rightarrow Y_B = \frac{1}{6} \text{kN}(\uparrow)$$

同理，有

$$\sum m_B = 0: \qquad 2 \times 4 + 2 \times 3 \times 4.5 - Y_A \times 6 = 0 \Rightarrow Y_A = 5\frac{5}{6} \text{kN}(\uparrow)$$

$$\sum X = 0: \qquad\qquad\qquad X_A - X_B - 2 = 0 \tag{1}$$

至此，已列出三个独立的方程式。利用整体平衡不能列出任何新的方程式，求得进一步的结果。为了继续求得 X_A、X_B，必须考虑另外的研究对象。考虑以右半刚架作为研究对象，其受力如图 3－30（b）所示，为了避免引出新的未知力，只需对 C 点取力矩，列出平衡方程：

$$\sum m_C = 0: \qquad Y_B \times 3 - 2 \times 2 - X_B \times 6 = 0 \Rightarrow X_B = -3.5/6 = -7/12 \text{ kN}(\rightarrow)$$

计算结果的负号表示 X_B 的实际方向与图中方向相反。

与式（1）联立解得

$$X_A = 1\frac{5}{12} \text{ kN}(\rightarrow)$$

可以利用左半刚架的平衡，验算计算结果，左半刚架的受力图如图 3－30（c）所示，将所有外力对 C 点取力矩得

$$\sum m_C = X_A \times 6 + 2 \times 3 \times 1.5 - Y_A \times 3 = \frac{17}{12} \times 6 + 9 - \frac{35 \times 3}{6} = \frac{17}{2} + 9 - \frac{35}{2} = 0$$

说明计算结果正确。

习　　题

3－1　在物体的某平面上 A 点受四个力作用，力的大小、方向如图所示。试用几何法求其合力。

3－2　图示支架中，A、B、C 处均为铰接，杆自重不计，受到 $F_1 = 4\text{kN}$，$F_2 = 5\text{kN}$

作用。试用几何法求 AB、BC 杆所受的力。

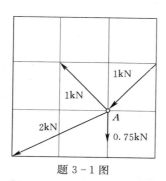

题 3-1 图

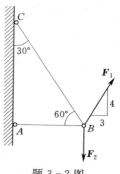

题 3-2 图

3-3　已知图示中 $F_1=20\text{kN}$，$F_2=14.14\text{kN}$，$F_3=27.32\text{kN}$。试求这三个力的合力。

3-4　自重 $G=200\text{N}$ 的物体，用四根绳索悬挂，如图所示。试求各绳所受的拉力。

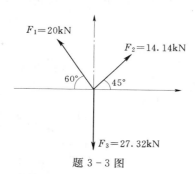

题 3-3 图

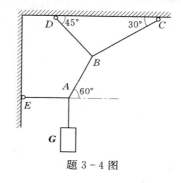

题 3-4 图

3-5　计算图中力 F 对 O 点的矩。

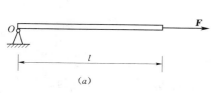

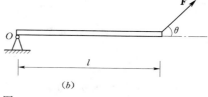

题 3-5 图

3-6　图示四连杆机构 $OABO_1$，在图示位置平衡。已知 $OA=0.4\text{m}$，$O_1B=0.6\text{m}$，$m_1=1\text{kN·m}$，各杆的自重均不计。试求作用在杆 O_1B 上的力偶矩 m_2 的大小及 AB 杆所受的力。

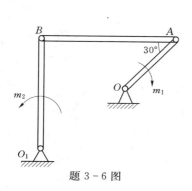

题 3-6 图

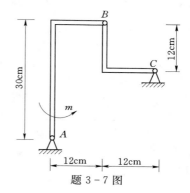

题 3-7 图

3-7 图示结构中各构件的自重略去不计，在构件 AB 上作用一力偶，其力偶矩 $m=800\text{N}\cdot\text{m}$。试求 A 和 C 处的约束反力。

3-8 计算图示各梁的支座反力。

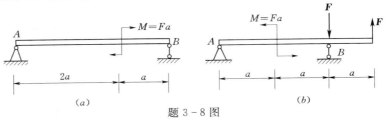

题 3-8 图

3-9 图示构架，已知 $\boldsymbol{F}_1=\boldsymbol{F}_2=5\text{kN}$，杆自重不计。试求 A 和 C 处的约束反力。

3-10 某厂房柱，高 9m，柱上段 BC 重 $P_1=8\text{kN}$，下段 OC 重 $P_2=37\text{kN}$，柱顶水平力 $Q=6\text{kN}$，各力作用位置如图所示，以柱底中心 O 点为简化中心。试求这三个力的主矢和主矩。

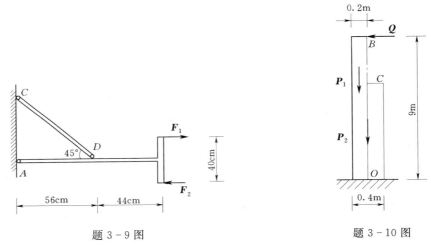

题 3-9 图   题 3-10 图

3-11 图示等边三角形板 ABC，边长为 a，沿其边缘作用大小均为 F 的力，各力的方向如图所示。试求三力的合成结果。若三力的方向改变成如图（b）所示，其合成结果如何？

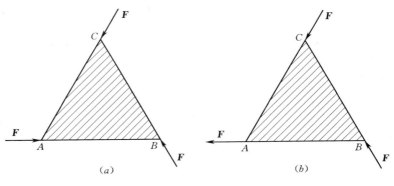

题 3-11 图

3-12 计算图示各梁的支座反力。

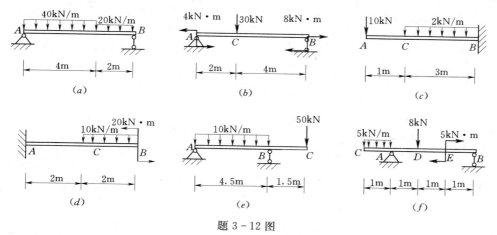

题 3-12 图

3-13 计算图示三角形支架铰链 A、B 处的约束反力。

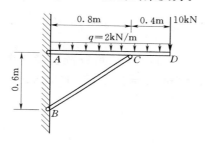

题 3-13 图

3-14 计算图示各刚架的支座反力。

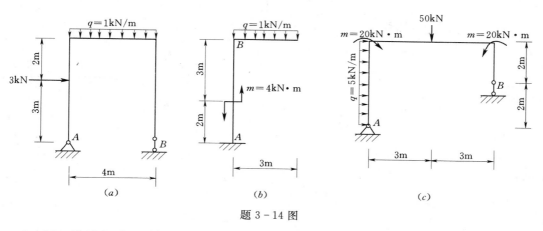

题 3-14 图

3-15 塔式起重机，重 $G=500$kN（不包括平衡锤重 Q）作用于 C 点，如图所示。跑车 E 的最大起重量 $P=250$kN，离 B 轨最远距离 $l=10$m，为了防止起重机左右翻倒，需在 D 处加一平衡锤，要使跑车在满载或空载时，起重机在任何位置都不致翻倒。试求平衡锤的最小重量 Q 和平衡锤到左轨 A 的最大距离 x。跑车自重不计，且 $e=1.5$m，$b=3$m。

3-16 破碎机传动机构示意图如图所示，活动类板 AB 长为 600mm，BC 和 CD 杆的长度均为 600mm，假设破碎时，矿石对夹板沿垂直于 AB 方向的作用力 $F=1$kN，作用于 H 处，$AH=400$mm，$OE=100$mm。试求图示位置时电机对杆 OE 作用的力偶矩 m_O。

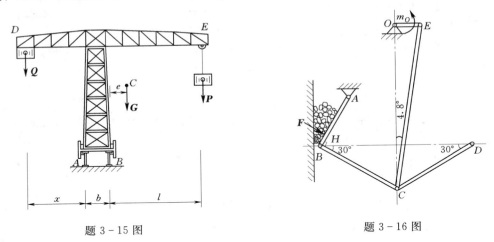

题 3-15 图   题 3-16 图

3-17　图示结构，已知：$q=F/a$，$m=Fa$，C 处为光滑接触。试求 A 和 E 处的约束反力。

3-18　图示多跨静定梁，AB 和 BC 段用铰链连接，并支承于连杆 1、2、3、4 上。已知 $AD=EC=6$m，$AB=BC=8$m，$\alpha=60°$，$F=150$kN。试求各连杆的反力。

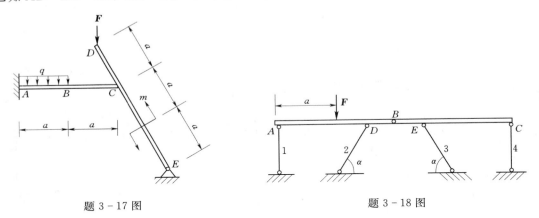

题 3-17 图   题 3-18 图

第四章

空 间 力 系

【本章要点】

● 空间汇交力系的合成与平衡。

● 空间力偶系的合成与平衡。

● 空间任意力系的合成与平衡。

● 物体的重心及形心。

本章研究空间一般力系的简化和平衡问题。在实际工程中，例如起重设备、高压输电线塔、飞机的起落架和钢桁架桥等空间结构，作这些结构所受各力的作用线并不都在同一平面内，而是呈空间分布的。设计这些结构时，需要应用空间力系的平衡条件进行计算。与平面力系一样，空间力系可以分为空间汇交力系、空间力偶系和空间任意力系来研究。作为空间平行力系的合成问题，本章还叙述了重心和形心的概念及坐标公式。

第一节 空 间 汇 交 力 系

一、力在直角坐标轴上的投影和力沿直角坐标轴的分解

若已知力 F 与正交坐标系 $Oxyz$ 三轴间的夹角分别为 α、β、γ，如图 4-1 所示，则力在三个轴上的投影等于力 F 的大小乘以其与各轴夹角的余弦，即

$$\left.\begin{array}{l} X = F\cos\alpha \\ Y = F\cos\beta \\ Z = F\cos\gamma \end{array}\right\} \tag{4-1}$$

这种投影法称为一次投影法或直接投影法。

当力 F 与 x、y 轴的夹角不易确定时，可把力 F 先投影到平面 xOy 上，得到投影 F_{xy}，再将 F_{xy} 投影到 x、y 轴上，如图 4-2 所示。已知角 γ 和 φ，则力 F 在三个坐标轴上的投影为

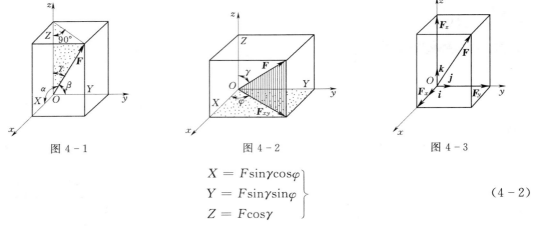

图 4 - 1   图 4 - 2   图 4 - 3

$$\left.\begin{array}{l} X = F\sin\gamma\cos\varphi \\ Y = F\sin\gamma\sin\varphi \\ Z = F\cos\gamma \end{array}\right\} \qquad (4-2)$$

这种投影法称为二次投影法或间接投影法。

注意： 力在轴上的投影是代数量，在平面上的投影是矢量。

若以 F_x、F_y、F_z 表示力 F 沿直角坐标轴 x、y、z 的正交分量，以 i、j、k 表示相应的沿 x、y、z 轴的单位矢量，如图 4 - 3 所示，则

$$F = F_x + F_y + F_z = Xi + Yj + Zk \qquad (4-3)$$

与平面力系类似，力 F 在空间直角坐标轴上的投影和力 F 沿此坐标轴的关系可表示为

$$F_x = Xi , \quad F_y = Yj , \quad F_z = Zk \qquad (4-4)$$

若已知力 F 在正交轴系 $Oxyz$ 的三个投影，则力 F 的大小和方向余弦为

$$\left.\begin{array}{l} F = \sqrt{X^2 + Y^2 + Z^2} \\ \cos(F,i) = \dfrac{X}{F}, \quad \cos(F,j) = \dfrac{Y}{F}, \quad \cos(F,k) = \dfrac{Z}{F} \end{array}\right\} \qquad (4-5)$$

二、空间汇交力系的合成与平衡条件

将平面汇交力系的合成法则扩展到空间，可得：空间汇交力系的合力等于各分力的矢量和，合力的作用线通过汇交点。合力矢为

$$R = F_1 + F_2 + \cdots + F_n = \sum_{i=1}^{n} F_i \qquad (4-6)$$

由式（4 - 3）可得

$$R = R_x + R_y + R_z = \sum X_i i + \sum Y_i j + \sum Z_i k \qquad (4-7)$$

式中：$\sum X_i$、$\sum Y_i$、$\sum Z_i$ 分别为合力 R 沿 x、y、z 轴的投影。

则合力的大小和方向余弦为

$$\left.\begin{array}{l} R = \sqrt{(\sum X)^2 + (\sum Y)^2 + (\sum Z)^2} \\ \cos(R,i) = \dfrac{\sum X}{R}, \quad \cos(R,j) = \dfrac{\sum Y}{R}, \quad \cos(R,k) = \dfrac{\sum Z}{R} \end{array}\right\} \qquad (4-8)$$

【例 4 - 1】   在刚体上作用有三个汇交力，解析式分别为：$F_1 = 3i + 8j + 7k$（kN），$F_2 = 4i + 7j - 1k$（kN），$F_3 = 3i - 5j - 1k$（kN）。试求这三个力的合力的大小和方向。

解： 由 $X_1 = 3$，$Y_1 = 8$，$Z_1 = 7$；$X_2 = 4$，$Y_2 = 7$，$Z_2 = -1$；$X_3 = 3$，$Y_3 = -5$，

$Z_3 = -1$ 得

$$\sum X = 3 + 4 + 3 = 10\text{kN}, \quad \sum Y = 8 + 7 - 5 = 10\text{kN}, \quad \sum Z = 7 - 1 - 1 = 5\text{kN}$$

代入式（4-5）得合力的大小和方向余弦为

$$R = \sqrt{10^2 + 10^2 + 5^2} = 15\text{kN}$$

$$\cos(\boldsymbol{R}, \boldsymbol{i}) = \frac{2}{3}, \quad \cos(\boldsymbol{R}, \boldsymbol{j}) = \frac{2}{3}, \quad \cos(\boldsymbol{R}, \boldsymbol{k}) = \frac{1}{3}$$

由此得夹角为

$$(\boldsymbol{R}, \boldsymbol{i}) = 48°11', \quad (\boldsymbol{R}, \boldsymbol{j}) = 48°11', \quad (\boldsymbol{R}, \boldsymbol{k}) = 70°31'$$

由于空间汇交力系合成为一个合力，则空间汇交力系平衡的充要条件为：该力系的合力等于零，即

$$\boldsymbol{R} = \sum_{i=1}^{n} \boldsymbol{F}_i = 0 \tag{4-9}$$

由式（4-8）可知，要使合力 $\boldsymbol{R}$ 等于零，必须同时满足下列各式：

$$\sum_{i=1}^{n} X_i = 0, \quad \sum_{i=1}^{n} Y_i = 0, \quad \sum_{i=1}^{n} Z_i = 0 \tag{4-10}$$

由此可得出结论，空间汇交力系平衡的充要条件为：该力系中所有各力在三个正交坐标轴上的投影的代数和分别等于零。式（4-10）称为空间汇交力系的平衡方程。

【例4-2】 三根直杆 AD、BD、CD 在点 D 处互相连接构成支架，如图4-4所示，缆索 ED 绕固定在点 D 处的滑轮提升一重量为 500kN 的重物。设 ABC 组成等边三角形，各杆和缆索 ED 与地面的夹角均为 60°，求平衡时各杆的轴向压力。

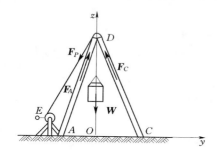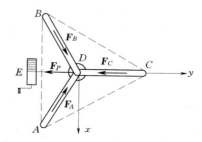

图4-4

解： 以滑轮为研究对象，设滑轮半径极为微小，其对力作用点的影响可以忽略不计，则直杆、缆索和荷载对滑轮的作用力 $\boldsymbol{F}_A$、$\boldsymbol{F}_B$、$\boldsymbol{F}_C$、$\boldsymbol{F}_P$ 和 $\boldsymbol{W}$ 组成空间汇交力系，可利用式（4-10）求解，则

$\sum X = 0$：$\qquad\qquad (F_B - F_A)\cos 60° \sin 60° = 0 \Rightarrow F_A = F_B$

$\sum Y = 0$：$\qquad\qquad (F_A + F_B)\cos^2 60° - (F_C + F_P)\cos 60° = 0$

$\sum Z = 0$：$\qquad\qquad (F_A + F_B + F_C - F_P)\sin 60° - W = 0$

缆索约束力 F_P 等于重物的重力 W，将 $F_P = W = 500\text{kN}$ 代入上式，得

$$F_A = F_B = 569\text{kN}, \quad F_C = 69\text{kN}$$

第二节　空　间　力　偶　系

一、空间力偶等效条件

在平面力偶理论中，已经得出了关于同一平面内力偶等效的条件：只要不改变力偶矩的大小和力偶的转向，力偶可以在其作用面内任意移转或同时改变力偶中力的大小和力偶臂的长短，其作用效应不变。对于空间问题，由于空间力偶可作用在不同方位的平面内，所以，平面力偶的相应理论必须加以扩展。实践经验告诉我们，空间力偶的作用面可以平移。例如，用螺丝刀拧螺丝时，只要力偶矩的大小和力偶的转向保持不变，长螺丝刀或短螺丝刀的作用效果是一样的。即力偶的作用面可以垂直于螺丝刀的轴线平移，而不影响拧螺丝的效果。由此可知，空间力偶的作用面可以平行移动，而不改变力偶对刚体的作用效果。反之，如果两个力偶的作用面不相互平行（即作用面的法线不相互平行），即使其力偶矩大小相等，其对刚体的作用效果也不同。

如图 4-5 所示的三个力偶，分别作用在三个同样的物体上，力偶矩都等于 200N·m。因为前两个力偶的转向相同，作用面又平行，所以这两个力偶对物体的作用效果相同［见图 4-5（a）、（b）］。第三个力偶作用在平面 Ⅱ 上［见图 4-5（c）］，虽然力偶矩大小相同，但它与前两个力偶对物体的作用效果不同，前者使静止物体绕平行于 x 轴的轴转动，而后者使物体绕平行于 y 轴的轴转动。

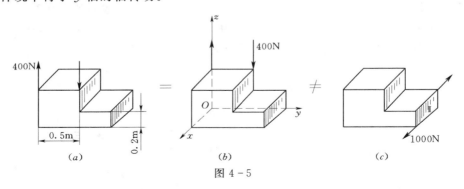

图 4-5

由此可知，空间力偶对刚体的作用效果取决于下列三个要素：

（1）力偶矩的大小。

（2）力偶作用面的方位。

（3）力偶的转向。

空间力偶的三个要素可以用一个矢量表示：矢量的长度表示力偶矩的大小，矢量的方位与力偶作用面的法线方位一致，矢量的指向与力偶转向的关系服从右手螺旋法则。即从矢量的末端看去，力偶的转向是逆时针的［见图 4-6（a）、（b）］。这个矢量称为**力偶矩矢**，记作 **M**，由此可知，力偶对刚体的作用效果由力偶矩矢唯一决定。

由于空间力偶可以在同平面内任意移转，并可以搬移到平行平面内，而不改变其对刚体的作用效果，因此，力偶矩矢可以在空间内平行于其自身平面任意移动，即力偶矩矢是自由矢量。

为进一步说明力偶矩矢是自由矢量，揭示力偶的等效特性，可以证明：力偶对空间任

一点 O 的矩都是相等的，都等于力偶矩。

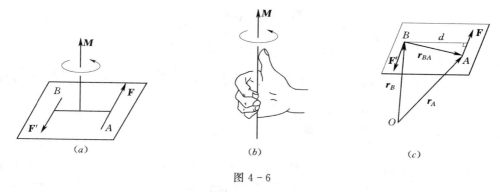

图 4 - 6

如图 4 - 6（c）所示，组成力偶的两个力 $\boldsymbol{F}$ 和 $\boldsymbol{F}'$ 对空间任一点 O 之矩的矢量和为

$$
\begin{aligned}
\boldsymbol{M}_O(\boldsymbol{F}, \boldsymbol{F}') &= \boldsymbol{M}_O(\boldsymbol{F}) + M_O(\boldsymbol{F}') \\
&= \boldsymbol{r}_A \times \boldsymbol{F} + \boldsymbol{r}_B \times \boldsymbol{F}' \\
&= \boldsymbol{r}_A \times \boldsymbol{F} + \boldsymbol{r}_B \times (-\boldsymbol{F}) \\
&= (\boldsymbol{r}_A - \boldsymbol{r}_B) \times \boldsymbol{F} \\
&= \boldsymbol{r}_{BA} \times \boldsymbol{F}
\end{aligned}
$$

显然，$\boldsymbol{r}_{BA} \times \boldsymbol{F}$ 的大小等于 Fd，方向与力偶（$\boldsymbol{F}$，$\boldsymbol{F}'$）的力偶矩矢 $\boldsymbol{M}$ 一致，因此，力偶对空间任一点的矩矢都等于力偶矩矢，与矩心的位置无关。

综上所述，力偶矩矢是力偶转动效应的唯一度量，因此，力偶的等效条件可以叙述为：力偶矩矢相等的力偶等效。

二、空间力偶系的合成与平衡条件

设刚体上作用有任意个空间力偶，力偶矩矢分别为 $\boldsymbol{M}_1$、$\boldsymbol{M}_2$、$\cdots$、$\boldsymbol{M}_n$。由于力偶矩矢是自由矢量，故可以将各力偶矩矢平移至任一点 A。则与空间汇交力系的合成结果为一合力相似，空间力偶系的合成结果为一合力偶，合力偶矩矢等于各分力偶矩矢的矢量和，即

$$
\boldsymbol{M} = \boldsymbol{M}_1 + \boldsymbol{M}_2 + \cdots + \boldsymbol{M}_n = \sum_{i=1}^{n} \boldsymbol{M}_i \tag{4-11}
$$

合力偶矩矢在各直角坐标轴上的投影为

$$
\left.
\begin{aligned}
M_x &= M_{1x} + M_{2x} + \cdots + M_{nx} = \sum_{i=1}^{n} M_{ix} \\
M_y &= M_{1y} + M_{2y} + \cdots + M_{ny} = \sum_{i=1}^{n} M_{iy} \\
M_z &= M_{1z} + M_{2z} + \cdots + M_{nz} = \sum_{i=1}^{n} M_{iz}
\end{aligned}
\right\} \tag{4-12}
$$

则合力偶矩矢的大小和方向余弦可表示为

$$
\left.
\begin{aligned}
M &= \sqrt{M_x^2 + M_y^2 + M_z^2} \\
\cos(\boldsymbol{M}, \boldsymbol{i}) &= \frac{M_x}{M}, \quad \cos(\boldsymbol{M}, \boldsymbol{j}) = \frac{M_y}{M}, \quad \cos(\boldsymbol{M}, \boldsymbol{k}) = \frac{M_z}{M}
\end{aligned}
\right\} \tag{4-13}
$$

由于空间力偶系合成为一个合力偶，则空间力偶系平衡的充要条件为：该力偶系的合

力偶矩矢等于零，即所有力偶矩矢的矢量和等于零，即

$$\boldsymbol{M} = \sum_{i=1}^{n} \boldsymbol{M}_i = 0 \tag{4-14}$$

则

$$M = \sqrt{M_x^2 + M_y^2 + M_z^2} = 0$$

故

$$M_x = \sum_{i=1}^{n} M_{ix} = 0, \quad M_y = \sum_{i=1}^{n} M_{iy} = 0, \quad M_z = \sum_{i=1}^{n} M_{iz} = 0 \tag{4-15}$$

式（4-15）为空间力偶系的平衡方程。

上述三个独立的平衡方程可以求解三个未知量。

【例 4-3】 长方体 $OABCDEGH$ 上作用有三个力偶 $\boldsymbol{F}_1$、$\boldsymbol{F}_1'$，$\boldsymbol{F}_2$、$\boldsymbol{F}_2'$，$\boldsymbol{F}_3$、$\boldsymbol{F}_3'$，如图 4-7（a）所示。已知 $F_1 = F_1' = 15\text{kN}$，$F_2 = F_2' = 20\text{kN}$，$F_3 = F_3' = 20\text{kN}$，$b = 0.1\text{m}$。试求这三个力偶的合成结果。

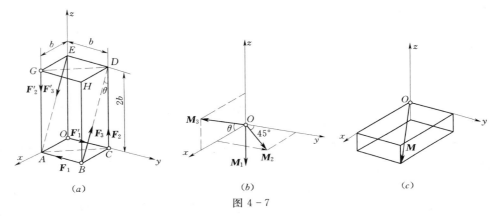

图 4-7

解： 各力偶矩矢表示如图 4-7（b）所示。$\boldsymbol{M}_1$ 垂直于平面 $OABC$，即沿 z 轴；$\boldsymbol{M}_2$ 垂直于平面 $ACDG$，即位于 Oxy 平面内，与 x、y 轴都成 45°角；$\boldsymbol{M}_3$ 垂直于平面 $ABDE$，即位于 Ozx 平面内，与 x 轴成 θ 角：

$$\theta = \arctan\left(\frac{1}{2}\right) = 26°34'$$

各力偶矩矢的指向按右手螺旋法则确定。它们的模分别为

$$M_1 = F_1 b = 1.5\text{kN} \cdot \text{m}, \quad M_2 = F_2\left(\sqrt{2}b\right) = 2.828\text{kN} \cdot \text{m}, \quad M_3 = F_3 b = 2\text{kN} \cdot \text{m}$$

根据式（4-11），这三个力偶合成为一力偶，其力偶矩矢为

$$\boldsymbol{M} = \boldsymbol{M}_1 + \boldsymbol{M}_2 + \boldsymbol{M}_3$$

根据式（4-12），得

$$M_x = M_2 \cos 45° + M_3 \cos\theta = 3.789\text{kN} \cdot \text{m}$$

$$M_y = M_2 \cos 45° = 2\text{kN} \cdot \text{m}$$

$$M_z = -M_1 + M_3 \sin\theta = -0.606\text{kN} \cdot \text{m}$$

因此，合力偶矩矢可表示为

$$\boldsymbol{M} = 3.789\boldsymbol{i} + 2\boldsymbol{j} - 0.606\boldsymbol{k}$$

$$M = \sqrt{3.789^2 + 2^2 + (-0.606)^2} = 4.327\text{kN} \cdot \text{m}$$

$$\cos(\boldsymbol{M},\boldsymbol{i}) = \frac{M_x}{M} = 0.876, \quad \cos(\boldsymbol{M},\boldsymbol{j}) = \frac{M_y}{M} = 0.462, \quad \cos(\boldsymbol{M},\boldsymbol{k}) = \frac{M_z}{M} = -0.14$$

$\boldsymbol{M}$ 的方向如图 4-7（c）所示。

第三节　空间任意力系

一、力对点之矩和力对轴之矩

（一）力对点之矩

当力系在空间分布时，各力作用线与共同的矩心分别构成方位不同的各个平面。因而，各力对所作用刚体绕矩心转动的效应，取决于该力作用线与矩心所构成平面的方位、力矩在该平面内的转向以及力矩的大小等三个因素。因此，对于空间情况，力对点的矩应当用矢量来表示。矢量的模等于力的大小与矩心到力作用线的垂直距离 h（力臂）的乘积；矢量的方位和该力与矩心组成平面的法线方位相同；矢量的指向按右手螺旋法则确定，如图 4-8 所示，即从矢量的末端来看，刚体由该力所引起的转动是逆时针转向。这个矢量称为力对点的矩矢，记作 $\boldsymbol{M}_O(\boldsymbol{F})$，力矩的大小为

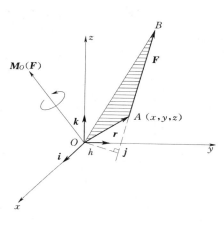

图 4-8

$$|\boldsymbol{M}_O(\boldsymbol{F})| = Fh = 2\triangle OAB$$

式中：$\triangle OAB$ 为三角形的面积。

由于力矩矢量 $\boldsymbol{M}_O(\boldsymbol{F})$ 的大小和方向都与矩心 O 的位置有关，故力矩矢的始端必须在矩心，这种矢量称为定位矢量。

若以 $\boldsymbol{r}$ 表示力作用点 A 的矢径，则矢积 $\boldsymbol{r}\times\boldsymbol{F}$ 的模等于三角形 OAB 面积的 2 倍，其方向与力矩矢量 $\boldsymbol{M}_O(\boldsymbol{F})$ 一致，故可得

$$\boldsymbol{M}_O(\boldsymbol{F}) = \boldsymbol{r}\times\boldsymbol{F} \tag{4-16}$$

式（4-16）为力对点的矩的矢积表达式，即力对点的矩矢等于矩心到该力作用点的矢径与该力的矢量积。

如图 4-8 所示，以矩心 O 为原点作空间直角坐标系 $Oxyz$，则

$$\boldsymbol{r} = x\boldsymbol{i} + y\boldsymbol{j} + z\boldsymbol{k}, \quad \boldsymbol{F} = X\boldsymbol{i} + Y\boldsymbol{j} + Z\boldsymbol{k}$$

于是式（4-16）可写成

$$\boldsymbol{M}_O(\boldsymbol{F}) = \boldsymbol{r}\times\boldsymbol{F} = \begin{vmatrix} \boldsymbol{i} & \boldsymbol{j} & \boldsymbol{k} \\ x & y & z \\ X & Y & Z \end{vmatrix} = (yZ - zY)\boldsymbol{i} + (zX - xZ)\boldsymbol{j} + (xY - yX)\boldsymbol{k} \tag{4-17}$$

其中，单位矢量 $\boldsymbol{i}$、$\boldsymbol{j}$、$\boldsymbol{k}$ 前面的三个系数分别表示力矩矢量 $\boldsymbol{M}_O(\boldsymbol{F})$ 在三个坐标轴上的投影，即

$$\left.\begin{array}{l}[\boldsymbol{M}_O(\boldsymbol{F})]_x = yZ - zY \\ [\boldsymbol{M}_O(\boldsymbol{F})]_y = zX - xZ \\ [\boldsymbol{M}_O(\boldsymbol{F})]_z = xY - yX\end{array}\right\} \tag{4-18}$$

（二）力对轴之矩

力使所作用的刚体绕轴转动的效应，可用力对该轴的矩来度量。

如图 4-9（a）所示，力 $\boldsymbol{F}$ 作用在可绕 z 轴转动的门上，现将力 $\boldsymbol{F}$ 分解为平行于 z 轴的分力 $\boldsymbol{F}_z$ 和垂直于 z 轴的分力 $\boldsymbol{F}_{xy}$（此力即为力 $\boldsymbol{F}$ 在垂直于 z 轴的平面 Oxy 上的投影矢量）。由经验可知，分力 $\boldsymbol{F}_z$ 不能使门绕 z 轴转动，即它对 z 轴的转动效应为零；而分力 $\boldsymbol{F}_{xy}$ 能使门绕 z 轴转动，方向取决于 $\boldsymbol{F}_{xy}$ 在平面 Oxy 内的指向，强弱程度取决于 $\boldsymbol{F}_{xy}$ 的大小和点 O 到 $\boldsymbol{F}_{xy}$ 的垂直距离 h 的乘积，即

$$M_z(\boldsymbol{F}) = M_O(\boldsymbol{F}_{xy}) = \pm F_{xy}h = \pm 2\triangle OAb \tag{4-19}$$

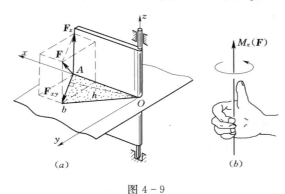

图 4-9

由此可见，力对轴的矩是力使刚体绕该轴转动效果的度量，是一个代数量，其绝对值等于该力在垂直于该轴的平面上的投影对于该轴与这个平面交点的矩。其正负号用以区别力矩的不同转向，可按右手螺旋法则来确定，如图 4-9（b）所示，拇指指向与 z 轴一致为正，反之为负。力对轴的矩的单位为 N·m。

由式（4-19）可知，当力 $\boldsymbol{F}$ 与轴相交（$h=0$）或力 $\boldsymbol{F}$ 与轴平行（$|\boldsymbol{F}_{xy}|=0$）时，$M_z(\boldsymbol{F})=0$，即力与轴在同一平面时，力对该轴的矩为零。

力对轴的矩也可用解析式来表示。根据合力矩定理，得

$$M_z(\boldsymbol{F}) = M_O(\boldsymbol{F}_{xy}) = M_O(\boldsymbol{F}_x) + M_O(\boldsymbol{F}_y)$$

即

$$M_z(\boldsymbol{F}) = xY - yX$$

同理可得力 $\boldsymbol{F}$ 对 x 轴和 y 轴的矩的解析表达式。将此三式合写为

$$\left.\begin{array}{l}M_x(\boldsymbol{F}) = yZ - zY \\ M_y(\boldsymbol{F}) = zX - xZ \\ M_z(\boldsymbol{F}) = xY - yX\end{array}\right\} \tag{4-20}$$

【例 4-4】 折杆 OA 各部分尺寸如图 4-10（a）所示，杆端点 A 作用一大小为 1000N 的力 $\boldsymbol{F}$，试求力 $\boldsymbol{F}$ 对点 O 之矩和力 $\boldsymbol{F}$ 对 x、y、z 轴之矩。

解： 由图 4-10（b）得力 $\boldsymbol{F}$ 的三个方向余弦，即

$$\cos\alpha = \frac{1}{\sqrt{1^2 + 3^2 + 5^2}} = \frac{1}{\sqrt{35}}, \quad \cos\beta = \frac{3}{\sqrt{35}}, \quad \cos\gamma = \frac{5}{\sqrt{35}}$$

于是得力 $\boldsymbol{F}$ 在坐标轴上的投影分别为

$$X = F\cos\alpha = 1000 \times \frac{1}{\sqrt{35}} = 169.0\text{N}$$

$$Y = F\cos\beta = 1000 \times \frac{3}{\sqrt{35}} = 507.1\text{N}$$

$$Z = F\cos\gamma = 1000 \times \frac{5}{\sqrt{35}} = 845.2\text{N}$$

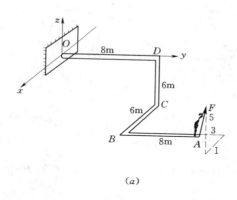 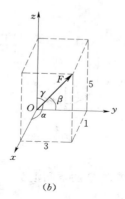

(a)　　　　　　　　　　(b)

图 4 - 10

力 $\boldsymbol{F}$ 的作用点 A 的坐标为

$$x = 6\text{m}, \quad y = 16\text{m}, \quad z = -6\text{m}$$

由式（4-17）得力 $\boldsymbol{F}$ 对坐标原点 O 之矩为

$$\begin{aligned}
M_O(\boldsymbol{F}) &= (yZ - zY)\boldsymbol{i} + (zX - xZ)\boldsymbol{j} + (xY - yX)\boldsymbol{k} \\
&= [16 \times 845.2 - (-6) \times 507.1]\boldsymbol{i} + [(-6) \times 169.0 - 6 \times 845.2]\boldsymbol{j} \\
&\quad + (6 \times 507.1 - 16 \times 169.0)\boldsymbol{k} \\
&= 16565.8\boldsymbol{i} - 6085.2\boldsymbol{j} + 338.6\boldsymbol{k} \ \text{N} \cdot \text{m}
\end{aligned}$$

力 $\boldsymbol{F}$ 对各坐标轴之矩为

$$M_x(\boldsymbol{F}) = [\boldsymbol{M}_O(\boldsymbol{F})]_x = 16565.8\text{N} \cdot \text{m}$$

$$M_y(\boldsymbol{F}) = [\boldsymbol{M}_O(\boldsymbol{F})]_y = -6085.2\text{N} \cdot \text{m}$$

$$M_z(\boldsymbol{F}) = [\boldsymbol{M}_O(\boldsymbol{F})]_z = 338.6\text{N} \cdot \text{m}$$

（三）力对点的矩与力对通过该点的轴的矩的关系

比较式（4-18）和式（4-20），可得

$$\left.\begin{aligned}
[\boldsymbol{M}_O(\boldsymbol{F})]_x &= M_x(\boldsymbol{F}) \\
[\boldsymbol{M}_O(\boldsymbol{F})]_y &= M_y(\boldsymbol{F}) \\
[\boldsymbol{M}_O(\boldsymbol{F})]_z &= M_z(\boldsymbol{F})
\end{aligned}\right\} \tag{4-21}$$

式（4-21）说明，力对点的矩矢在通过该点的某轴上的投影，等于力对该轴的矩。这一结论给出了力对点之矩与力对轴之矩之间的关系。

二、空间任意力系向一点的简化

空间任意力系是作用线既不全在同一平面内，又不全相交或平行的一些力组成的力系。设刚体上受到由 n 个力组成的空间任意力系（$\boldsymbol{F}_1, \boldsymbol{F}_2, \cdots, \boldsymbol{F}_n$）的作用 [见图 4-11（a）]，$O$ 为空间中任意确定点，与平面任意力系的简化方法一样，应用力的平移定理，依次将作用于刚体上的力向点 O 平移，同时附加一个相应的力偶，得到的等效力系为 n 个力组成的

空间汇交力系和 n 个附加力偶组成的空间力偶系 ［见图 4 - 11 （b）］，其中 $\boldsymbol{F}'_i$ 为 $\boldsymbol{F}_i$
$(i=1, 2, \cdots, n)$ 平移到点 O 的力，M_i 为附加的力偶矩。

$$(\boldsymbol{F}_1, \boldsymbol{F}_2, \cdots, \boldsymbol{F}_n) \Longleftrightarrow (\boldsymbol{F}'_1, \boldsymbol{F}'_2, \cdots, \boldsymbol{F}'_n, M_1, M_2, \cdots, M_n)$$

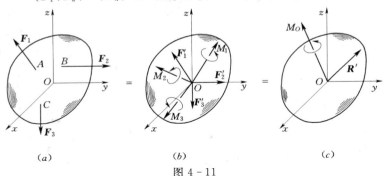

图 4 - 11

作用于点 O 的空间汇交力系合成为一个力 $\boldsymbol{R}'$ ［见图 4 - 11 （c）］，力矢 $\boldsymbol{R}'$ 等于原力系
中各力的矢量和，即

$$\boldsymbol{R}' = \sum_{i=1}^{n} \boldsymbol{F}'_i = \sum_{i=1}^{n} \boldsymbol{F}_i = \sum_{i=1}^{n} X_i \boldsymbol{i} + \sum_{i=1}^{n} Y_i \boldsymbol{j} + \sum_{i=1}^{n} Z_i \boldsymbol{k} \quad (4 - 22)$$

空间力偶系可合成为一个力偶 ［见图 4 - 11 （c）］，力偶矩矢 $\boldsymbol{M}_O$ 等于各附加力偶矩矢
的矢量和，即

$$\boldsymbol{M}_O = \sum_{i=1}^{n} \boldsymbol{M}_i = \sum_{i=1}^{n} \boldsymbol{M}_O(\boldsymbol{F}_i) = \sum_{i=1}^{n} (\boldsymbol{r}_i \times \boldsymbol{F}_i)$$

$$= \sum_{i=1}^{n} (y_i Z_i - z_i Y_i)\boldsymbol{i} + \sum_{i=1}^{n} (z_i X_i - x_i Z_i)\boldsymbol{j} + \sum_{i=1}^{n} (x_i Y_i - y_i X_i)\boldsymbol{k} \quad (4 - 23)$$

点 O 称为力系的简化中心，$\boldsymbol{R}'$ 称为力系的主矢，$\boldsymbol{M}_O$ 称为力系对于简化中心 O 的
主矩。

以上简化过程可归纳为：空间任意力系向任一点 O 简化，可得一力和一力偶。力的大
小和方向等于该力系的主矢，作用线通过简化中心 O；力偶矩矢等于该力系对简化中心的
主矩。与平面任意力系一样，主矢与简化中心的位置无关，主矩一般与简化中心的位置
有关。

由式 （4 - 22），此力系的主矢的大小和方向余弦为

$$\left. \begin{array}{l} R' = \sqrt{(\sum X)^2 + (\sum Y)^2 + (\sum Z)^2} \\ \cos(\boldsymbol{R}', \boldsymbol{i}) = \dfrac{\sum X}{R'}, \quad \cos(\boldsymbol{R}', \boldsymbol{j}) = \dfrac{\sum Y}{R'}, \quad \cos(\boldsymbol{R}', \boldsymbol{k}) = \dfrac{\sum Z}{R'} \end{array} \right\} \quad (4 - 24)$$

由式 （4 - 23），此力系对点 O 的主矩的大小和方向余弦为

$$\left. \begin{array}{l} M_O = \sqrt{[\sum M_x(\boldsymbol{F})]^2 + [\sum M_y(\boldsymbol{F})]^2 + [\sum M_z(\boldsymbol{F})]^2} \\ \cos(M_O, \boldsymbol{i}) = \dfrac{\sum M_x(\boldsymbol{F})}{M_O}, \cos(M_O, \boldsymbol{j}) = \dfrac{\sum M_y(\boldsymbol{F})}{M_O}, \cos(M_O, \boldsymbol{k}) = \dfrac{\sum M_z(\boldsymbol{F})}{M_O} \end{array} \right\} \quad (4 - 25)$$

三、空间任意力系的简化结果分析

空间任意力系向简化中心 O 简化，得到主矢 $\boldsymbol{R}'$ 和主矩 $\boldsymbol{M}_O$ 后，还可以根据不同情形，
进一步简化为更简单的力系，现分别加以讨论。

（一）空间任意力系简化为一合力

若主矢 $R' \neq 0$，而主矩 $M_O = 0$，则原力系合成为一合力，其作用线通过点 O，大小和方向等于原力系的主矢。

若主矢 $R' \neq 0$，主矩 $M_O \neq 0$，且 $R' \perp M_O$，如图 4-12（a）所示，这时，力 R' 和力偶矩矢为 M_O 的力偶（R''，R）在同一平面内，如图 4-12（b）所示，则可将力 R' 与力偶（R''，R）进一步合成，得到作用于点 O' 的一个力 R，如图 4-12（c）所示。此力即为原力系的合力，其大小和方向等于原力系的主矢，即 $R' = R$，其作用线离简化中心 O 的距离为 $d = |M_O| / R$。

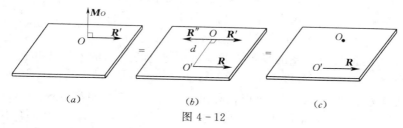

图 4-12

由图 4-12（b）可知，$M_O = M_O(R)$，又根据式（4-23），有 $M_O = \sum M_O(F)$，故可得以下关系式：

$$M_O(R) = \sum M_O(F) \tag{4-26}$$

根据力对点之矩与力对轴之矩的关系，将式（4-26）投影到通过点 O 的任一轴 z 上，可得

$$M_z(R) = \sum M_z(F) \tag{4-27}$$

即空间任意力系的合力对任意一点（或轴）的矩，等于力系各力对该点（或轴）的矩的矢量和（或代数和）。这就是空间任意力系的合力矩定理。

（二）空间任意力系简化为一合力偶

若主矢 $R' = 0$，主矩 $M_O \neq 0$，则力系简化为一合力偶，其力偶矩矢等于力系对点 O 的主矩。由于力偶矩矢与矩心位置无关，故在这种情况下，主矩与简化中心的位置无关。

（三）空间任意力系简化为力螺旋

若主矢 $R' \neq 0$，主矩 $M_O \neq 0$，且 $R' \parallel M_O$，这种结果称为力螺旋，即由一力和一力偶组成的力系，其中的力垂直于力偶的作用面。力偶的转向和力的指向符合右手螺旋规则的称为右螺旋，例如，拧螺钉时为克服木板对螺钉的阻力所施加的力和力矩，如图 4-13（a）所示；否则称为左螺旋，例如，空气作用于飞机的右螺旋桨上的推进力和阻力矩，如图 4-13（b）所示。力螺旋中力的作用线称为该力螺旋的中心轴。

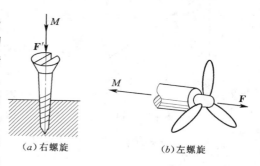

（a）右螺旋　　　　（b）左螺旋

图 4-13

可以证明，若主矢 $R' \neq 0$，主矩 $M_O \neq 0$，且两者既不相互平行也不相互垂直时，简化的结果依然为一力螺旋（对这种情况，本书不展开论证）。可见，力螺旋是空间任意力系简化的最一般形式。

由于力螺旋既不可能与一个力等效，也不可能与一个力偶等效，故它是一个最简单的力系。

（四）空间任意力系简化为平衡

若主矢 $\boldsymbol{R}' = 0$，主矩 $\boldsymbol{M}_O = 0$，则空间任意力系平衡，这种情况将在下面详细讨论。

四、空间任意力系的平衡方程

空间任意力系处于平衡的充要条件是：力系的主矢和对任一点的主矩都等于零，即
$$\boldsymbol{R}' = 0, \quad \boldsymbol{M}_O = 0$$

根据式（4-24）和式（4-25），可将上述平衡条件写成
$$\begin{cases} \sum X = 0, & \sum Y = 0, & \sum Z = 0 \\ \sum M_x = 0, & \sum M_y = 0, & \sum M_z = 0 \end{cases} \qquad (4-28)$$

式（4-28）称为空间任意力系的平衡方程，其中包含三个力的投影式和三个力矩的投影式，共有六个独立的方程，可以求解六个未知量。

由空间任意力系的平衡方程，可以推导出各种特殊力系的平衡方程。

（1）空间汇交力系。若将简化中心取在汇交点处，则 $\boldsymbol{M}_O \equiv 0$，故空间汇交力系的平衡方程为
$$\sum X = 0, \quad \sum Y = 0, \quad \sum Z = 0 \qquad (4-29a)$$

（2）空间平行力系。若取 z 轴平行于力系各力的作用线，即坐标平面 Oxy 与各力作用线垂直，则 $\sum X \equiv 0$，$\sum Y \equiv 0$，$\sum M_z(\boldsymbol{F}) \equiv 0$，故空间平行力系的平衡方程为
$$\sum Z = 0, \quad \sum M_x = 0, \quad \sum M_y = 0 \qquad (4-29b)$$

（3）空间力偶系。由于力偶系的主矢恒为零，即 $\boldsymbol{R}' \equiv 0$，故空间力偶系的平衡方程为
$$\sum M_x = 0, \quad \sum M_y = 0, \quad \sum M_z = 0$$

同理可以推导出平面力系的各组平衡方程，在此不一一叙述。

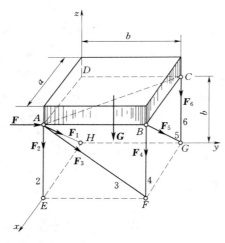

图 4-14

【例 4-5】 如图 4-14 所示均质长方体刚板由六根直杆支撑于水平位置，直杆两端各用球铰链与板和地面连接，板重为 G，在 A 处作用一水平力 $\boldsymbol{F}$，且 $F = 2G$，求各杆的内力。

解： 取长方体刚板为研究对象，各支杆均为二力杆，设它们均受拉力。板的受力如图所示，列平衡方程：

$\sum M_{AB}(F) = 0$：　　　　$-F_6 a - G\dfrac{a}{2} = 0 \Rightarrow F_6 = -\dfrac{G}{2}$（压力）

$\sum M_{AE}(F) = 0$：　　　　$F_5 = 0$

$\sum M_{AC}(F) = 0$：　　　　$F_4 = 0$

$\sum M_{EF}(F) = 0$：　　　　$-G\dfrac{a}{2} - F_6 a - F_1 \dfrac{a}{\sqrt{a^2+b^2}}b = 0$

将 $F_6 = -G/2$ 代入，得

$$F_1 = 0$$

$\sum M_{FG}(F) = 0$：

$$-G\frac{b}{2} + Fb - F_2 b = 0 \Rightarrow F_2 = \frac{1}{2}G(拉力)$$

$\sum M_{BC}(F) = 0$：

$$-G\frac{b}{2} - F_2 b - F_3 \cos45°b = 0 \Rightarrow F_3 = -2\sqrt{2}G(压力)$$

第四节　重　心　与　形　心

一、重心的概念及其坐标公式

在地球附近的物体都受到地球对它的作用力，即物体的重力。重力作用于物体内每一微小部分，严格说来，它们组成一空间汇交力系，其作用线相交于地心附近的点。但由于物体本身尺寸与地球相比非常微小，且离地心又非常遥远，因此，这种分布的重力可以足够精确地视为空间平行力系。通常所谓的重力，就是这个空间平行力系的合力。不变形的物体（刚体）在地球附近无论如何放置，其平行分布重力的合力作用线，都通过此物体上一个确定的点，这一点称为**物体的重心**。确定物体的重心位置，在工程实际中具有重要意义。例如，为了使塔式起重机在不同情况下都不致倾覆，必须加上配重使起重机的中心处在恰当的位置；高速转动的转子，如果转轴不通过重心，会引起强烈的振动，甚至引起破坏。

下面通过平行力系的合力推导重心的坐标公式，这些公式也可以用于确定物体的质量中心、面积形心和液体的压力中心等。

如将物体分割为许多微小单元体，设各微小单元体的体积为 ΔV_i，重力为 ΔG_i，则这些重力的合力 G 的大小就是整个物体的重量，即

$$G = \sum \Delta G_i \tag{4-30}$$

取直角坐标系 $Oxyz$，使重力及其合力与 z 轴平行，如图 4-15 所示。设每一单元体的重心坐标为 x_i、y_i、z_i，物体重心 C 的坐标为 x_C、y_C、z_C。对 x 轴和 y 轴分别应用合力矩定理，得

$$Gx_C = \sum \Delta G_i x_i, \quad Gy_C = \sum \Delta G_i y_i$$

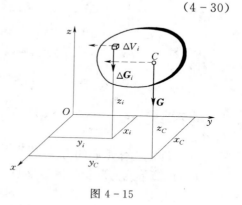

图 4-15

由于物体在重力场中无论如何摆放，重心相对于物体本身始终在一个确定的点，即与该物体的空间位置无关。若将物体与坐标系一起绕 x 轴顺时针旋转 $90°$，则各单元体重力 ΔG_i 及其合力都与 y 轴平行。这时，再对 x 轴应用合力矩定理，得

$$Gz_C = \sum \Delta G_i z_i$$

根据以上三式可得物体重心的坐标公式为

$$x_C = \frac{\sum \Delta G_i x_i}{G}, \quad y_C = \frac{\sum \Delta G_i y_i}{G}, \quad z_C = \frac{\sum \Delta G_i z_i}{G} \tag{4-31}$$

若物体是均质的，设其密度为 ρ，各微小单元体和物体的体积分别为 ΔV_i 和 V，则 $\Delta G_i = \rho g \Delta V_i$，$G = \rho g V$，代入式（4-31），得

$$x_C = \frac{\sum \Delta V_i x_i}{V} = \frac{\int_v x\,\mathrm{d}V}{V}, \quad y_C = \frac{\sum \Delta V_i y_i}{V} = \frac{\int_v y\,\mathrm{d}V}{V}, \quad z_C = \frac{\sum \Delta V_i z_i}{V} = \frac{\int_v z\,\mathrm{d}V}{V} \quad (4-32)$$

此时的重心也称为体积重心。

对于均质等厚度的薄板（壳）结构，如厂房的顶壳、薄壁容器等，由于其厚度远远小于其他二维尺寸，如图 4-16 所示。故其重心坐标公式简化为

$$x_C = \frac{\sum \Delta S_i x_i}{S} = \frac{\int_s x\,\mathrm{d}S}{S}, \quad y_C = \frac{\sum \Delta S_i y_i}{S} = \frac{\int_s y\,\mathrm{d}S}{S}, \quad z_C = \frac{\sum \Delta S_i z_i}{S} = \frac{\int_s z\,\mathrm{d}S}{S} \quad (4-33)$$

式中：S 为薄板（壳）的表面积。

此时的重心称为面积重心。曲面的重心一般不在曲面上，而是相对于曲面位于确定的一点。

对于均质等截面的细长线段，其截面尺寸远远小于其长度，如图 4-17 所示。故其重心坐标公式可简化为

$$x_C = \frac{\sum \Delta l_i x_i}{l} = \frac{\int_l x\,\mathrm{d}l}{l}, \quad y_C = \frac{\sum \Delta l_i y_i}{l} = \frac{\int_l y\,\mathrm{d}l}{l}, \quad z_C = \frac{\sum \Delta l_i z_i}{l} = \frac{\int_l z\,\mathrm{d}l}{l} \quad (4-34)$$

此时的重心称为线段的重心。曲线的重心一般不在曲线上，而是相对于曲线位于确定的一点。

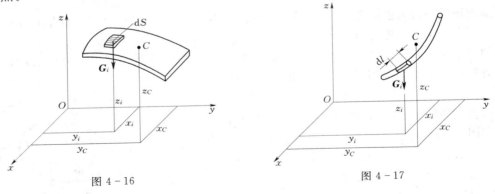

图 4-16　　　　　　　　　　　图 4-17

由式（4-32）～式（4-34）可知，均质物体的重心就是其几何形状中心，通常也称为形心。

二、确定物体重心的方法

（一）简单几何形状物体的重心

对具有对称面，或对称轴，或对称中心的均质物体，其重心必相应地在这个对称面，或对称轴，或对称中心上。简单形状物体的重心可从工程手册中查到。工程中常用的型钢（如工字钢、角钢、槽钢等）的截面形心，也可以从型钢表中查到。表 4-1 列出了几种常见的简单形状物体的重心，其重心位置，均可按前面的重心坐标公式积分求得。

（二）用组合法求重心

1. 分割法

有些物体的形状比较复杂，如果能将物体分割成几个已知重心的简单形体，则其重心可利用式（4-31）求出，这种方法称为分割法。

2. 负面积法

若在物体内切去一部分（如有空穴或孔洞的物体），则其重心仍可利用式（4-31）求出，只是切去部分的面积或体积取负值，这种方法称为负面积法（或称为负体积法）。

表4-1   简 单 形 体 重 心 表

图　形	重 心 坐 标	图　形	重 心 坐 标
	三角形 在中线的交点 $y_C=\dfrac{1}{3}h$		梯形 $y_C=\dfrac{h(2a+b)}{3(a+b)}$
	圆弧 $x_C=\dfrac{r\sin\alpha}{\alpha}$ 对于半圆弧 $\alpha=\dfrac{\pi}{2}$ $x_C=\dfrac{2r}{\pi}$		弓形 $x_C=\dfrac{2}{3}\dfrac{r^3\sin^3\alpha}{S}$ $S=\dfrac{r^2(2\alpha-\sin2\alpha)}{2}$
	扇形 $x_C=\dfrac{2}{3}\dfrac{r\sin\alpha}{\alpha}$ 对于半圆 $\alpha=\dfrac{\pi}{2}$ $x_C=\dfrac{4r}{3\pi}$		部分圆环 $x_C=\dfrac{2}{3}\dfrac{R^3-r^3}{R^2-r^2}\dfrac{\sin\alpha}{\alpha}$
	抛物线面 $x_C=\dfrac{3}{5}a$ $y_C=\dfrac{3}{8}b$		抛物线面 $x_C=\dfrac{3}{4}a$ $y_C=\dfrac{3}{10}b$

【例4-6】 图4-18（a）所示平面图形中每一方格的边长为20mm，求挖去一圆后剩余部分面积重心的位置。

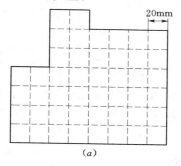
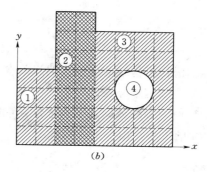

（a）   （b）

图4-18

解： 建立如图 4-18（b）所示坐标系，并把此平面图形分为矩形①②③和圆形④四部分，其面积和重心坐标分别为

$$\Delta S_1 = 3200\text{mm}^2, \quad x_1 = 20\text{mm}, \quad y_1 = 40\text{mm}$$
$$\Delta S_2 = 5600\text{mm}^2, \quad x_2 = 60\text{mm}, \quad y_2 = 70\text{mm}$$
$$\Delta S_3 = 9600\text{mm}^2, \quad x_3 = 120\text{mm}, \quad y_3 = 60\text{mm}$$
$$\Delta S_4 = -400\pi\text{mm}^2, \quad x_4 = 120\text{mm}, \quad y_4 = 60\text{mm}$$

则图示剩余部分面积的重心为

$$x_C = \frac{\sum \Delta S_i x_i}{\sum S_i} = 81.73\text{mm}$$

$$y_C = \frac{\sum \Delta S_i y_i}{\sum S_i} = 59.53\text{mm}$$

此题所用方法即为分割法与负面积法的联合应用。

（三）用实验的方法求重心

对于外形复杂或非均质的物体，用计算方法很难求其重心，这时可用实验的方法确定物体的重心。下面介绍两种方法。

1. 悬挂法

如果物体为一形状复杂的薄板，可先将板悬挂于任一点 A，如图 4-19（a）所示。根据二力平衡条件，重心必在过悬挂点的铅直线上，在板上画出此线；再将板悬挂于另一点 B，同理可以画出另一直线。两直线的交点 C 就是该物体的重心，如图 4-19（b）所示。

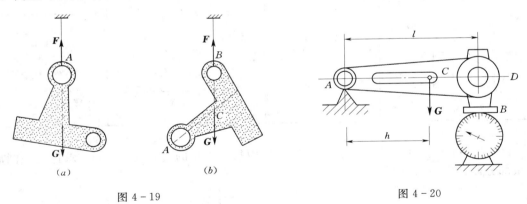

图 4-19   图 4-20

2. 称重法

下面以曲柄滑杆机构中的连杆为例简单叙述如何用称重法求其重心。因为连杆具有对称轴，所以，只要确定重心在此轴上的位置 h 即可。将连杆的 B 端放在台秤上，A 端放在滚轮或刀口上，使中心线 AD 处于水平位置，如图 4-20 所示。此时台秤的读数，就是 B 端约束反力 N_B 的大小。由平衡方程有

$$\sum M_A = 0: \qquad N_B l - Gh = 0 \Rightarrow h = \frac{N_B l}{G}$$

由于式中杆长 l 和杆重 G 均可测出，代入上式，即可求出 h 的值。

习　　题

4-1　图示力系中，$F_1=100\text{N}$，$F_2=300\text{N}$，$F_3=200\text{N}$，各力作用线的位置如图所示。试将力系向原点 O 简化。

4-2　水平圆盘的半径为 r，外缘 C 处作用有已知力 $\boldsymbol{F}$。力 $\boldsymbol{F}$ 位于铅垂平面内，且与 C 处圆盘切线夹角为 60°，其他尺寸如图所示。求力 $\boldsymbol{F}$ 对 x、y、z 轴之矩。

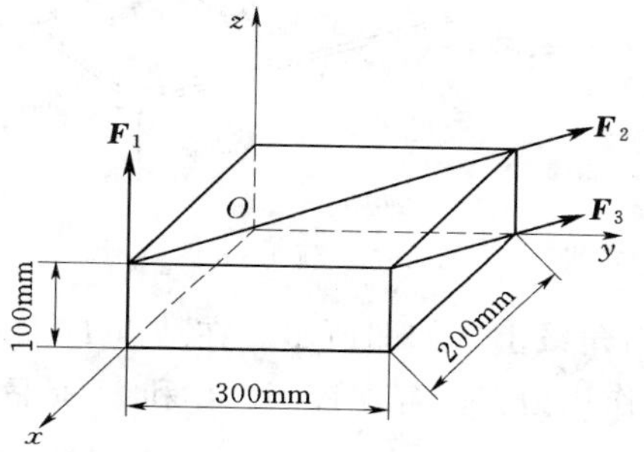

题 4-1 图

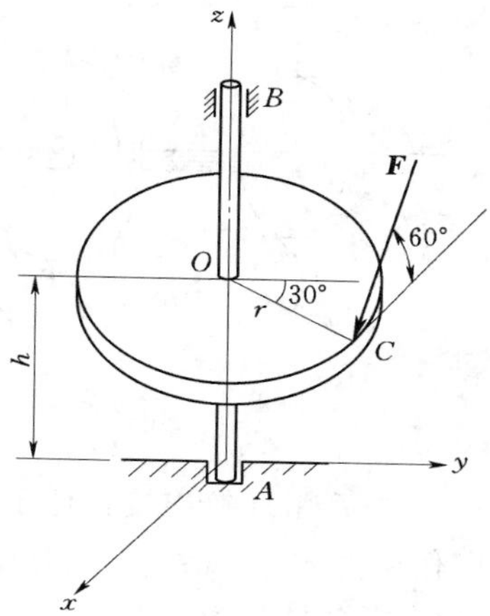

题 4-2 图

4-3　均质圆盘重量为 G，在圆周上 A_1、A_2、A_3 三点用铅直细线悬挂于水平位置。若圆心角 $\varphi_1=150°$，$\varphi_2=120°$，$\varphi_3=90°$。求细线的拉力。

4-4　正方形板 $ABCD$ 由六根两端铰接的细直杆支撑于水平位置，如图所示。在 A 点沿 AD 方向作用已知力 $\boldsymbol{F}$。若不计板和杆的重量，求各杆所受的力。

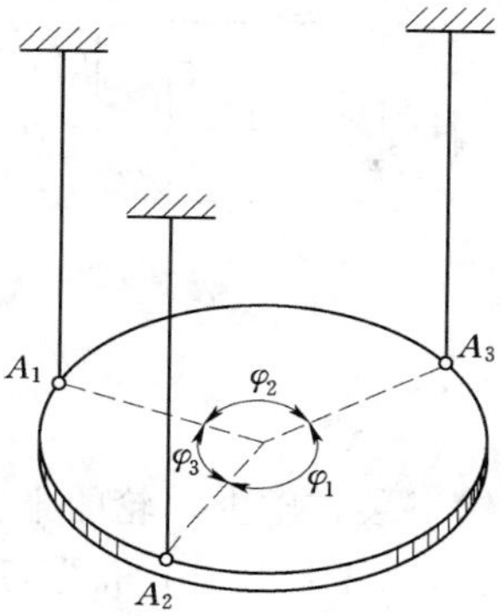

题 4-3 图

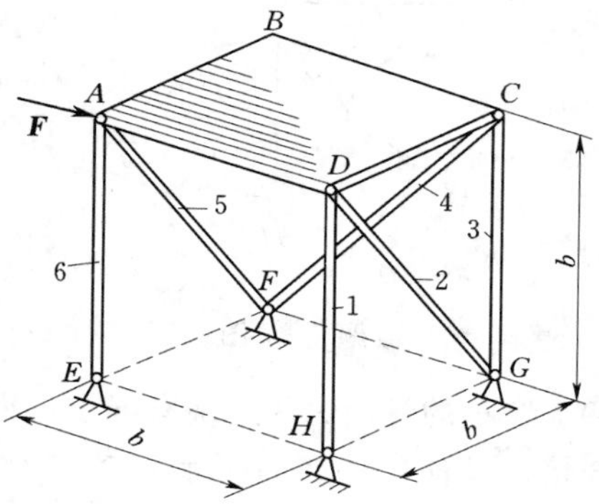

题 4-4 图

4-5　水平传动轴装有两个皮带轮 C 和 D，可绕 AB 轴转动，如图所示。皮带轮的半径分别为 $r_1=200\text{mm}$ 和 $r_2=250\text{mm}$，皮带轮与轴承间的距离为 $a=b=500\text{mm}$，两皮带轮间的距离为 $c=1000\text{mm}$。套在轮 C 上的皮带是水平的，其拉力为 $F_1=2F_2=5000\text{N}$；套在

轮 D 上的皮带与铅直线的夹角 $\alpha=30°$，其拉力为 $F_3=2F_4$。求在平衡情况下，拉力 F_3 和 F_4 的值，并求由皮带拉力所引起的轴承反力。

4–6　矩形薄板 $ABDC$，重量不计，用球铰链 A 和蝶铰链 B 固定在墙上，并用细绳 CE 拉住，使薄板处于水平位置，连线 BE 正好铅直。板在 D 点受到一个平行于铅直轴 z 的力 $G=500\text{N}$，已知 $\angle BCD=30°$，$\angle BCE=30°$。设蝶铰链不产生 y 方向的约束反力。求细绳拉力和铰链反力。

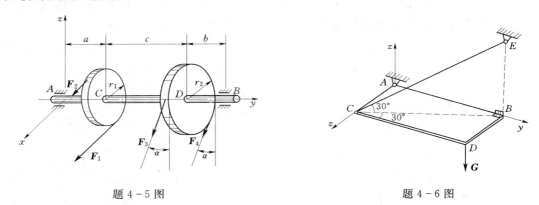

题 4–5 图　　　　　　　　　　　　　　题 4–6 图

4–7　杆系由球铰连接，位于正方体的边和对角线上，如图所示。在结点 D 沿对角线 LD 方向作用力 F_D。在结点 C 沿 CH 边铅直向下作用力 F。若球铰 B、L 和 H 是固定的，杆重不计，求各杆的内力。

4–8　沿长方体的不相交且不平行的棱作用三个大小相等的力，方向如图所示。请问 a、b、c 在什么关系下，这个力系才能简化为一个力。

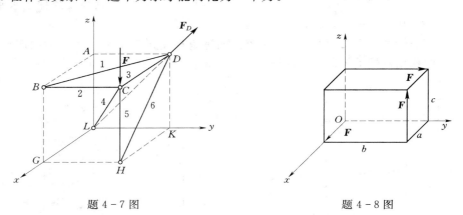

题 4–7 图　　　　　　　　　　　　　　题 4–8 图

4–9　绞车的卷筒 AB 上绕有绳子，绳上挂重物 G_2。轮 C 装在轴上，轮的半径为卷筒半径的 6 倍，其他尺寸如图所示。绕在轮 C 上的绳子沿轮与水平线成 30° 角的切线引出，绳跨过轮 D 后挂以重物 $G_1=60\text{N}$。各轮和轴的重量均略去不计。求平衡时重物 G_2 的重量以及轴承 A 和 B 的反作用力。

4–10　图示平行力系的作用线平行于 z 轴，已知 $F_1=200\text{N}$，$F_2=100\text{N}$，$F_3=300\text{N}$，$F_4=400\text{N}$，图上每一方格的边长为 100mm。试求力系合力作用线与 Oxy 平面交点的坐标 x_C、y_C。

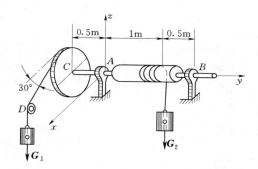

题 4 - 9 图

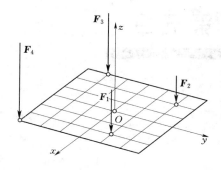

题 4 - 10 图

4 - 11　两个均质杆 AB 和 BC 分别重 G_1 和 G_2，其端点 A 和 C 用球铰固定在水平面上，另一端 B 由球铰相连接，靠在光滑的铅直墙上，墙面与 AC 平行，如图所示。若 AB 与水平线夹角为 $45°$，$\angle BAC = 90°$。求 A 和 C 的支座反力以及墙上 B 点所受的压力。

4 - 12　试求图示两平面图形形心 C 的位置。图中尺寸单位为 mm。

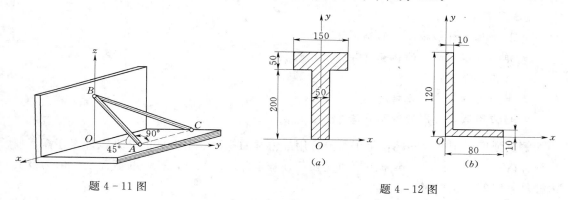

题 4 - 11 图

题 4 - 12 图

4 - 13　平面图形由矩形、三角形和四分之一圆形组成，尺寸如图所示，单位为 mm。试求其形心位置。

4 - 14　将图示梯形板 $ABED$ 在点 E 挂起，设 $AD = a$，欲使 AD 边保持水平，则 BE 应等于多少？

4 - 15　均质块尺寸如图所示，求其重心的位置。

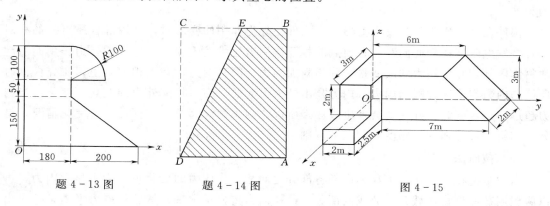

题 4 - 13 图

题 4 - 14 图

图 4 - 15

第 五 章

杆的内力及内力图

【本章要点】

● 拉（压）杆横截面上的轴力计算方法。

● 扭转杆横截面上的扭矩计算。

● 弯曲构件横截面上的剪力及弯矩计算。

● 剪力方程与弯矩方程。

● 内力图及内力图的绘制方法。

解决强度、刚度等问题，除了需要应用静力学的规律求出杆件的外力以外，还需要研究杆件内部的受力情况。本章主要研究在各种基本变形情况下，杆件横截面上的内力及其沿杆件轴线的变化规律。

第一节　杆的内力分析方法

材料力学的研究对象是杆件，对于所研究的构件来说，其他物体作用于该构件上的力均为外力。

构件在外力作用下将发生变形，当构件受外力作用而变形时，其内部各质点间的相对位置将发生改变；与此同时，各质点的相互作用力也将发生变化。这种因外力作用而引起的物体内部相互作用力的改变量，称为附加内力，简称内力。在工程力学里，研究杆件时所说的内力都是这种附加内力。内力是由外力引起的，内力将随外力的变化而变化。当内力超过一定限度时，杆件就会发生破坏。所以，内力的计算及其在杆件内的变化情况，是分析和解决杆件强度、刚度等问题的基础。

一、截面法

内力是指在外力作用下物体内部各部分之间相互作用力的变化量。为了显示内力，可以假想用截面将物体截开，分成两部分，这样内力将显示出来，然后用静力平衡条件求出内力的大小和方向。这种方法称为截面法。

如图 5-1 (a) 所示的物体受多个外力作用，处于平衡状态。若要求任一截面 m—m 上的内力，可以假想地用 m—m 平面将物体截为 A、B 两部分［见图 5-1 (b)］，此时 A 部分的 m—m 截面上将受到 B 部分对它的作用力，由变形固体的基本假设可知物体是连续、均匀、各向同性的变形体，则物体上的作用力是以分布力的形式布满该截面，利用 A 部分的平衡可以求出这种分布力的合力。同样，如果以 B 部分为研究对象，也可以求出 A 部分对其作用的分布力的合力。根据作用力与反作用力定律，这两组合力的大小相等、方向相反。我们把截面上分布力的合力称为内力。

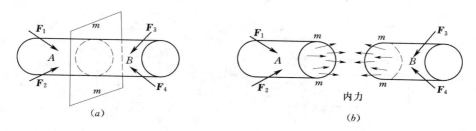

图 5-1

截面法是力学中研究构件内力的一个基本方法。其求解步骤可以概括为四个字：截、取、代、平。

（1）截：在要求内力的截面处，假想地沿该截面将杆件截为两部分。

（2）取：选取其中任一部分为研究对象，抛弃另一部分。

（3）代：用内力代替抛弃部分对选取部分的作用。

（4）平：根据选取部分的平衡条件，确定该截面内力的大小和方向。

二、内力

用假想的横截面将杆件截开，截面两侧杆件的相互作用力称为该截面的内力。内力是沿截面分析的向截面形心简化可得一个力 F 和一个矩矢为 M 的力偶，如图 5-2 (a) 所示。由截面形心取局部坐标系，力 F 在局部坐标系下的三个分量称为该截面轴力和剪力；力偶矩矢 M 的三个分量称为该截面的扭矩和弯矩。轴力、剪力、扭矩、弯矩皆为代数量，其正负号是按工程习惯规定的，与坐标系并不相符。工程习惯上将轴力、剪力、扭矩、弯矩称为内力，但与理论上力的概念并不相同。

以杆件的轴线为 x 轴，取坐标系 $Oxyz$ 如图 5-2 (b) 所示，设内力 F 在 x、y、z 坐标轴上的分力分别为 F_x、F_y、F_z［见图 5-2 (b)］。沿杆轴方向的分力 F_x 称为轴力，用 N 表示；在截面内沿 y、z 方向上的两个分力 F_y、F_z 称为剪力，用 Q_y、Q_z 表示。内力矩 M 在 x、y、z 坐标轴上的分量分别为 M_x、M_y、M_z［见图 5-2 (c)］，作用面垂直于杆轴的 M_x 称为扭矩；作用面垂直于杆件横截面的 M_y、M_z 称为弯矩。

后面三节将分别对轴向拉（压）杆、扭转杆和弯曲杆横截面上的内力、内力图作详细分析。

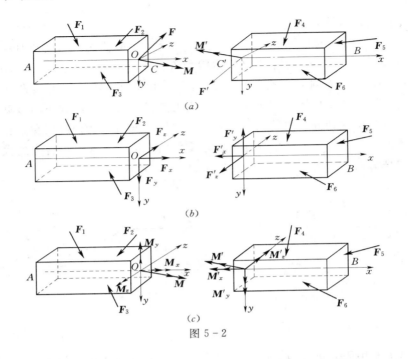

图 5-2

第二节 拉（压）杆横截面上的轴力和轴力图

图 5-3（a）所示为一轴向拉伸杆件，欲求任意横截面 m—m 上的内力，可采用截面

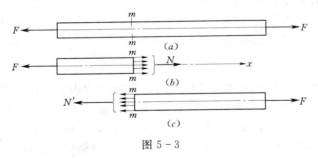

图 5-3

法。假想地沿横截面 m—m 将杆件截成两段，保留左段〔见图 5-3（b）〕，抛弃右段，右段对左段的作用，用内力来代替，其合力为 N，由于杆件原来处于平衡状态，故截开后各部分仍应保持平衡。由左段的平衡条件：

$$\sum X = 0： \quad N - F = 0 \Rightarrow N = F$$

若保留右段，则左段对右段的作用力为 N′〔见图 5-3（c）〕，由右段的平衡条件：

$$\sum X = 0： \qquad F - N' = 0 \Rightarrow N' = F$$

对于轴向拉伸（压缩）的杆件，由于外力的作用线与杆件轴线重合，因而内力的合力 N（或 N′）的作用线也必与杆件轴线重合，即横截面上内力的方向均垂直于横截面，其合力作用线通过截面形心，这样的内力称为轴力。

由上述计算可见，保留左段或右段，所求得的内力大小相等而方向相反，这是由于它们是作用力和反作用力的关系。

为了使取左段和取右段研究时，求得的轴力不仅有相同的数值而且有相同的正负号，通常根据杆件的变形（而不是按轴力的方向是否与坐标方向一致）规定轴力的正负号：拉伸时的轴力规定为正，即轴力 N（或 N′）背离截面时为正，这样的轴力称为拉力〔见图 5-3（b）、（c）〕；压缩时的轴力为负，即轴力 N 指向截面时为负，此时的轴力称为压力。

这样，无论保留哪一段，求得轴力的正负号都相同。以后讨论中，不必区别 N 与 N'，一律表示为 N。通常在计算时都假设轴力为正，这样，只需根据计算结果的正负号便可确定轴力是拉力还是压力。

当杆件受多个轴向外力作用时，杆件各部分横截面上的轴力不尽相同。为了表明轴力随横截面位置变化的情况，可绘制轴力图。即按选定的比例尺，用平行于杆件轴线的坐标表示横截面的位置，用垂直于杆件轴线的坐标表示横截面上的轴力，绘出表示轴力与横截面位置关系的图线，这种图称为轴力图。正轴力画在横坐标的上方（或 N 坐标的正向），负轴力画在下方（或 N 坐标的负向）。由轴力图上可以方便地看出杆件各横截面上的轴力大小，以及最大轴力的位置。

【例 5-1】　一等直杆受到四个轴向外力作用，如图 5-4（a）所示，试求杆件横截面 1—1、2—2、3—3 上的轴力，并作轴力图。

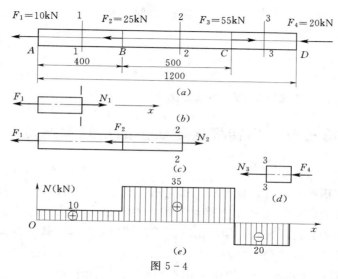

图 5-4

解：1. 用截面法确定各段的轴力

在 AB 段内，沿截面 1—1 假想地将直杆截成两段，取左段为研究对象，假设横截面上的轴力 N_1 为正 [见图 5-4（b）]。由平衡条件有

$$\sum X = 0: \qquad N_1 - F_1 = 0 \Rightarrow N_1 = F_1 = 10\text{kN}$$

N_1 为正值，说明所设轴力为拉力是正确的。从受力情况知，AB 段各截面的轴力相同。

同理，计算横截面 2—2 上的轴力，可由截面 2—2 左边一段 [见图 5-4（c）] 的平衡条件得

$$N_2 = F_1 + F_2 = 10 + 25 = 35\text{kN}$$

求 N_3 时，为了计算方便，可取右段为研究对象 [见图 5-4（d）]。由平衡条件有

$$\sum X = 0: \qquad -N_3 - F_4 = 0 \Rightarrow N_3 = -F_4 = -20\text{kN}$$

N_3 是负值，说明 N_3 的实际方向与假设的方向相反，即为压力。

2. 作轴力图

用平行于轴线的 x 轴表示横截面的位置，与 x 轴垂直的坐标表示对应横截面上的轴

力，按比例作轴力图，并标出正负号，如图 5-4（e）所示。由此可知，数值最大的轴力发生在 BC 段。

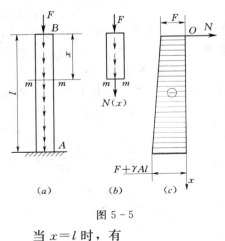

图 5-5

【例 5-2】　图 5-5（a）所示一等截面立柱，高为 l，横截面面积为 A，材料的容重为 γ，在顶端受到集中力 F 作用。试画出此立柱的轴力图。

解：立柱的自重可看作沿柱高均匀分布的荷载。为确定任一横截面上的轴力，沿距 B 端为 x 的任一横截面截开，取上半部分为研究对象［见图 5-5（b）］。由平衡条件有

$$\sum X = 0: \quad F + \gamma A x + N(x) = 0$$
$$\Rightarrow N(x) = -F - \gamma A x \quad (0 \leqslant x \leqslant l)$$

当 $x=0$ 时，有

$$N = -F$$

当 $x=l$ 时，有

$$N = -F - \gamma A l$$

可见，轴力沿轴线按线性规律变化，其轴力图如图 5-5（c）所示。

第三节　扭转杆横截面上的扭矩和扭矩图

一、外力偶矩

在研究杆件的扭转变形时，首先要确定作用在杆上的外力偶矩及其横截面上的内力。而作用在杆上的外力偶矩往往不是直接给出的，通常给出的是轴所传递的功率和轴的转速，为了分析圆轴的受力情况，必须导出功率 P、转速 n 及外力偶矩 M_e 之间的关系。

在工程中，转速 n 的单位为转/分（r/min），轴的角速度 $\bar{\omega} = \pi n/30$。外力偶矩 M_e 在时间 $\mathrm{d}t$ 内转过的角度为 $\mathrm{d}\varphi$，所作的功为 $\mathrm{d}W = M_e \mathrm{d}\varphi$，其功率为

$$P = \frac{\mathrm{d}W}{\mathrm{d}t} = \frac{M_e \mathrm{d}\varphi}{\mathrm{d}t} = M_e \bar{\omega} = \frac{\pi n M_e}{30}$$

从而有

$$M_e = \frac{30}{\pi n} P = 9549 \frac{P}{n}$$

上式即为功率 P(kW)、转速 n(r/min) 和外力偶矩 M_e(N·m) 之间的基本关系式。

由此可见，轴所承受的力偶与其传递的功率成正比，与轴的转速成反比，轴在传递同样的功率时，低速时轴所受到的力偶矩比高速时大。

二、扭矩

已知外力偶矩后，便可以用截面法求任意横截面上的内力。如图 5-6（a）所示的圆截面杆在两个等值反向的外力偶作用下发生扭转变形，为了确定任一横截面 m—m 上的内力，沿 m—m 截面假想地将杆截开，并保留左段［见图 5-6（b）］，作用在左段上的外力只有力偶 M_e，为了保持平衡，分布在横截面 m—m 上的内力，必然构成一个内力偶与它

平衡，该内力偶矩用 M_x 表示，可由平衡条件求其大小。

$$\sum M_x = 0: \qquad M_x - M_e = 0 \Rightarrow M_x = M_e$$

式中：M_x 为 m—m 横截面上的**扭矩**，它是该截面上分布内力的合力偶矩。

如果取右段〔见图 5 - 6（c）〕，由平衡方程也可求得 m—m 截面上的扭矩，其数值与取左段求得的数值相等，但转向相反。

为了使取左段和取右段研究时，求得的扭矩不仅有相同的数值而且有相同的正、负号，对扭矩的正负号作如下规定：按右手螺旋法则，伸出右手，四指顺着扭矩的转向，大拇指指向表示扭矩的矢量方向，矢量背离截面时的扭矩为正；矢量指向截面时的扭矩为负。根据此规则，图 5 - 6 中 m—m 横截面上的扭矩无论取左段和右段，都是正的。

当轴上同时有几个外力偶作用时，则不同轴段上扭矩不相同。为了表示扭矩随横截面位置变化的情况，可以作出扭矩图，其横坐标平行于杆的轴线表示圆轴的各截面的相应位置，纵坐标表示该横截面的扭矩值。正扭矩画在横坐标的上方（或扭矩的正坐标方向），负扭矩画在下方（或扭矩的负坐标方向）。由扭矩图可以直观地看出杆件各横截面上的扭矩值，以及产生最大扭矩值的位置。

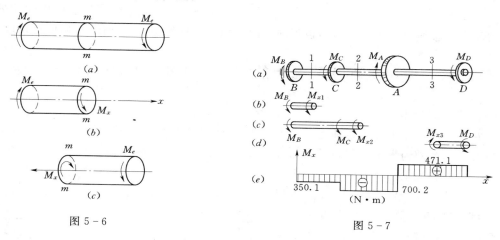

图 5 - 6

图 5 - 7

【例 5 - 3】 一传动轴的计算简图如图 5 - 7（a）所示，主动轮 A 输入功率为 $P_A = 36.8\text{kW}$，从动轮 B、C、D 的输出功率分别为 $P_B = P_C = 11.0\text{kW}$，$P_D = 14.8\text{kW}$，轴的转速为 $n = 300\text{r/min}$。试作该传动轴的扭矩图。

解： 1. 计算作用于各轮上的外力偶矩

$$M_A = 9549 \frac{P_A}{n} = 9549 \frac{36.8}{300} \text{N} \cdot \text{m} = 1171.3 \text{N} \cdot \text{m}$$

$$M_B = M_C = 9549 \frac{P_B}{n} = 9549 \frac{11}{300} \text{N} \cdot \text{m} = 350.1 \text{N} \cdot \text{m}$$

$$M_D = 9549 \frac{P_D}{n} = 9549 \frac{14.8}{300} \text{N} \cdot \text{m} = 471.1 \text{N} \cdot \text{m}$$

2. 用截面法计算各段内的扭矩

在 BC 段内，沿 1—1 横截面截开，取左段为研究对象，设截开截面上的扭矩 M_{x1} 为正〔见图 5 - 7（b）〕，2—2 截面左段，由平衡方程有

$$\sum M_x = 0: \qquad M_{x1} + M_B = 0 \Rightarrow M_{x1} = -M_B = -350.1\text{N}\cdot\text{m}$$

M_{T1} 为负值，说明该截面上扭矩的转向与假设相反，即实际该截面上的扭矩为负。

同理，在 CA 段内［见图 5-7（c）］，由平衡方程有

$$\sum M_x = 0: \quad M_{x2} + M_C + M_B = 0 \Rightarrow M_{x2} = -M_C - M_B = -700.2\text{N}\cdot\text{m}$$

在 AD 段内［见图 5-7（d）］，3—3 截面右段，由平衡方程有

$$\sum M_x = 0: \quad -M_{x3} + M_D = 0 \Rightarrow M_{x3} = M_D = 471.1\text{N}\cdot\text{m}$$

3. 作扭矩图

以平行于轴线的横坐标表示横截面位置，以垂直于轴线的纵坐标表示对应横截面的扭矩，画扭矩图。由于在每一段内扭矩是不变的，所以扭矩图由三段水平线组成，如图 5-7（e）所示，由图5-7（e）可知，绝对值最大的扭矩 700.2N·m 发生在中间段内。

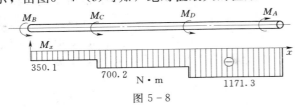

图 5-8

对同一根轴来说，若把主动轮 A 安置于轴的一端，例如，放在右端，则轴的扭矩图将如图 5-8 所示。这时，轴的绝对值最大扭矩为 1171.3N·m。可见，传动轴上主动轮和从动轮安置的位置不同，轴所承受的最大扭矩也不同。两者相比，显然图 5-7 所示布局比较合理。

第四节 弯曲构件横截面上的剪力和弯矩、剪力图和弯矩图

一、剪力和弯矩

梁在外力在作用下发生弯曲变形时，各横截面将产生内力，确定梁的内力仍用截面法。简支梁 AB 受到集中力 F 的作用［见图 5-9（a）］，欲求距 A 端 x 处 $m—m$ 横截面上的内力。为此，先求出梁的约束反力 R_A、R_B，然后用截面法沿 $m—m$ 横截面假想地把梁截分为两部分，取左段为研究对象［见图 5-9（b）左段］。由于整个梁处于平衡状态。左段也应保持平衡。故在 $m—m$ 横截面上必有一个作用线与 R_A 平行而指向与 R_A 相反地切向内力 Q 存在；同时 R_A 与 Q 形成一力偶，其力偶矩为$R_A x$，使左段有顺时针转动的趋势，因此，在该横截面上还应有一个逆时针转向的内力偶矩 M 存在，才能使左段平衡。

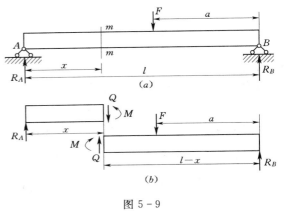

图 5-9

也就是说，在抛弃右段梁之后，它对左段梁的作用，可以用截开截面上的内力 Q 和内力偶 M 来代替，其大小由平衡方程确定，即

$$\sum Y = 0: \qquad R_A - Q = 0 \Rightarrow R_A = Q$$

$$\sum M_C = 0: \qquad M - R_A x = 0 \Rightarrow M = R_A x$$

式中：Q 称为 $m—m$ 横截面上的剪力，它是该截面上切向分布力的合力，它使梁发生相对错动，产生剪切的效果；M 称为 $m—m$ 横截面上的弯矩，它是该截面上法向分布内力的合

力偶矩，它使梁发生弯曲变形；矩心 C 为横截面的形心。

若取右段为研究对象［见图 5-9 (b) 右段］，则由右段上的外力所计算出的该截面剪力和弯矩，在数值上与上述结果相等，但其方向均相反，因为它们是作用力与反作用力的关系。

为了使以左段梁或右段梁为研究对象，求得的同一截面上的内力不仅大小相等，而且有相同的正负号，与拉压、扭转类似，梁弯曲时也根据变形来规定内力的正负号。规定如下：

（1）剪力 Q 的正负号规定。使梁段发生图 5-10 (a) 所示的相对错动的剪力 Q 为正剪力；发生图 5-10 (b) 所示的相对错动的剪力 Q 为负。或者说剪力 Q 绕梁段上任意一点顺时针转动时为正剪力，反之为负。

（2）弯矩 M 的正、负号规定。弯矩使梁段发生图 5-10 (c) 所示的弯曲变形时为正弯矩，发生图 5-10 (d) 所示的弯曲变形时为负弯矩。或者说，使梁段向下凸的弯矩为正，反之为负。

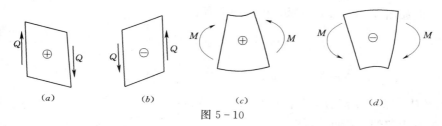

图 5-10

按上述符号规定，计算某截面内力时，无论保留左段或右段，所得结果的数值与符号都是一样的。

二、剪力图与弯矩图

用截面法求剪力和弯矩。用截面法沿指定截面假想地将梁切开，先假设该截面上的剪力和弯矩均为正值，然后用平衡方程式求出该截面的剪力和弯矩。如果得出的结果均为正，则说明它们的实际方向与假设的方向一致，若其结果为负，则说明实际方向与假设方向相反。

【例 5-4】　简支梁受力如图 5-11 (a) 所示，试求 1—1、2—2 截面上的剪力和弯矩。

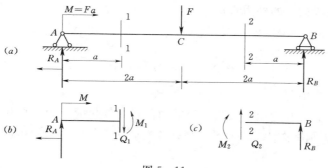

图 5-11

解：1. 计算约束反力

取整体为研究对象，由平衡方程可得

$$R_A = \frac{1}{4}F, \quad R_B = \frac{3}{4}F$$

方向如图 5-11（a）所示。

2. 用截面法计算梁各截面上的内力

（1）1—1 截面。假想将梁沿 1—1 截面截开，保留左段，设截面上的剪力 Q_1 与弯矩 M_1 均为正，方向如图 5-11（b）所示，由平衡方程：

$$\sum Y = 0: \qquad R_A - Q_1 = 0 \Rightarrow Q_1 = R_A = \frac{1}{4}F$$

$$\sum M_{01} = 0: \quad -R_A a - M + M_1 = 0 \Rightarrow M_1 = R_A a + M = \frac{5}{4}Fa$$

Q_1 与 M_1 均为正值，表示实际方向与假设相同。

（2）2—2 截面。假想将梁沿 2—2 截面截开，保留右段，设截面上剪力 Q_2 与弯矩 M_2 均为正，方向如图 5-11（c）所示，由平衡方程：

$$\sum Y = 0: \qquad Q_2 + R_B = 0 \Rightarrow Q_2 = -R_B = -\frac{3}{4}F$$

$$\sum M_{02} = 0: \qquad -M_2 + R_B a = 0 \Rightarrow M_2 = R_B a = \frac{3}{4}Fa$$

Q_2 为负值，表示实际方向与假设相反，即该截面上剪力为负剪力；M_2 为正值，表示该截面上的弯矩与假设相同。

通过上面的计算和进一步分析，可以得出以下规律：

（1）梁任一横截面上的剪力在数值上等于此截面一侧（左侧或右侧）梁上所有横向外力的代数和。左侧梁上向上的外力（或右侧梁上向下的外力）引起正剪力；反之引起负剪力。

（2）梁任一横截面上的弯矩在数值上等于此截面一侧（左侧或右侧）梁上所有外力（外力偶）对该截面形心之力矩的代数和。左侧梁上外力对截面形心的力矩为顺时针转向（或右侧梁上向上的外力，对截面形心的力矩为逆时针转向）引起正弯矩；反之，引起负弯矩。

上述规律可归纳为一个简单的口诀："左上右下，剪力为正；左顺右逆，弯矩为正"。据此规律，在实际计算中可直接从横截面的任意侧梁上的外力来求该横截面上的剪力和弯矩。例如，按此方法再求［例 5-4］中 1—1 截面上的剪力和弯矩时，如取左段为研究对象，则只需根据左段梁上的外力直接写出：

$$Q_1 = R_A = \frac{1}{4}F$$

$$M_1 = R_A a + M = \frac{5}{4}Fa$$

这样，计算过程大为简化。

梁横截面上的剪力和弯矩一般是随横截面位置而变化的，为了描述其变化规律，可以用坐标 x 表示横截面沿梁轴线的位置，则梁各横截面上的剪力和弯矩可以表示为 x 坐标的函数，即

$$Q = Q(x)$$
$$M = M(x)$$

这两个函数表达式分别称为梁的剪力方程和弯矩方程。

根据剪力和弯矩方程，以平行于梁轴线的横坐标 x 表示横截面的位置，以纵坐标表示各对应横截面上的剪力和弯矩，按适当的比例画出剪力和弯矩值，画出函数图线，这样，函数图线称为梁的剪力图和弯矩图。梁的剪力图规定：正剪力画在梁的上方（或画在剪力的正坐标方向），负剪力画在梁的下方（或画在剪力的负坐标方向），并标出正负号。梁的弯矩图规定：正弯矩画在梁的下方（或画在弯矩的正坐标方向），负弯矩画在梁的上方（或画在弯矩的负坐标方向），不必标出正负号。

【例 5-5】 图 5-12（a）所示一简支梁，在全梁受均布荷载 q 作用。试作此梁的剪力图和弯矩图。

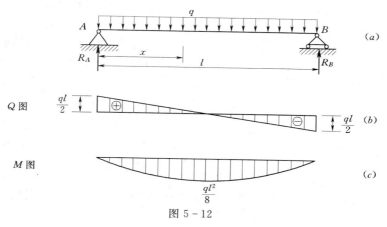

图 5-12

解：1. 求约束反力

由对称性可知梁的两个约束反力相等，即

$$R_A = R_B = \frac{1}{2}ql$$

2. 列剪力方程和弯矩方程

取距 A 点 x 处取一横截面，根据该截面左侧梁上的外力直接计算该截面的剪力和弯矩，即可得梁的剪力方程和弯矩方程：

$$Q(x) = R_A - qx = \frac{1}{2}ql - qx \quad (0 \leqslant x \leqslant l) \tag{1}$$

$$M(x) = R_A x - qx\frac{x}{2} = \frac{1}{2}qlx - \frac{1}{2}qx^2 \quad (0 \leqslant x \leqslant l) \tag{2}$$

3. 作剪力图和弯矩图

由式（1）可知剪力是 x 的一次函数，因而剪力图为一斜直线，只需确定其上两点：当 $x=0$ 时，$Q=ql/2$；当 $x=l$ 时，$Q=-ql/2$。由此便可绘出剪力图〔见图 5-12（b）〕。

由式（2）可知弯矩是 x 的二次函数，弯矩图为二次抛物线，要绘出此曲线至少需确定曲线上的三个点：在 $x=0$ 和 $x=l$ 处，$M=0$；在 $x=l/2$ 处，$M=ql^2/8$。由此三点绘出弯矩图〔见图 5-12（c）〕。

由剪力图和弯矩图可见，在两支座内侧横截面上剪力的绝对值最大，其值为 $|Q|_{max} = ql/2$；在梁的中点横截面上，剪力 $Q=0$ 处，弯矩值最大，其值为 $M_{max} = ql^2/8$。

【例 5 - 6】 图 5-13（a）所示为一简支梁，在 C 点处受集中力 F 作用。试作此梁的剪力图和弯矩图。

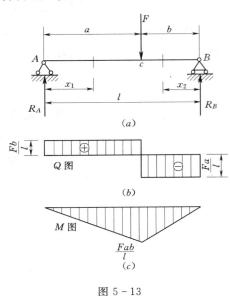

图 5 - 13

解：1. 求约束反力

以整个梁为研究对象，由平衡方程 $\sum M_A = 0$ 和 $\sum Y = 0$ 得

$$R_A = \frac{Fb}{l}, \quad R_B = \frac{Fa}{l}$$

2. 列剪力方程和弯矩方程

由于在 C 处有集中力 F 作用，将梁分为 AC 和 CB 两段，两段梁的剪力方程和弯矩方程不同，需分段写出。

（1）AC 段。在距 A 端 x_1 处取一横截面，根据该横截面左侧上梁的外力，列出剪力方程和弯矩方程：

$$Q_1 = R_A = \frac{Fb}{l} \quad (0 < x_1 < a) \tag{1}$$

$$M_1 = R_A x_1 = \frac{Fb}{l} x_1 \quad (0 \leqslant x_1 \leqslant a) \tag{2}$$

（2）CB 段。求 CB 段内任一横截面上的剪力和弯矩时，取右段梁来计算比较简单。在距 B 端 x_2 处取一横截面，根据该横截面右侧梁上的外力，列出剪力方程和弯矩方程：

$$Q_2 = -R_B = -\frac{Fa}{l} \quad (0 < x_1 < b) \tag{3}$$

$$M_2 = R_B x_2 = \frac{Fa}{l} x_2 \quad (0 \leqslant x_1 \leqslant b) \tag{4}$$

3. 作剪力图和弯矩图

由式（1）、式（3）可知，AC 和 CB 两段梁的剪力图均为一水平直线；由式（2）、式（4）可知，这两段梁的弯矩图各是一条倾斜直线。确定直线两端点坐标后，可作出全梁的剪力图和弯矩图，如图 5-13（b）、（c）所示。

由图中可见，在 a＞b 的情况下，在 CB 段剪力的绝对值最大，其值为 $|Q|_{max} = Fa/l$；而在集中力作用处的横截面上弯矩最大，其值为 $M_{max} = Fab/l$。若集中力 F 作用于梁的中点，即 a＝b＝l/2 时，则 $Q_{max} = F/2$，$M_{max} = Fl/4$。

【例 5 - 7】 图 5-14（a）所示一简支梁，在 C 点处受一集中力偶 m_O 作用，作此梁的剪力图和弯矩图。

解：1. 求支座反力

以整体为研究对象，由平衡方程求得

$$R_A = -R_B = \frac{m_O}{l}$$

方向如图 5-14（a）所示。

2. 列剪力方程和弯矩方程

由于 C 处有集中力偶 m_O 作用，应将梁分为 AC 和 CB 两段，分别在两段内取截面，根据截面左侧梁上的外力列出剪力方程和弯矩方程：

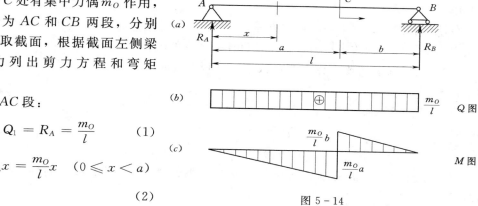

（1）AC 段：

$$Q_1 = R_A = \frac{m_O}{l} \qquad (1)$$

$$M_1 = R_A x = \frac{m_O}{l} x \quad (0 \leqslant x < a)$$
$$\qquad (2)$$

（2）CB 段：

图 5-14

$$Q_2 = R_A = \frac{m_O}{l} \qquad\qquad\qquad (3)$$

$$M_2 = R_A x - m_O = \frac{m_O}{l} x - m_O \quad (a < x \leqslant l) \qquad\qquad (4)$$

3. 作剪力图和弯矩图

由式（1）、式（2）可知，AC 段和 CB 段各横截面上的剪力相同，两段的剪力图为同一水平线；由式（3）、式（4）可知，两段梁的弯矩图为倾斜直线。作梁的剪力图和弯矩图，如图 5-14（b）所示。

由图中可见，全梁横截面上的剪力均为 m_O/l；在 $a < b$ 的情况下，绝对值最大的弯矩在 C 点稍右的截面上，其值为 $|M|_{\max} = m_O b/l$。

需要指出的是，列剪力方程、弯矩方程时除应正确判断正负号外，还应注意分段问题，即在集中荷载、集中力偶及分布荷载不连续处均应分段。

三、刚架内力图

上述作剪力图和弯矩图的方法，也适用于刚架。所谓刚架，就是若干直杆由刚性结点连接而成的梁柱结构。刚架中杆与杆之间在连接处不能相对转动，其夹角保持不变，这种连接称为刚结。刚架任一横截面上的内力一般有剪力、弯矩和轴力。由于刚架中包含不同方向的杆件，为了表示内力沿杆轴线的变化规律，习惯上按如下约定作内力图。

（一）轴力图

画在刚架轴线的任意一侧，应注明正、负号（拉力为正，压力为负）。

（二）剪力图

画在刚架轴线的任意一侧，应注明正、负号。通常规定：凡是使杆件的微段有顺时针转动趋势的剪力为正，反之为负。

（三）弯矩图

画在各杆的受拉一侧，不必注明正、负号。

下面举例说明刚架内力图的绘制。

【例5-8】 作图5-15（a）所示刚架的内力图。

解：1. 计算内力

分段计算内力，列出各段内力方程，一般应先求出刚架的约束反力。由于此刚架的A端是自由端，可不求约束反力，直接计算任一截面的内力。

（1）横杆AC。将坐标原点取在A点，并根据截面1—1以左部分的外力，列出内力方程

$$N(x_1) = 0 \quad (0 \leqslant x_1 \leqslant a)$$
$$Q(x_1) = F \quad (0 < x_1 \leqslant a)$$
$$M(x_1) = Fx_1 \quad (0 \leqslant x_1 \leqslant a)$$

（2）竖杆CB。将坐标原点选在C点，根据截面2—2以上部分的外力，列出内力方程

$$M(x_2) = Fa - Fx_2 = F(a - x_2) \quad (0 \leqslant x_2 \leqslant 1.5a)$$

2. 作内力图

根据各段的内力方程，即可画出轴力图、剪力图和弯矩图，分别如图5-15（b）、（c）、（d）所示。

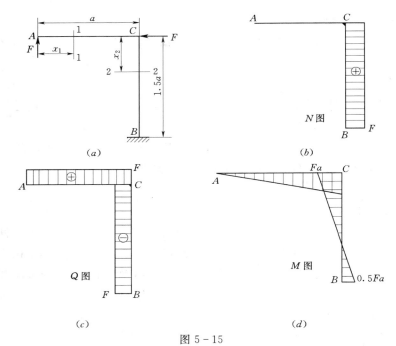

图5-15

四、荷载集度与剪力和弯矩间的微分关系

考察图5-16所示承受任意载荷的梁。从梁上受分布载荷的段内截取dx微段，其受力如图5-16（b）所示。作用在微段上的分布载荷可以认为是均布的，并设向上为正。微段两侧截面上的内力均设为正方向。若x截面上的内力为$Q(x)$、$M(x)$，则$x+dx$截面上的内力为$Q(x) + dQ(x)$、$M(x) + dM(x)$。由于梁整体是平衡的，故dx微段也应处于平衡。根据平衡条件$\sum Y = 0$和$\sum M_O = 0$，得

$$Q(x) + q(x)\mathrm{d}x - [Q(x) + \mathrm{d}Q(x)] = 0$$

$$M(x) + \mathrm{d}M(x) - M(x) - Q(x)\mathrm{d}x - q(x)\frac{\mathrm{d}x^2}{2} = 0$$

略去其中的高阶微量后得

$$\frac{\mathrm{d}Q(x)}{\mathrm{d}x} = q(x) \tag{5-1}$$

$$\frac{\mathrm{d}M(x)}{\mathrm{d}x} = Q(x) \tag{5-2}$$

利用式（5-1）和式（5-2）可进一步得

$$\frac{\mathrm{d}^2M(x)}{\mathrm{d}x^2} = q(x) \tag{5-3}$$

式（5-1）～式（5-3）为剪力、弯矩和分布载荷集度 q 之间的平衡微分关系，它表明：

（1）剪力图上某处的斜率等于梁在该处的分布载荷集度 q。

（2）弯矩图上某处的斜率等于梁在该处的剪力。

（3）弯矩图上某处的斜率变化率等于梁在该处的分布载荷集度 q。

根据上述微分关系，由梁上载荷的变化即可推知剪力图和弯矩图的形状。例如：

（1）若某段梁上无分布载荷，即 $q(x)=0$，则该段梁的剪力 $Q(x)$ 为常量，剪力图为平行于 x 轴的直线；而弯矩 $M(x)$ 为 x 的一次函数，弯矩图为斜直线。

（2）若某段梁上的分布载荷 $q(x)=q$（常量），则该段梁的剪力 $Q(x)$ 为 x 的一次函

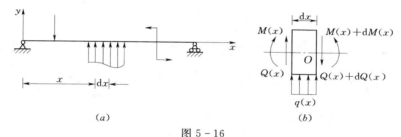

图 5-16

数，剪力图为斜直线；而 $M(x)$ 为 x 的二次函数，弯矩图为抛物线。在本书规定的 $M-x$ 坐标中，当 $q>0$（q 向上）时，弯矩图为向上凸的曲线；当 $q<0$（q 向下）时，弯矩图为向下凹的曲线。

（3）若某截面的剪力 $Q(x)=0$，根据 $\mathrm{d}M(x)/\mathrm{d}x=0$，该截面的弯矩为极值。

利用以上各点，除可以校核已作出的剪力图和弯矩图是否正确外，还可以利用微分关系绘制剪力图和弯矩图，而不必再建立剪力方程和弯矩方程，其步骤如下：

（1）求支座反力。

（2）分段确定剪力图和弯矩图的形状。

（3）求控制截面内力，根据微分关系绘剪力图和弯矩图。

（4）确定 $|Q|_{max}$ 和 $|M|_{max}$。

【例 5-9】　作图 5-17 所示静定梁的剪力图和弯矩图。

解： 1. 求支座反力

对 CB 部分，有

$$\sum M_c = 0: \qquad F_{By} \times 5 + 5 - 20 \times 3 \times 2.5 = 0 \Rightarrow F_{By} = 29\text{kN}$$

再对整体，有

$$\sum Y = 0: \qquad F_{Ay} + 29 - 50 - 20 \times 3 = 0 \Rightarrow F_{Ay} = 81\text{kN}$$

$$\sum X = 0: \qquad F_{Ax} = 0$$

$$\sum M_A = 0: \qquad M_A - 50 \times 1 - 20 \times 3 \times 4 + 5 + 29 \times 6.5 = 0 \Rightarrow M_A = 96.5\text{kN} \cdot \text{m}$$

2. 作剪力图

控制截面有 A、E、D、K、B 截面，AE、ED、KB 段为无荷载区段，剪力图为水平线，DK 段剪力图为斜直线。各段分界处的剪力值为

AE 段：$\qquad Q_A^R = Q_E^L = 81\text{kN}$

ED 段：$\qquad Q_E^R = Q_D = F_A - F = 81\text{kN} - 50\text{kN} = 31\text{kN}$

DK 段：$\qquad Q_K^R = -F_B = -29\text{kN}$

KB 段：$\qquad Q_B^L = -F_B = -29\text{kN}$

还需求出 $Q = 0$ 的截面位置。设该截面距截面 K 为 x，于是在截面 x 上的剪力为零，即

$$Q_x = -F_B + qx = 0$$

$$x = \frac{F_B}{q} = \frac{29}{20} = 1.45\text{m}$$

由以上数值结合微分关系，便可绘出剪力图如图 5-17（b）所示。

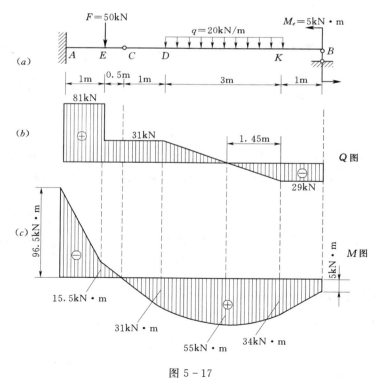

图 5-17

3. 作弯矩图

控制截面有 A、E、D、K、B 截面。各截面处的弯矩值为

$$M_A = -96.5 \text{kN} \cdot \text{m}$$
$$M_E = -96.5 + 81 \times 1 = -15.5 \text{kN} \cdot \text{m}$$
$$M_C = 0$$
$$M_D = -96.5 + 81 \times 2.5 - 50 \times 1.5 = 31 \text{kN} \cdot \text{m}$$
$$M_K = 29 \times 1 + 5 = 34 \text{kN} \cdot \text{m}$$
$$M_B = M_e = 5 \text{kN} \cdot \text{m}$$

取 DK 段，在 $Q=0$ 的截面上弯矩有极值，即

$$M_{\max} = F_B \times 2.45 + M_e - \frac{q}{2} \times 1.45^2 = 55 \text{kN} \cdot \text{m}$$

根据以上数据并结合微分关系，便可绘出该梁的弯矩图如图 5-17 （c） 所示。

此外，由上述例题还可以得出以下普遍规律：

（1）在无荷载的梁段上，剪力图为水平线；弯矩图一般为斜直线。

（2）在分布荷载作用的梁段上，剪力图为斜直线；弯矩图为抛物线，且在 $Q=0$ 处，弯矩有极值。

（3）在集中荷载作用处，剪力图产生突变，且突变值为该处集中荷载的大小；弯矩图在此处为一折角。

（4）在集中力偶作用处，剪力图没有变化；弯矩图产生突变，且突变值为该处集中力偶矩的大小。

掌握以上规律，有助于准确而简捷地画出梁的剪力图和弯矩图。

绘制梁和刚架的内力图时，可以在熟练掌握截面法的基础上，先求出控制截面的剪力和弯矩。对于剪力图，控制截面的剪力为：集中荷载作用处的左、右侧截面的剪力，以及分布荷载起点或终点处截面的剪力。对于弯矩图，控制截面的弯矩为：集中荷载作用截面，以及分布荷载的起点或终点处截面和集中力偶作用处左、右侧截面的弯矩。然后利用前述的作图规律，再综合运用叠加原理（即当所求参数与梁上荷载为线性关系时，由几项荷载共同作用时所引起的某一参数，就等于每项荷载单独作用时所引起的该参数值的叠加）作图，相当简便。

【例 5-10】 试作图 5-18 所示悬臂刚架的内力图。

解：本例采用控制截面法求解。

控制截面有 A、B、C、D、E 截面，分别取隔离体如图 5-16 （a）、（b）、（c）、（d）、（e）、（f）所示。

各控制截面上的弯矩为

$$M_{DC} = 0$$
$$M_{CD} = -20 \text{kN} \cdot \text{m}$$
$$M_{CE} = -20 \text{kN} \cdot \text{m}$$
$$M_{BC} = -30 \text{kN} \cdot \text{m}$$
$$M_{BA} = -30 \text{kN} \cdot \text{m}$$
$$M_{AB} = 50 \text{kN} \cdot \text{m}$$

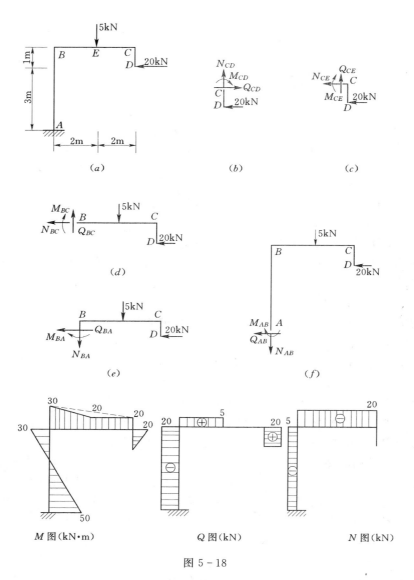

图 5 - 18

E 点的弯矩可以运用叠加原理求得，即

$$M_E = \frac{(M_{BC} + M_{CB})}{2} + \frac{FL}{4} = \frac{(-30-20)}{2} + \frac{5 \times 4}{4} = -20 \text{kN} \cdot \text{m}$$

各控制截面上的剪力为

$$Q_{DC} = Q_{CD} = 20 \text{kN}$$

$$Q_{CB} = 0$$

$$Q_{BC} = 5 \text{kN}$$

$$Q_{BA} = Q_{AB} = -20 \text{kN}$$

各控制截面上的轴力为

$$N_{DC} = N_{CD} = 0$$

$$N_{CB} = N_{BC} = -20 \text{kN}$$

$$N_{BA} = N_{AB} = -5\text{kN}$$

分别作出 M 图、Q 图和 N 图，如图 5-18 所示。

当梁在荷载作用下的变形很小时，其跨度的改变可以忽略不计，可运用叠加原理作梁的弯矩图，即先分别作出各荷载单独作用下梁的弯矩图，然后将其相应的纵坐标叠加，即得梁在所有荷载共同作用下的弯矩图，例如，［例 5-10］求 E 截面的弯矩。此法在工程计算中应用很广。

习　　题

5-1　用截面法求图示各杆指定截面的轴力，并画出轴力图。

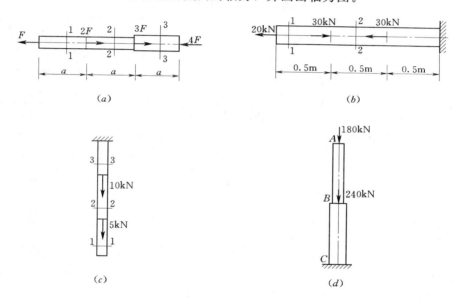

题 5-1 图

5-2　求图示各轴指定截面的扭矩，并画出扭矩图。

题 5-2 图

5-3　画出图示各轴的扭矩图，并求出最大扭矩。

5-4　求图示各梁指定截面的剪力和弯矩。

5-5　作图示各梁的剪力图和弯矩图。

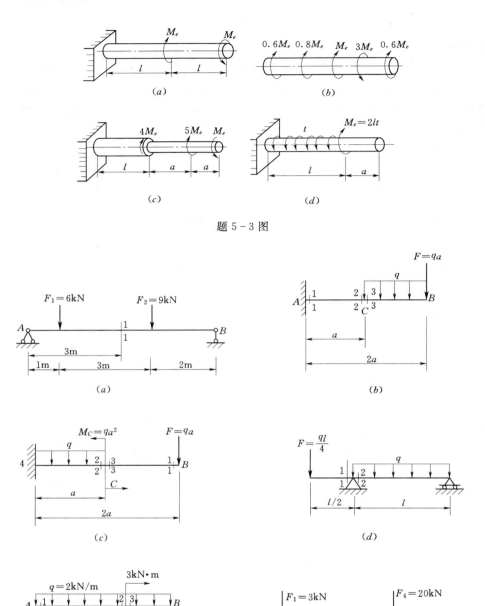

题 5-3 图

题 5-4 图

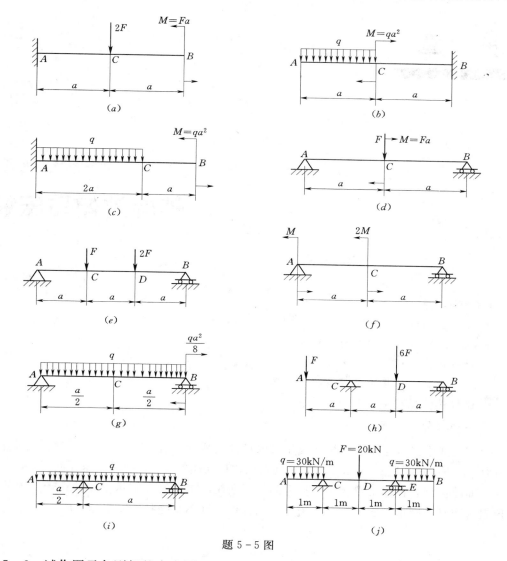

题 5－5 图

5－6　试作图示各刚架的内力图。

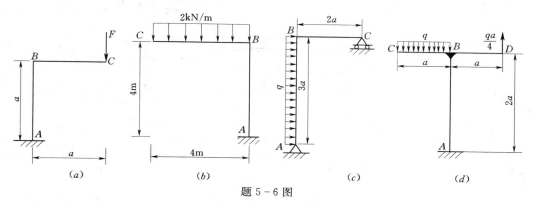

题 5－6 图

第六章

轴向拉伸与压缩

【本章要点】

- 拉（压）杆的应力及应力计算。
- 拉（压）杆的变形及变形计算。
- 材料在拉（压）时的力学性能。
- 拉（压）杆的强度条件及强度计算。
- 连接件的强度条件及强度计算。
- 拉压超静定问题。

生产实践中经常遇到承受拉伸或压缩的杆件。侧如液压传动机构中的活塞杆在油压和工作阻力作用下受拉 [见图 6-1 (a)]，内燃机的连杆在燃气爆发冲程中受压 [见图 6-1 (b)]。此外，如起重钢索在起吊重物时，拉床的拉刀在拉削工件时，都承受拉伸；千斤顶的螺杆在顶起重物时，则承受压缩。至于桁架中的杆件，则不是受拉便是受压。

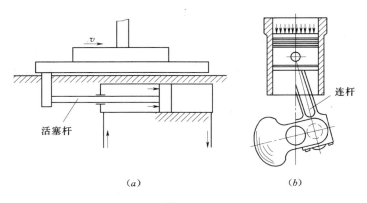

(a)   (b)

图 6-1

这些受拉或受压的杆件虽外形各有差异，加载方式也不相同，但它们的共同特点是：作用于杆件上的外力合力的作用线与杆件轴线重合，杆件变形是沿轴线方向的伸长或缩短横向减小或增大。所以，若把这些杆件的形状和受力情况进行简化，都可以简化成图 6-2 所示的受力简图，称为轴向拉伸与压缩。图中用虚线表示变形后的形状。

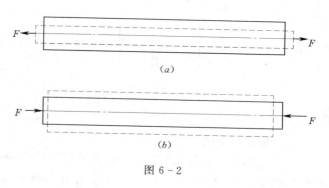

图 6-2

第一节　拉（压）杆横截面及斜截面上的应力

本书第五章已经讲过求解拉（压）杆横截面上的内力以及内力图的画法。但是只根据轴力并不能判断杆件是否有足够的强度。例如用同一材料制成粗细不同的两根杆，在相同的拉力下，两杆的轴力自然是相同的。但当拉力同时逐渐增大时，细杆必定先被拉断。这说明拉杆的强度不仅与轴力的大小有关，而且与横截面面积有关。所以必须讨论内力在横截面上的分布规律，内力在杆件横截面上一点处的集度，称为该点处的应力。垂直于截面的应力分量称为正应力，用 σ 表示；平行于截面的应力分量称为剪应力，用 τ 表示，如图 6-3 所示。应力的单位为 Pa、kPa 或 MPa。

$$p = \lim_{\Delta A \to 0} \frac{\Delta P}{\Delta A} \qquad (a)$$

$$\sigma = p\cos\alpha \qquad (b)$$

$$\tau = p\sin\alpha \qquad (c)$$

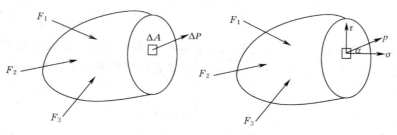

图 6-3

如图 6-4（b）所示，在拉（压）杆的横截面上，与轴力 N 对应的应力是正应力 σ。根据连续性假设，横截面上到处都存在着内力。若以 A 表示横截面面积，则微分面积 $\mathrm{d}A$ 上的内力元素 $\sigma\mathrm{d}A$ 组成一个垂直于横截面的平行力系，其合力就是轴力 N。于是得静力关系，即

$$N = \int_A \sigma \mathrm{d}A \qquad (d)$$

只有知道 σ 在横截面上的分布规律后，才能完成式（d）中的积分。

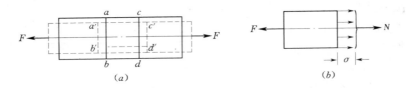

图 6 - 4

一、横截面上的正应力

由于内力的分布与变形有关，因此从研究杆件的变形入手。为了便于观察拉（压）杆的变形现象，受力前在一等直杆的表面画上垂直于杆轴线的横线 ab、cd ［见图 6 - 4 (a)］。在杆端作用一对轴向拉力 F 后，可以看到：横线 ab、cd 分别平移到新位置 $a'b'$、$c'd'$，仍然保持为直线，且仍垂直于杆的轴线。根据这一表面变形现象，可以做出一个重要假设，即认为变形前原为平面的横截面，变形后仍保持为平面且仍垂直于杆轴线。这个假设称为**平面假设**。

由平面假设可以推断：拉杆变形后，任意两个横截面之间所有纵向线段的伸长都相等，即横截面上各点的变形相同。又因假设材料是连续均匀的，故知内力在横截面上各点处均匀分布，且垂直于横截面，即横截面上各点处正应力 σ 相等，是均匀分布的，如图 6 - 4 (b) 所示。因轴力 N 是横截面上分布内力系的合力，而横截面各点处分布内力的集度即正应力 σ 均相等，故有

$$N = \int_A \sigma \mathrm{d}A = \sigma A$$

于是，拉（压）杆横截面上的正应力为

$$\sigma = \frac{N}{A} \tag{6-1}$$

式中：A 为杆件横截面面积；σ 的正负号规定与轴力 N 相同，以拉应力为正，压应力为负。

【例 6 - 1】   等直杆 A，横截面积 $A = 1000\mathrm{m}^2$，左端固定，荷载情况如图 6 - 5 (a) 所示，$F_1 = 120\mathrm{kN}$，$F_2 = 90\mathrm{kN}$，$F_3 = 60\mathrm{kN}$。试求各段杆的轴力，作杆的轴力图，并计算各段杆横截面上的应力。

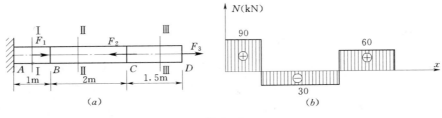

图 6 - 5

解：1. 求支座反力

在计算内力前，一般先求出支反力。设支反力为 R，由整个杆的平衡条件：

$$\sum X = 0：-R + F_1 - F_2 + F_3 = 0 \Rightarrow R = F_1 - F_2 + F_3 = 120 - 90 + 60 = 90\mathrm{kN}$$

2. 分段计算轴力

分别在 AB、BC 和 CD 三段杆内用 Ⅰ—Ⅰ、Ⅱ—Ⅱ、Ⅲ—Ⅲ 三个截面将杆切开，以左段或右段为隔离体（取外力较少的一段隔离体可以简化计算）。各段的轴力均设为拉力，然后，根据各隔离体的平衡条件求出各段轴力。

（1）AB 段：

$\sum X = 0$： $N_1 - R = 0 \Rightarrow N_1 = R = 90\text{kN}$

（2）BC 段：

$\sum X = 0$： $N_2 - R + F_1 = 0 \Rightarrow N_2 = R - F_1 = 90 - 120 = -30\text{kN}$

（3）CD 段：

$\sum X = 0$： $-N_3 + F_3 = 0 \Rightarrow N_3 = F_3 = 60\text{kN}$

计算得到的 N_1 和 N_3 为正，表示它们的实际指向与假设的指向相同，即两者均为拉力；N_2 为负，表示其实际指向与假设的相反，即 N_2 实际上是压力。

3. 作轴力图

以平行于杆轴线的横坐标表示横截面的位置，以纵坐标表示相应横截面上的轴力，根据各横截面上轴力的大小和正负号（拉为正，压为负），画出轴力沿杆轴线的变化曲线，即轴力图，如图 6-5（b）所示。从轴力图可见，AB 段内的轴力值最大，即

$$N_{\text{max}} = N_1 = 120\text{kN}$$

4. 计算各段杆横截面上的应力

将各段杆的轴力和横截面积的数值代入式（6-1），计算各段杆横截面上的正应力。

（1）AB 段：

$$\sigma_1 = \frac{N_1}{A} = \frac{90 \times 10^3}{1000 \times 10^{-6}} = 90\text{MPa}$$

（2）BC 段：

$$\sigma_2 = \frac{N_2}{A} = \frac{-30 \times 10^3}{1000 \times 10^{-6}} = -30\text{MPa}$$

（3）CD 段：

$$\sigma_3 = \frac{N_3}{A} = \frac{60 \times 10^3}{1000 \times 10^{-6}} = 60\text{MPa}$$

可见，杆的最大正应力 $\sigma_{\text{max}} = \sigma_1 = 90\text{MPa}$，发生在 AB 段各横截面上。

二、斜截面上的应力

前面讨论了拉（压）杆横截面上的正应力计算。为了全面了解拉（压）杆的强度，还需要进一步研究斜截面上的应力。仍以拉杆为例，设杆上任意斜截面 m—m 的外法线与杆轴线的夹角 α，α 角以从 x 轴的正方向逆时针转到斜截面外法线为正，反之为负。沿斜截面 m—m 将杆切开，取左段为隔离体，其受力图如图 6-6（b）所示。

由隔离体的平衡条件 $\sum x = 0$，求得斜截面 m—m 上的内力 N_α 为

$$N_\alpha = F \tag{e}$$

仿照前面证明横截面上正应力均匀分布的方法，也可得出斜截面上应力均匀分布的结论。于是，斜截面上的总应力为 p_α 为

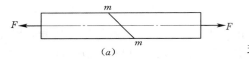

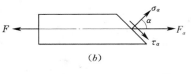

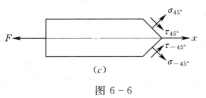

图 6-6

$$p_a = \frac{N_a}{A_a} \qquad (f)$$

式中：A_a 为斜截面的面积。

A_a 与横截面积 A 有以下关系：

$$A_a = \frac{A}{\cos\alpha} \qquad (g)$$

将式（e）和式（g）代入式（f）得

$$p_a = \frac{N_a}{A_a} = \frac{F}{A}\cos\alpha = \sigma\cos\alpha$$

其中

$$\sigma = \frac{F}{A}$$

式中：σ 为横截面上的正应力。

将总应力 p_a 分解为垂直于斜截面的正应力 σ_a 以及相切于斜截面的剪应力 τ_a〔见图 6-6（b）〕，得

$$\sigma_a = p_a\cos\alpha = \sigma\cos^2\alpha = \frac{\sigma}{2}(1 + \cos2\alpha) \qquad (6-2)$$

$$\tau_a = p_a\sin\alpha = \sigma\cos\alpha\sin\alpha = \frac{\sigma}{2}\sin2\alpha \qquad (6-3)$$

由式（6-2）和式（6-3）可见，σ_a 和 τ_a 均为 2α 的函数。在一般情况下，拉（压）杆斜截面上既有正应力，又有剪应力。当 $\alpha = 0$ 时，斜截面成为横截面，σ_a 达到最大值，而 $\tau_a = 0$，即

$$\sigma_{0°} = \sigma_{\max} = \sigma$$

$$\tau_{0°} = 0$$

当 $\alpha = \pm45°$〔见图 6-6（c）〕时，τ_a 分别达到最大值和最小值，而 $\sigma_a = \sigma/2$，即

$$\tau_{45°} = \tau_{\max} = \frac{\sigma}{2}, \qquad \sigma_{45°} = \frac{\sigma}{2}$$

$$\tau_{-45°} = \tau_{\min} = -\frac{\sigma}{2}, \qquad \sigma_{-45°} = \frac{\sigma}{2}$$

可见在轴向拉伸（压缩）时，杆内最大正应力产生在横截面上，工程上常以它作为建立拉（压）杆强度条件的依据；而最大剪应力则产生在与杆轴线成 45°角的斜截面上，其值等于横截面上的正应力的一半。此外，当 $\alpha = 90°$时，$\sigma_a = \tau_a = 0$，即在平行于杆轴线的纵向截面上没有任何应力。

第二节　拉（压）杆的变形、胡克定律

直杆在轴向拉力作用下发生轴向伸长和横向缩小，而在轴向压力作用下则发生轴向的缩短和横向的增大。

一、轴向变形及胡克定律

设图 6-7 所示的等直杆原长为 l，横截面面积为 A，在轴向拉力 F 作用下，杆长由 l 变为 l_1，则杆的轴向伸长为

$$\Delta l = l_1 - l \qquad (a)$$

式中：Δl 为杆的轴向绝对线变形。

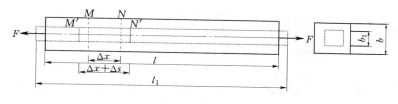

图 6-7

设线段 MN 原长为 Δx 的微段，变形后长度为 $\Delta x + \Delta s$，则有

$$\varepsilon_m = \frac{\Delta s}{\Delta x} \qquad\qquad (b)$$

式中：ε_m 为线段 MN 每单位长度的平均伸长或缩短量，称为平均应变。

ε_m 的极限为

$$\varepsilon = \lim_{\overline{MN} \to 0} \frac{\overline{M'N'} - \overline{MN}}{\overline{MN}} = \lim_{\Delta x \to 0} \frac{\Delta s}{\Delta x} \qquad\qquad (c)$$

式中：ε 称为 M 点沿 x 方向的线应变，简称为应变。

由于轴向拉伸时等直杆各处的变形程度相同（称为均匀变形），故其轴向线应变为

$$\varepsilon = \frac{\Delta l}{l} \qquad\qquad (d)$$

由式（a）和式（d）可见，拉伸时 Δl 和 ε 均为正值（轴向伸长变形），而在压缩时均为负值（轴向缩短变形）。

试验证明，当杆所受的外力不超过一定限度时，伸长（缩短）Δl 与外力 F 及杆长 l 成正比，而与杆的横截面面积 A 成反比，即

$$\Delta l \propto \frac{Fl}{A} \qquad\qquad (6-4)$$

引入比例常数 E 后，有

$$\Delta l = \frac{Fl}{EA} \qquad\qquad (6-5)$$

因 $N = F$，上式又可改写为

$$\Delta l = \frac{Nl}{EA} \qquad\qquad (6-6)$$

这就是轴向拉伸或压缩时等直杆的轴向变形计算公式，通常称为**胡克定律**。将 $\sigma = N/A$ 和 $\varepsilon = \Delta l/l$ 代入上式，得

$$\sigma = E\varepsilon \qquad\qquad (6-7)$$

这是胡克定律的另一种表达形式，它表明：当杆内应力未超过某个限度时，称为材料的比例极限，横截面上的正应力与轴向线应变成正比。比例常数 E 称为材料的拉压弹性模量，其数值随材料而异，由实验测定。E 的量纲与应力的量纲相同，在国际单位制中其单位常用 MPa 或 GPa 表示。弹性模量 E 表示材料抵抗弹性拉压变形能力的大小，E 值越大，则材料越不容易产生变形。

二、横向变形及泊松比

设杆件原横向尺寸为 b，受拉（压）后缩小（增大）为 b_1，则杆的横向缩短（伸

长）为

$$\Delta b = b_1 - b$$

杆的横向线应变为

$$\varepsilon' = \frac{\Delta b}{b}$$

试验结果表明，当拉（压）杆内的应力未超过材料的比例极限时，横向线应变 ε' 与轴向线应变 ε 之比的绝对值为一常数，即

$$\left| \frac{\varepsilon'}{\varepsilon} \right| = \nu \qquad (6-8)$$

式中：ν 为横向变形系数或泊松比，它是一个无量纲的量，其值随材料而异，由试验测定。

拉杆的变形是轴向伸长而横向缩短。反之，压杆则轴向缩短而横向增大。所以，ε' 和 ε 的符号总是相反的，在线性范围内，两者间的关系可写成

$$\varepsilon' = -\nu\varepsilon \qquad (6-9)$$

弹性模量 E 和泊松比 ν 是表示材料弹性性质的两个常数。一些常用材料的 E、ν 值列于表 6-1 中。

表 6-1　常用材料的弹性模量 E 和泊松比 ν 的约值

材料名称	E（GPa）	ν
低碳钢	196～216	0.25～0.33
合金钢	186～216	0.24～0.33
灰铸铁	78.5～157	0.23～0.27
铜及其合金	72.6～128	0.31～0.42
铝合金	70	0.33

【例 6-2】　在［例 6-1］中，已知材料的弹性模量 $E=200$GPa。试求 AD 杆的总变形、截面 C 和 D 的位移。

解：1. 求全杆的总变形

在［例 6-1］中已画出杆的轴力图，由该图可见，各段杆的轴力不相等。因此，需分别应用式（6-6）求出各段杆的变形，然后相加，求得全杆的总变形。

（1）AB 段：

$$\Delta l_1 = \frac{N_1 l_1}{EA} = \frac{90 \times 10^3 \times 1}{200 \times 10^9 \times 1000 \times 10^{-6}} = 0.45 \times 10^{-3} \text{m} = 0.45 \text{mm}$$

（2）BC 段：

$$\Delta l_2 = \frac{N_2 l_2}{EA} = \frac{-30 \times 10^3 \times 2}{200 \times 10^9 \times 1000 \times 10^{-6}} = -0.30 \times 10^{-3} \text{m} = -0.30 \text{mm}$$

（3）CD 段：

$$\Delta l_3 = \frac{N_3 l_3}{EA} = \frac{60 \times 10^3 \times 1.5}{200 \times 10^9 \times 1000 \times 10^{-6}} = 0.45 \times 10^{-3} \text{m} = 0.45 \text{mm}$$

全杆的轴向总变形为

$$\Delta l = \Delta l_1 + \Delta l_2 + \Delta l_3 = 0.45 - 0.30 + 0.45 = 0.60 \text{mm（伸长）}$$

各段杆及全杆的变形也可根据公式 $\varepsilon = \Delta l / l$ 及 $\sigma = E\varepsilon$ 求出，即

$$\Delta l = \Delta l_1 + \Delta l_2 + \Delta l_3 = \varepsilon_1 l_1 + \varepsilon_2 l_2 + \varepsilon_3 l_3 = \frac{1}{E}(\sigma_1 l_1 + \sigma_2 l_2 + \sigma_3 l_3) = 0.60 \text{mm}$$

2. 求横截面 C 和 D 的位移

由于截面 A 固定不动，截面 C 的位移就等于 AC 段的轴向变形，即

$$\delta_C = \Delta l_{AC} = \Delta l_1 + \Delta l_2 = 0.45 - 0.30 = 0.15\text{mm}$$

同理，截面 D 的位移等于全杆的轴向变形，即

$$\delta_D = \Delta l = \Delta l_1 + \Delta l_2 + \Delta l_3 = 0.60\text{mm}$$

【例 6 - 3】 试求图示的钢木组合三角架 B 点的位移 δ_B。已知：$F = 36\text{kN}$；钢杆 AB 为圆截面，直径 $d = 28\text{mm}$，弹性模量 $E_1 = 200\text{GPa}$；木杆 CB 为正方形截面，边长 $a = 100\text{mm}$，弹性模量 $E_2 = 10\text{GPa}$。

解： 为了求出 B 点的位移，应先计算两杆在 F 力作用下的变形。钢杆和木杆在 $F = 36\text{kN}$ 下的轴力分别为

$$N_1 = \frac{5}{3}F = 60\text{kN}(\text{拉力})$$

$$N_2 = \frac{4}{3}F = 48\text{kN}(\text{压力})$$

于是，钢杆的伸长量 Δl_1 和木杆的缩短量 Δl_2 分别为

$$\Delta l_1 = \frac{N_1 l_1}{E_1 A_1} = \frac{4 \times 60 \times 10^3 \times 2.5}{200 \times 10^9 \times \pi \times 28^2 \times 10^{-6}} = 1.22\text{mm}$$

$$\Delta l_2 = \frac{N_2 l_2}{E_2 A_2} = \frac{-48 \times 10^3 \times 2}{10 \times 10^9 \times 100^2 \times 10^{-6}} = -0.96\text{mm}$$

变形后，钢杆 AB 的新长度为 AB_1，木杆 CB 的长度变为 CB_2。因为两杆在 B 点连接且不会分开，所以分别以 A、C 点为圆心，AB_1、CB_2 为半径画圆弧，两圆弧的交点 B'' 即为结点 B 的新位置。在小变形情况下，两杆的变形 Δl 比其原长 l 小得多，B_1B'' 和 B_2B'' 是两段极其微小的短弧，故可用切线代替圆弧来确定结点 B 的新位置，即过 B_1 和 B_2 分别作 AB_1 和

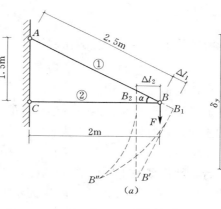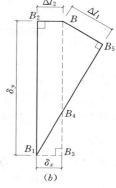

图 6 - 8

CB_2 的垂线，两垂线的交点 B' 即为 B 的新位置，如图 6 - 8 (a) 所示。图 6 - 8 (b) 是用上述方法得到的结点位移图的放大图，从图中可看出：

B 点的水平位移为

$$\delta_x = BB_2 = \Delta l_2 = 0.96\text{mm}(\leftarrow)$$

B 点的垂直位移为

$$\delta_y = BB_3 = BB_4 + B_4B_3 = \frac{\Delta l_1}{\sin\alpha} + 0.96 \times \cot\alpha = 3.31\text{mm}(\downarrow)$$

第三节　材料在拉伸与压缩时的力学性能

杆件的强度和刚度与材料的性能密切相关。前面在研究拉（压）杆的强度和变形计算时，就已涉及一些反映材料力学性能的常数，如材料的比例极限、弹性模量 E、泊松比 ν 等。所谓材料的力学性能或机械性质，是指材料从开始受力到最后破坏的整个过程中，在变形和强度方面所表现出来的特性。材料的力学性能是通过材料试验来测定的。材料试验的种类很多，试验条件也各不相同。下面着重介绍材料在常温静载条件下的拉伸试验和压缩试验，它们是研究材料力学性能最常用和最基本的试验。

一、试件与设备

为了便于试验结果的比较，拉伸试验和压缩试验通常采用标准试件来进行。拉伸试验常采用低碳钢试件，有圆形截面和矩形截面两种。圆截面拉伸试件的形状如图 6 - 9（a）所示。在试件中部较细的等直部分取一段作为工作段，其长度 l 称为标距。圆截面标准拉伸试件的标距 l 与直径 d 的比例规定为 $l=10d$ 或 $l=5d$，分别称为 10 倍试件和 5 倍试件。

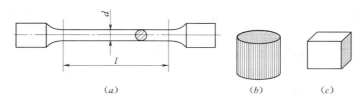

（a）　　　　　　　　　　（b）　　　　（c）

图 6 - 9

对于矩形截面标准拉伸试件，相应的比例关系为

$$l = 11.3\sqrt{A} \quad 或 \quad l = 5.65\sqrt{A}$$

式中：A 为试件工作段的横截面面积。

标准压缩试件通常采用圆形截面或正方形截面的短柱体［见图 6 - 9（b）、（c）］。

拉、压试验的主要设备有两部分：一是加力与测力的机器，常用的是万能试验机；二是测量变形的仪器，常用的有球铰式引伸仪、杠杆变形仪等。试验时，将试件装入试验机夹头或置于承压平台，然后缓慢、平稳地施加拉力或压力 F 于试件的上、下两端，使试件发生变形。拉力或压力 F 的大小可以从试验机的示力盘上读出，而试件标距 L 的伸长或缩短变形可用相应的变形仪测出。从开始加载直至试件破坏的过程中，逐级地记录所加的荷载 F 及其相应的变形，并以 Δl 为横坐标、F 为纵坐标，绘出荷载与变形之间的关系曲线，即 $F-\Delta l$ 曲线。这种曲线图称为试件的拉伸图或压缩图。一般万能试验机都备有自动作图系统的计算机，能自动绘出此曲线。

二、低碳钢在拉伸时的力学性能

低碳钢是工程上广泛使用的材料，它在拉伸时的力学性能具有典型性，常用来阐明钢材的一些特性。图 6 - 10 是试验机自动绘制的低碳钢试件的拉伸图，它描述了试件从开始加载直至断裂全过程中力与变形的关系。为了消除试件尺寸的影响，获得反映材料固有特性的关系曲线，通常将图中的 F 除以试件原截面面积 A 所得到的正应力作为纵坐标，将

Δl 除以标距原长 L 所得到的线应变作为横坐标，将拉伸试验的 $F - \Delta l$ 曲线改画成应力-应变曲线，称为应力-应变图，如图 6–11 所示。下面就根据低碳钢拉伸时的应力-应变图来对这种材料的受力和变形特性进行讨论。

（一）低碳钢的拉伸过程

在低碳钢的整个拉伸试验过程中，其 σ-ε 曲线可分为以下四个阶段：

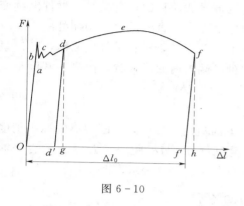

图 6–10

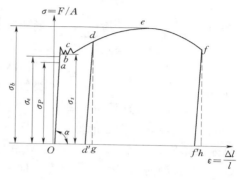

图 6–11

（1）弹性阶段。在图中的初始阶段 Ob 内，试件的变形完全是弹性的，即在此阶段内若将荷载卸去，则变形全部消失，试件恢复原状。弹性阶段内 Oa 段为直线，在此范围内应力 σ 与应变 ε 成正比，材料服从胡克定律，即 $\sigma = E\varepsilon$。对应于 a 点的应力，称为材料的比例极限，用 σ_P 表示。直线 Oa 的斜率就是材料的弹性模量 E，即

$$\tan\alpha = \frac{\sigma}{\varepsilon} = E$$

从 a 点到 b 点，曲线成微弯形状，在此范围内 σ 与 ε 不再成正比。对应于弹性阶段最高点 b 点的应力称为材料的弹性极限，用 σ_e 表示。弹性极限和比例极限的意义虽然不同，但它们的数值非常接近，在工程上两者一般不作区别。所以，可以认为胡克定律在整个弹性范围内适用。低碳钢（Q235 钢）的比例极限约为 $\sigma_P = 200\text{MPa}$，弹性模量约为 $E = 200\text{GPa}$。

（2）屈服阶段 bc。过 b 点后，曲线的斜率继续减小，达到某一点时应力突然下降，然后在很小范围内波动，在 σ-ε 曲线上出现一段接近于水平线的锯齿形线段。这种应力几乎保持不变，应变却迅速增长的现象称为材料的屈服或流动。屈服阶段最高点对应的应力称为上屈服点，最低点对应的应力称为下屈服点。上屈服点的数值受加载速度等因素的影响，不太稳定，而下屈服点比较稳定，能反映材料的性质。因此，通常以下屈服点作为材料的屈服极限或流动极限，用 σ_s 表示。低碳钢的屈服极限约为 $\sigma_s = 240\text{MPa}$。

材料屈服时，在抛光的试件上将出现与轴线约成 $45°$ 的斜线，通常称为滑移线，如图 6–12 所示，这是材料内部晶格之间相对滑移所形成的。晶格滑移所形成的变形是塑性变形，若在屈服阶段卸除荷载，则在试件上会有

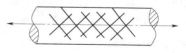

图 6–12

显著的残余变形存在。由于工程中一般不允许构件出现显著的塑性变形，所以，对于低碳钢这类材料来说，屈服极限 σ_s 是衡量材料强度的一个重要指标。

（3）强化阶段 ce。经过屈服阶段后，材料抵抗变形的能力恢复并有所增强，要使试件继续变形必须增加拉力。这种现象称为材料的强化。强化阶段最高点 e 所对应的应力，是

材料所能承受的最大应力，称为材料的强度极限，用 σ_b 表示，它是衡量材料性能的另一个强度指标。低碳钢拉伸时的强度极限约为 $\sigma_b = 400\text{MPa}$。

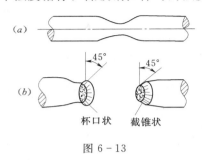

图 6-13

（4）颈缩阶段 ef。应力达到强度极限后，试件的变形开始集中在最弱横截面附近的局部区域内，使该区域的横截面积急剧缩小，出现颈缩现象，如图 6-13（a）所示。由于局部区域横截面积的显著减小，试件继续变形所需的荷载也随之下降，直到试件在颈缩处断裂。ef 段称为颈缩阶段或局部变形阶段。试件拉断后，断口呈杯锥状，即断口的一端向内凹成杯状，而另一端则呈截头锥体状，如图 6-13（b）所示。

（二）延伸率和截面收缩率

试件拉断后，弹性变形消失，而标距范围内留下的塑性变形即等于断裂后的标距长度 L_1 与标距原长 L 之差（$L_1 - L$），通常用塑性变形量（$L_1 - L$）与标距原长 L 之比的百分数来表示材料拉断时的塑性变形程度，称为延伸率或伸长率，用 δ 表示，即

$$\delta = \frac{L_1 - L}{L} \times 100\%$$

式中：L 为试件标距的原长；L_1 为试件断裂后的标距长度。

延伸率 δ 是衡量材料塑性的一项重要指标。低碳钢的延伸率很大，约为 $20\% \sim 30\%$，这说明低碳钢的塑性很好。δ_{10} 表示用 10 倍试件（即 $L = 10d$ 的标准试件）所测得的延伸率。若所用试件为 5 倍试件（$L = 5d$），则所得延伸率以 δ_5 表示。

工程上通常按常温静载下延伸率的大小，将材料分成两大类：$\delta_{10} > 5\%$ 的材料称为塑性材料，如低碳钢、铜、铝等；$\delta_{10} < 5\%$ 的材料称为脆性材料，如铸铁、玻璃、混凝土等。

衡量材料塑性的另一个指标是截面收缩率 Ψ，即

$$\Psi = \frac{A - A_1}{A} \times 100\%$$

式中：A_1 为试件拉断后颈缩处最小横截面面积；A 为试件横截面的原始面积。

低碳钢的截面收缩率约为 $50\% \sim 60\%$。

（三）卸载规律及冷作硬化

若将试件加载到超过屈服极限的某应力值，例如图 6-11 中的 d 点，然后逐渐卸除荷载，则卸载路径是沿着几乎与 Oa 平行的直线 dd' 回到 ε 轴上的 d' 点。这说明，在卸载过程中，应力和应变之间呈现直线关系。这就是材料的卸载规律。荷载全部卸去后，在图6-11中，$d'g$ 是消失了的弹性应变，而 Od' 则为残留下来的塑性应变，二者之和 Og 即为 d 点相应的总应变。所以，当应力超过屈服极限后，试件的总应变由弹性应变和塑性应变两部分组成。延伸率 δ 在数值上就等于试件拉断时标距范围内塑性应变的平均值。

卸完荷载后，若立即重新加载，则应力-应变曲线将从 d' 点开始沿 dd' 直线上升，到达 d 点后又沿原曲线 def 变化，直到 f 点，试件被拉断。这表明：若在常温下将材料预拉到超过屈服极限后卸除荷载，则再次加载时，材料的比例极限和屈服极限将得到提高，而

断裂时的塑性变形（即延伸率 δ）将减小，这种现象称为冷作硬化。工程上常利用钢材的冷作硬化特性，对钢筋、钢缆进行冷拉，以提高材料的弹性范围。但是，冷作硬化使材料变脆（塑性降低），这对承受冲击和振动荷载是不利的。采用热处理（退火）的方法，可以消除冷作硬化现象。

三、其他塑性材料拉伸时的力学性能

工程上常用的塑性材料，除低碳钢外，还有中碳钢、某些高碳钢和合金钢、黄铜、铝合金等。图 6-14（a）中给出了几种塑性材料在拉伸时的 σ-ε 曲线。从图中可以看出，16Mn 钢的 σ-ε 曲线与低碳钢相似，有明显的弹性阶段、屈服阶段、强化阶段和颈缩阶段。有些材料，如黄铜，没有屈服阶段，而其余三个阶段则很明显。还有一些材料，如锰钢，则只有弹性阶段和强化阶段，没有屈服阶段和颈缩阶段。

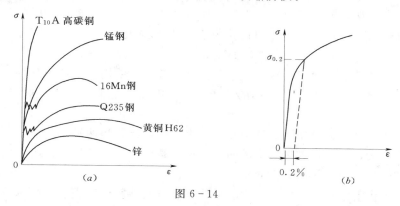

图 6-14

对于没有明显屈服阶段的塑性材料，通常规定以试件产生 0.2% 的塑性应变所对应的应力作为材料的屈服极限，称为名义屈服极限，记为 $\sigma_{0.2}$，如图 6-14（b）所示。

四、铸铁拉伸时的力学性能

灰口铸铁是典型的脆性材料，它在拉伸时的 σ-ε 曲线（见图 6-15）没有明显的直线部分，没有屈服阶段和颈缩阶段；拉断前试件的变形很不明显，延伸率很小，约为 $\delta_{10} = 0.5\%$；拉伸强度低，约为 $\sigma_b = 100 \sim 200\text{MPa}$；试件沿横截面拉断，断口粗糙。由于铸铁的 σ-ε 曲线无明显的直线段，通常在一定应力范围内以一割线（见图 6-15 中的虚线）代替 σ-ε 曲线的开始部分，从而确定材料的弹性模量 E，并称为割线弹性模量。

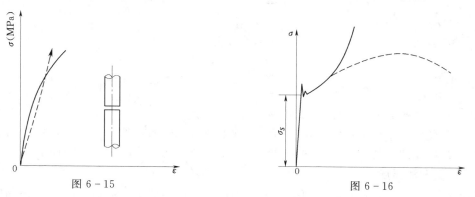

图 6-15   图 6-16

力学性能与铸铁相似的脆性材料还有混凝土、砖石等。复合材料也是脆性材料，其特

点是几乎到拉断时其应力-应变关系都是线性的。

五、低碳钢（塑性材料）在压缩时的力学性能

低碳钢是典型的塑性材料，其压缩时的曲线 $\sigma-\varepsilon$ 如图 6-16 的实线所示。为便于比较，图中还用虚线绘制了低碳钢拉伸时的 $\sigma-\varepsilon$ 曲线。由此可见，当应力低于屈服极限时，两条曲线基本重合，这表明低碳钢在压缩时的比例极限、屈服极限和弹性模量都与拉伸时基本相同。超过屈服极限后，试件产生显著的轴向和横向变形，试件越压越扁，由于承压面的摩擦力使两端的横向变形受阻，而使试件变成鼓形。随着荷载的增加，试件横截面面积不断增大，最后压成薄饼形，试件不会出现断裂。因此，无法测出其抗压强度极限。

六、铸铁及其他脆性材料在压缩时的力学性能

铸铁压缩时的 $\sigma-\varepsilon$ 曲线如图 6-17（a）所示。同拉伸时的 $\sigma-\varepsilon$ 曲线比较，可以看出：铸铁压缩时也没有明显的直线部分，也没有屈服现象。但是，铸铁压缩时的延伸率比拉伸时的要大得多。铸铁的抗压强度极限比抗拉强度极限约大 3~5 倍。破坏时铸铁试件沿与轴线约成 35°~45° 的斜截面发生断裂，如图 6-17（b）所示。

石料、混凝土等非金属脆性材料，进行压缩试验时常采用立方体形状的试件，它们压缩时的 $\sigma-\varepsilon$ 曲线与铸铁的相似，它们的抗压强度也比抗拉强度高得多，这是脆性材料的一个共同点。

这类材料压缩破坏的形式随试件两端的约束条件而异。当两端不涂润滑剂时，由于承压面的摩阻力较大，试件在破坏后形成两个对接的截锥体；当两端面涂有润滑剂时，由于摩阻力小，试件的破裂面与压力方向平行。

木材也是工程上常用的材料，其力学性能具有方向性。试验表明，顺木纹方向的强度要比垂直木纹方向的强度高得多，且抗拉强度高于抗压强度。松木沿顺纹方向受拉和受压时的 $\sigma-\varepsilon$ 曲线如图 6-18 所示。

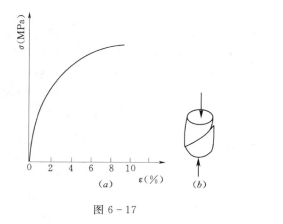

图 6-17

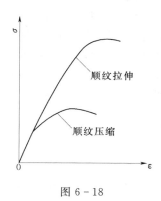

图 6-18

七、两类材料的力学性能的比较

前面已提到，工程上通常根据常温、静载下拉伸试验的延伸率的大小，将材料大致分为塑性材料和脆性材料两大类。两类材料在力学性能上的主要差别可归纳如下。

（一）变形和强度

低碳钢等塑性材料，在破坏前有较大的塑性变形，一般都有屈服阶段，拉伸和压缩时有基本相同的弹性模量、比例极限和屈服极限；脆性材料没有屈服阶段，在变形很小的情况下突然断裂，抗压强度远大于抗拉强度。因此，脆性材料宜用于承压构件，而塑性材料既可用于受拉构件，也可用于承压构件。

（二）抗冲击性能

试件拉断前，塑性材料显著的塑性变形使其 σ-ε 曲线下的面积远大于脆性材料的相应面积。可见，使塑性材料试件破坏所需要的破坏功远大于脆性材料相同试件所需的破坏功。因试件破坏功的大小可以用来衡量试件材料抗冲击性能的高低，故塑性材料抵抗冲击的性能一般要比脆性材料好得多。所以，对承受冲击或振动的构件，宜采用塑性材料。

（三）对应力集中的敏感性

在轴向拉压时，等直杆横截面上的正应力是均匀分布的。在工程实际中，有些杆件因有凹槽、圆孔、螺纹、轴肩等，使横截面尺寸在这些部位发生突然变化。试验和理论研究结果表明，在尺寸发生突变的横截面上，应力并不是均匀分布的。例如，在开有圆孔或凹槽的矩形板受拉时，在孔或槽的边缘，应力急剧增大，而在离孔（槽）边稍远处，应力即迅速下降并趋向均匀。这种由于截面尺寸突然改变而引起局部应力急剧增大的现象称为**应力集中**。发生应力集中的截面上的最大应力 $\sigma_{\max}$ 与该截面的平均应力 σ_0 之比值称为理论应力集中系数，即

$$\alpha = \frac{\sigma_{\max}}{\sigma_0} \qquad\qquad (6-10)$$

α 值反映了应力集中的程度。截面尺寸改变得越急剧，α 值就越大，应力集中的程度就越严重。对于工程上常见的构件，它们的应力集中系数可在有关手册中查到。

试验证明，两类材料在静载下对应力集中的反应是不同的。以图 6-19（a）所示的中央有一小孔的拉杆为例。对于低碳钢等塑性材料，由于存在屈服阶段，当孔边的最大应力达到屈服极限时〔见图 6-19（b）〕，若继续增加外力，则孔边缘材料的变形继续增长，而应力保持不变，所增加的外力由截面上尚未屈服的材料来承担，使截面上其他点的应力相继增大到屈服极限〔见图 6-19（c）〕。这样就限制了最大应力的数值，使横截面上的应力逐渐趋向均匀〔见图 6-19（d）〕。

因此，用塑性材料制成的构件，在静载作用下可以不考虑应力集中的影响。对于脆性材料，由于没有屈服阶段，随着荷载的增加，孔边的最大应力一直领先增长，当它达到强度极限时，孔边首先产生裂纹。因此，应力集中使组织均匀的脆性材料的承载能力显著降低。即使在静载下也应考虑应力集中对构件强度的影响，如图 6-19 所示。

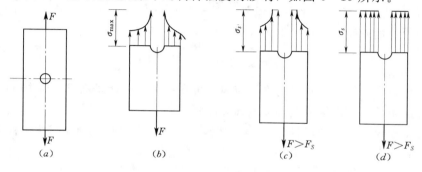

图 6-19

当构件受冲击荷载或交变荷载作用时，不论是塑性材料还是脆性材料，应力集中对构件强度都有严重的影响，必须予以考虑。这个问题将在后面进行讨论。

必须指出，通常所说的塑性材料和脆性材料，是根据常温、静载下拉伸试验所得的延伸率的大小来区分的。但是材料的塑性和脆性是随着外界条件（如温度、应变速率、应力状态等）而互相转化的。例如，常温、静载下塑性很好的低碳钢，在低温、高速荷载下会发生脆性破坏。所以，材料的塑性和脆性是相对的、有条件的。

第四节　极限应力、许用应力和强度条件

杆件在荷载作用下产生的应力称为工作应力。杆件材料在荷载作用下破坏时的应力，为材料的极限应力，用 σ^0 表示。在工程中杆件材料在工作时所允许承受的最大应力称为许用应力，用 $[\sigma]$ 表示。对于塑性材料，当应力达到材料的屈服极限（或名义屈服极限）时，构件将产生显著的塑性变形，影响其正常工作，故通常以屈服作为塑性材料破坏的标志。对于脆性材料，直到断裂也无显著的变形。断裂是脆性材料破坏的唯一标志，故以强度极限作为脆性材料的极限应力。

在强度计算中，为保证构件能安全、正常地工作和具有必要的安全储备，通常将极限应力除以一个大于 1 的安全因数 n，作为构件的许用应力，即

$$[\sigma] = \frac{\sigma^0}{n}$$

对于塑性材料，有

$$[\sigma] = \frac{\sigma_s}{n}$$

对于脆性材料，有

$$[\sigma] = \frac{\sigma_b}{n}$$

式中：n 为安全因数。

为了使杆件具有足够的强度，从而保证杆件能安全、正常工作，必须使杆内最大工作应力 σ_{max} 不超过材料的许用应力 $[\sigma]$，即

$$\sigma_{max} \leqslant [\sigma] \tag{6-11}$$

式（6-11）称为拉（压）杆的**强度**条件。对于等直拉（压）杆。其最大工作应力产生在具有最大轴力的横截面上，故可将式（6-11）改写为

$$\sigma_{max} = \frac{N_{max}}{A} \leqslant [\sigma] \tag{6-12}$$

常用工程材料在拉（压）时的许用应力值可在有关的设计规范或手册中查得。

应用强度条件，可以解决三类强度计算问题。

（1）强度校核。若已知杆件的尺寸、材料和荷载，即可用式（6-12）来校核杆的强度。若满足式（6-12），则表示杆的强度是足够的。

（2）设计截面。当杆件所用的材料及所受的荷载确定后，则可用式（6-12）算出杆件所需要的横截面面积 A，即

$$A \geqslant \frac{N_{\max}}{[\sigma]}$$

（3）确定许可荷载。若已知杆的尺寸和材料的许用应力，则可用式（6-12）算出该杆所能承受的最大轴力，也称许可轴力，即

$$N_{\max} \leqslant [\sigma]A$$

然后根据平衡条件，确定结构所允许承受的最大荷载，即许可荷载。

【例 6-4】　一等截面砖柱，高度为 l，横截面面积为 A，材料单位重量为 γ，许用应力为 $[\sigma]$，弹性模量为 E，在柱顶作用有轴向荷载 F。试分析砖柱自重对其强度的影响，并求柱变形。

解：在实际工程中，杆件的自重通常比所受的荷载小得多，在强度和变形计算时，一般都不考虑杆件自重的影响。但在某些情况下，如土建结构中的桥墩、砖柱，钻探机的钻杆，矿井升降机的吊缆等，杆件自重的影响比较显著，在计算时应加以考虑。

1. 内力

柱的自重可简化为沿柱高均匀分布的荷载 [见图 6-20 (a)]，其集度为 $q = \gamma A$。为求出距顶面为 x 处的任意横截面 m—m 上的轴力 $N(x)$，沿 m—m 截面假想地截出上段作为隔离体，如图 6-20 (b) 所示。由隔离体的平衡方程 $\sum X = 0$，可得

$$N(x) = -(F + \gamma A x)$$

式中：$\gamma A x$ 为截面 m—m 以上长度为 x 的一段柱的重量。

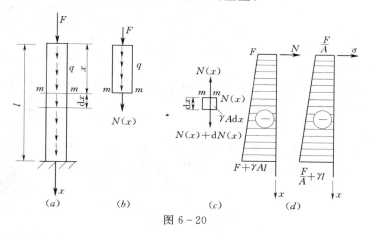

图 6-20

上式右边的负号表示 m—m 截面的轴力实际指向与图 6-20 (c) 中所假设的相反，即 $N(x)$ 为压力。根据上式可绘出柱的轴力图如图 6-20 (d) 所示。由图可见，砖柱横截面上的轴力沿柱高度呈线性变化，最大轴力在底面上，其数值为

$$N_{\max} = |N(l)| = F + \gamma A l（压力）$$

2. 应力与强度计算

距柱顶为 x 的横截面 m—m 上的正应力为

$$\sigma = \frac{N(x)}{A} = -\left(\frac{F}{A} + \gamma x\right)$$

σ 沿柱高也成线性变化，其分布图如图 6-20 (d) 所示，最大压应力出现在柱的底

面，其值为

$$\sigma_{\max} = |\sigma(l)| = \frac{F}{A} + \gamma l$$

于是柱的强度条件为

$$\sigma_{\max} = \frac{F}{A} + \gamma l \leqslant [\sigma]$$

由此可确定柱底截面所需面积，即

$$A \geqslant \frac{F}{[\sigma] - \gamma l}$$

可见，在计算拉压等直杆的强度时考虑自重的影响，相当于从材料的许用应力 $[\sigma]$ 中减去 γ_1，若 γ_1 与 $[\sigma]$ 相比很小，则杆的自重影响很小，可忽略不计。

3. 变形

考虑杆件自重影响时，轴力沿杆轴线连续变化，故应首先研究从杆中取出的任一微段的变形。在距柱顶为 x 处取出长为 $\mathrm{d}x$ 的微段，其受力图如图 6-20（c）所示。微段自重 $\gamma A \mathrm{d}x$ 对微段变形的影响甚小而略去不计，这相当于认为微段受到不变轴力 $N(x)$ 的作用。根据式（6-6）可得微段的变形（缩短）为

$$\mathrm{d}(\Delta l) = \frac{N(x)\mathrm{d}x}{EA} = -\frac{(F + \gamma A x)}{EA}\mathrm{d}x$$

将所有微段的变形累加起来，便得到整个柱的变形（缩短），即

$$\Delta l = \int_0^l -\frac{(F + \gamma A x)}{EA}\mathrm{d}x = -\left(\frac{Fl}{EA} + \frac{\gamma A l^2}{2EA}\right) = -\frac{Fl}{EA} - \frac{Wl}{2EA} = -\frac{Fl}{EA} - \frac{\frac{W}{2}l}{EA}$$

其中
$$W = \gamma A L$$

式中：W 为柱的总重量。

由此可见，等直柱由自重引起的轴向变形相当于将其总重量的一半作为集中力，施加于柱顶时所产生的变形。

上面介绍了轴力沿杆轴线变化时，等直杆的应力和变形计算方法，它们对于横截面尺寸沿轴线连续平缓变化的变截面杆，同样适用。因此，在轴力和横截面均沿轴线变化的情况下，拉（压）杆任意横截面上的应力和全杆的变形则可按下面的公式计算：

$$\sigma(x) = \frac{N(x)}{A(x)}$$

$$\Delta l = \int_0^l \frac{N(x)\mathrm{d}x}{EA(x)}$$

【例 6-5】 已知某钢木组合屋架中一圆钢竖杆的直径 $d=10\mathrm{mm}$，承受轴向拉力 $F=12\mathrm{kN}$ 作用，钢材的许用应力 $[\sigma]=160\mathrm{MPa}$。试校核该杆的强度。

解：竖杆的轴力 $N=F$，则横截面上的正应力为

$$\sigma = \frac{N}{A} = \frac{F}{\pi \frac{d^2}{4}} = 152.8\mathrm{MPa} < [\sigma] = 160\mathrm{MPa}$$

故强度足够。

【例 6 - 6】　在图 6 - 21（a）所示的钢木组合三角架中，钢杆 AB 的直径 $d=28\text{mm}$，许用应力 $[\sigma]_1=160\text{MPa}$；木杆 BC 的横截面为正方形，边长 $a=100\text{mm}$，许用应力 $[\sigma]_2=5\text{MPa}$。A、B、C 结点均为铰接，在结点 B 处作用一垂直荷载 F。试求：

（1）若荷载 $F=36\text{kN}$，试校核两杆的强度。

（2）求该结构的许可荷载 $[F]$。

（3）若 F 等于许可荷载 $[F]$，试根据既经济又安全的要求，重新设计各杆尺寸。

解： 1. 校核两杆的强度

先求各杆的内力。取结点 B 为隔离体，如图 6 - 21（b）所示。由隔离体的平衡条件：

$\sum X=0$：　　　　　　　　　$N_2-N_1\cos\alpha=0$

$\sum Y=0$：　　　　　　　　　$N_1\sin\alpha-F=0$

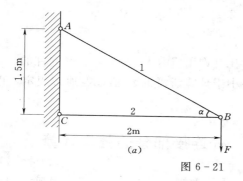

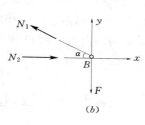

图 6 - 21

解得

$$N_1=\frac{F}{\sin\alpha}=\frac{2.5}{1.5}F=\frac{5}{3}F$$

$$N_2=\cot\alpha\cdot F=\frac{2}{1.5}F=\frac{4}{3}F$$

两杆横截面上的应力为

钢杆：　　　　$\sigma_{AB}=\dfrac{N_1}{A_1}=\dfrac{5F}{3\times\dfrac{\pi d^2}{4}}=97.6\text{MPa}<[\sigma]_1=160\text{MPa}$

木杆：　　　　$\sigma_{BC}=\dfrac{N_2}{A_2}=\dfrac{4F}{3a^2}=4.8\text{MPa}<[\sigma]_2=5\text{MPa}$

所以，两杆均满足强度条件。

2. 求结构的许可荷载 $[F]$

根据强度条件，钢杆的许可轴力为

$$[N_1]=A_1[\sigma]_1=\frac{\pi}{4}\times28^2\times10^{-6}\times160\times10^6=98.5\text{kN}$$

相应的许可荷载为

$$[F]_1=\frac{3}{5}[N_1]=\frac{3}{5}\times98.5=59.1\text{kN}$$

同理，木杆的许可轴力为

$$[N_2] = A_2[\sigma]_2 = 100^2 \times 10^{-6} \times 5 \times 10^6 = 50\text{kN}$$

相应的许可荷载为

$$[F]_2 = \frac{3}{4}[N_2] = \frac{3}{4} \times 50 = 37.5\text{kN}$$

为了保证两根杆都能安全、正常地工作，结构的许可荷载应取 $[F]_2$，即

$$[F] = [F]_2 = 37.5\text{kN}$$

3. 重新选择钢杆的直径

当 $F = [F] = 37.5\text{kN}$ 时，木杆的工作应力刚好等于许用应力，材料得到充分利用。但钢杆的工作应力比其许用应力小得多，表明它有多余的储备，故应重新选择钢杆的直径，使其达到既安全又经济的要求。由强度条件公式得

$$\frac{\pi d^2}{4} \geqslant \frac{N_1}{[\sigma]_1} = \frac{5F}{3[\sigma]_1}$$

$$d \geqslant \sqrt{\frac{4N_1}{\pi[\sigma]_1}} = 2.23 \times 10^{-2}\text{m} = 22.3\text{mm}$$

于是，钢杆的最经济合理的直径 $d = 22.3\text{mm}$。

若取 $d = 22\text{mm}$，则钢杆的工作应力比其许用应力大 2.8%，这是允许的。在工程设计中，允许实际采用的横截面面积 A 值略小于计算所需的 A 值，但通常规定，以工作应力不超过许用应力的 5% 为限。

第五节　拉（压）杆连接部分的强度计算

工程构件通常采用销钉、螺栓、键或采用铆接、焊接进行连接来组成结构，前者是可拆卸的，后者是不可拆卸的。连接件在连接处的受力多发生在局部区域，变形较为复杂，很难对变形进行清楚的观察与分析、建立求解方程，因而通常采用假定计算的方法进行强度计算。假定计算方法一般先对应力分布进行假设，再通过条件相同的实验得到许可应力，建立强度条件。实践证明，这种方法能够满足工程要求。

工程中的一些连接件，如铆钉、销钉、键等，都是主要承受剪切的构件。连接件上只有一个剪切面的情况称为单剪，如图 6-22（a）所示；有两个剪切面时，称为双剪，如图 6-22（c）所示。

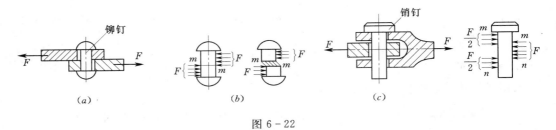

图 6-22

图 6-23（a）为两块钢板用铆钉连接而组成的一个接头。下面说明对由铆钉、螺栓等连接件连接而成的这类接头进行强度计算的方法，其中包括对连接件的剪切实用计算、连接件与被连接件之间的挤压实用计算和对受拉板的抗拉强度计算等三个方面。

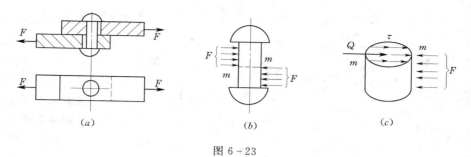

图 6-23

一、剪切实用计算

从图 6-22（a）所示接头中取出连接件铆钉作为分析对象，如图 6-22（b）所示。铆钉侧面承受由钢板传来的两个横向力，其大小为 F，方向相反。运用截面法，假想地将铆钉沿剪切面切开，取下段为隔离体，如图 6-22（c）所示。由下段的平衡条件可知，在剪切面 $m—m$ 上必定有平行于截面的内力 Q 存在，且 $Q=F$。这个与截面相切的内力称为**剪力**。剪切面上与剪力相应的应力称为**剪应力**，用 τ 表示。由于连接件上一般不是细长杆，受力和变形情况都比较复杂，除剪切变形外，还伴有弯曲、挤压、拉伸等变形，要在理论上精确计算剪切面上剪应力分布规律是困难的。因此，工程上常采用实用计算法，即假设剪应力 τ 在剪切面上均匀分布。于是剪切面上的剪应力为

$$\tau = \frac{Q}{A_Q} \tag{6-13}$$

式中：A_Q 为剪切面面积，对于直径为 d 的铆钉或螺栓，$A_Q = \pi d^2 / 4$。

该应力即为剪切面上的平均剪应力，又称为**名义剪应力**。

为了保证连接件能安全可靠地工作，必须使其工作时的剪应力不超过材料的许用剪应力 $[\tau]$。因此，剪切强度条件为

$$\tau = \frac{Q}{A_Q} \leqslant [\tau] \tag{6-14}$$

材料的许用剪应力 $[\tau]$ 值须通过剪切试验确定。试验时，使试件的受力情况与构件实际工作情况相似，测出剪断试件所需的极限荷载，然后按式（6-13）算出材料的极限剪应力 τ_b 再除以适当的安全系数 n，即得材料的许用剪应力 $[\tau]$，即

$$[\tau] = \frac{\tau_b}{n}$$

各种材料的许用剪应力 $[\tau]$ 与许用拉应力 $[\sigma]$ 之间存在以下近似关系：

对塑性材料，有

$$[\tau] = (0.6 \sim 0.8)[\sigma]$$

对脆性材料，有

$$[\tau] = (0.8 \sim 1.0)[\sigma]$$

二、挤压实用计算

连接件除了承受剪切外，连接件与被连接件之间的接触面（称为挤压面）将相互压紧，这种现象称为挤压。接触面上传递的压力称为挤压力，用 F_c 表示。在接触面上分布的集度称为挤压应力，用 σ_c 表示。挤压应力过大时，接触面的局部区域将发生显著的塑性变形或压溃，如图 6-24（a）、（b）所示。

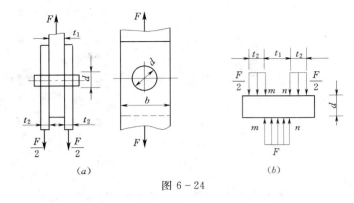

图 6-24

挤压应力在挤压面上的分布情况也比较复杂。如钉与板之间的接触面为半个圆柱面，其上的挤压应力分布是不均匀的。在弹性范围内，接触面上的最大挤压应力发生在半圆柱形接触面的中央处。工程上也采用实用计算法，即假设挤压应力在挤压计算面积上均匀分布。于是名义挤压应力为

$$\sigma_c = \frac{F_c}{A_c} \tag{6-15}$$

按此式算出的应力与理论分析得到的接触面上的实际最大挤压应力大致相等。

根据式（6-15）可建立挤压强度条件为

$$\sigma_c = \frac{F_c}{A_c} \leqslant [\sigma_c] \tag{6-16}$$

式中：$[\sigma_c]$为材料许用挤压应力，由材料挤压试验所测得的极限挤压应力除以挤压安全系数而得到，具体数值可从有关设计规范或材料手册中查到，对于钢材，一般可取$[\sigma_c]=(1.7\sim2.0)[\sigma]$，$[\sigma]$为材料许用拉应力。

三、板的抗拉强度计算

钢板承受拉伸，由于主板在钉孔处的横截面面积受到削弱，有可能沿该截面发生拉断破坏，故需对钢板被削弱截面进行抗拉强度校核。如图 6-25（a）、（b）、（c）所示。

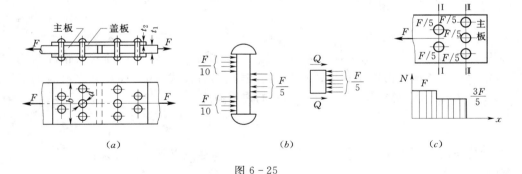

图 6-25

不考虑孔边缘的应力集中，假设被削弱截面上正应力 σ 均匀分布，则板被削弱截面处的抗拉强度条件为

$$\sigma = \frac{N}{A_{净}} \leqslant [\sigma] \tag{6-17}$$

第六节　拉压超静定问题

在前面讨论的问题中，杆件的内力或杆系结构的约束反力只需根据静力平衡方程就可

确定，这类问题称为**静定问题**。工程上也常遇到另一类结构，其约束反力或杆件内力的数目超过静力平衡方程的数目，单凭静力平衡方程不能求出全部未知力，这类问题称为**超静定问题**。未知力的数目与独立的平衡方程的数目之差，称为**超静定次数**。

为了求出超静定结构的全部未知力，除利用平衡方程外，必须通过考虑结构的变形情况来建立补充方程，并使补充方程的数目等于超静定次数。结构在正常使用的情况下，各部分的变形必然存在一定的几何关系，称为变形协调条件。解超静定问题的关键在于根据变形协调条件写出变形几何方程。将杆件的变形与内力之间的物理关系，如胡克定律，代入变形几何方程，即得所需的补充方程。下面举例说明求解超静定问题的方法和步骤。

【例 6 - 7】　一等直杆 AB，上、下两端固定，在截面 C 处受轴向荷载 F 作用，杆的横截面面积为 A，材料的弹性模量为 E。试求两端的支座反力。

解：设杆上、下固定端的约束反力分别为 R_A 和 R_B，杆的受力如图 6 - 26 所示。AB 杆的平衡方程只有一个，即

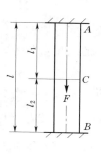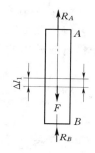

$$\sum X = 0: \quad R_A + R_B - F = 0 \tag{1}$$

可见未知力的数目比平衡方程的数目多一个，故为一次超静定，必须补充一个方程才能求解。因杆件两端为固定端，故 AB 的长度保持不变，AB 杆的总变形等于零。根据上述变形协调条件，得到杆的变形几何方程为

图 6 - 26

$$\Delta l = \Delta l_1 + \Delta l_2 = 0 \tag{2}$$

在线弹性范围内，杆件变形与内力之间的物理关系由胡克定律表示，即

$$\Delta l_1 = \frac{N_1 l_1}{EA} = \frac{R_A l_1}{EA}, \quad \Delta l_2 = \frac{N_2 l_2}{EA} = \frac{R_B l_2}{EA} \tag{3}$$

将式（3）代入式（2），得到补充方程为

$$\frac{R_A l_1}{EA} - \frac{R_B l_2}{EA} = 0 \tag{4}$$

联立式（1）和式（4），求得

$$R_A = \frac{l_2}{l}F, \quad R_B = \frac{l_1}{l}F$$

上面求解超静定问题的方法及步骤可归纳如下：

（1）画出杆件或结构的受力图，列出所有独立的静力平衡方程。

（2）画出杆件或杆系结点的变形-位移图，根据变形协调条件列出变形几何方程，其数目等于超静定次数。

（3）根据变形与内力之间的物理关系，将变形几何方程改写成以内力表示的补充方程。

（4）联立平衡方程和补充方程，解出全部未知力。

【例 6 - 8】　一钢筋混凝土柱，顶面受轴向压力 F 作用，如图 6 - 27（a）所示。E_1、

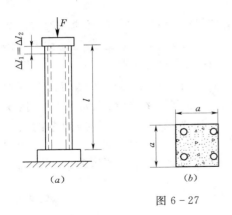

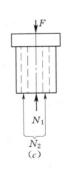

A_1 分别为钢筋的弹性模量和横截面面积，E_2、A_2 分别为混凝土的弹性模量及横截面面积。试求钢筋和混凝土的内力。

解：1. 列平衡方程

设钢筋和混凝土的轴力分别为 N_1 和 N_2。用一横截面将柱截成两段，以上段柱为隔离体，如图 6-27（c）所示。上段柱的平衡方程为

图 6-27

$$\sum X = 0: \qquad N_1 + N_2 - F = 0 \tag{1}$$

可见，此柱为一次超静定结构，须补充一个方程。

2. 建立补充方程

（1）变形几何方程。变形协调条件是：柱受 F 力后发生轴向缩短变形，刚性顶盖向下平移，故柱内两种材料的缩短量相等。由此可得变形几何方程为

$$\Delta l_1 = \Delta l_2 \tag{2}$$

（2）由物理关系得

$$\Delta l_1 = \frac{N_1 l}{E_1 A_1}, \quad \Delta l_2 = \frac{N_2 l}{E_2 A_2} \tag{3}$$

（3）将式（3）代入式（2）得补充方程

$$\frac{N_1 l}{E_1 A_1} = \frac{N_2 l}{E_2 A_2} \tag{4}$$

3. 解方程

联立求解式（1）和式（4），得

$$N_1 = \frac{F}{1 + \dfrac{E_2 A_2}{E_1 A_1}}$$

$$N_2 = \frac{F}{1 + \dfrac{E_1 A_1}{E_2 A_2}}$$

【例 6-9】 由三根杆组成的桁架如图 6-28（a）所示。1 杆的长度为 l，横截面积为 A_1，弹性模量为 E_1；2 杆的长度 $l_2 = l/\cos\alpha$，横截面积为 A_2，弹性模量为 E_2；3 杆的材料、截面、长度均与 2 杆相同。试求在 F 力作用下各杆的内力。

解：1. 列平衡方程

设 1、2、3 杆的轴力分别为 N_1、

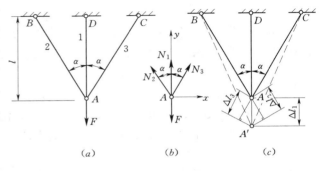

图 6-28

N_2、N_3，取结点 A 为隔离体［见图 6 - 28 (b)］，其平衡方程为：

$$\sum X = 0: \qquad\qquad N_3 \sin\alpha - N_2 \sin\alpha = 0 \qquad\qquad (1)$$

$$\sum Y = 0: \qquad\qquad N_1 + N_2 \cos\alpha + N_3 \cos\alpha - F = 0$$

于是有

$$N_1 + 2N_2 \cos\alpha = F \qquad\qquad (2)$$

2. 建立补充方程

(1) 变形几何方程。另一段受力前，1、2、3 三杆的下端铰接于 A 点。由结构及荷载的对称性可知，受力后结点 A 垂直向下移至 A' 点。1、2、3 杆受力变形后在 A 点仍应铰接在一起，故三杆伸长变形之间存在一定的几何关系。表示这个变形协调条件的结构变形及位移如图 6 - 28 (c) 所示。由此图可得

$$\Delta l_2 = \Delta l_1 \cos\alpha \qquad\qquad (3)$$

(2) 由物理关系得

$$\Delta l_1 = \frac{N_1 l}{E_1 A_1}, \quad \Delta l_2 = \frac{N_2 l_2}{E_2 A_2} = \frac{N_2 l}{E_2 A_2 \cos\alpha} \qquad\qquad (4)$$

(3) 将式 (4) 代入式 (3) 得补充方程：

$$\frac{N_1 l}{E_1 A_1} \cos\alpha = \frac{N_2 l}{E_2 A_2 \cos\alpha} \qquad\qquad (5)$$

3. 解方程联立求解式 (1)、式 (2) 和式 (5)，得

$$N_1 = \frac{F}{1 + 2\dfrac{E_2 A_2}{E_1 A_1} \cos^3\alpha}$$

$$N_2 = N_3 = \frac{F}{2\cos\alpha + \dfrac{E_1 A_1}{E_2 A_2 \cos^2\alpha}}$$

由［例 6 - 8］和［例 6 - 9］可以看出，对超静定结构，各杆的内力不仅与各杆受力的几何关系有关，而且与各杆的刚度有关。在超静定结构中，刚度大的部分将产生较大的内力。

习　　题

6 - 1　正方形截面木杆，截面边长 $a = 20\mathrm{cm}$，杆的总长 $3L = 150\mathrm{cm}$，在中段开有长为 L、宽为 $a/2$ 的槽。木杆的荷载情况如图所示。求各段杆横截面上的内力和应力。

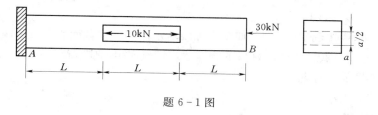

题 6 - 1 图

6 - 2　图示结构中，AB 梁受均布荷载 $q = 10\mathrm{kN/m}$ 作用，BC 杆用 80 根直径 $d = 2\mathrm{mm}$ 的钢丝做成。钢丝的许用应力 $[\sigma] = 170\mathrm{MPa}$，试校核其强度。

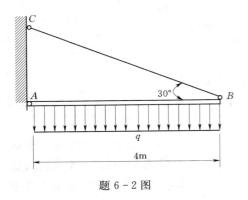

题 6-2 图

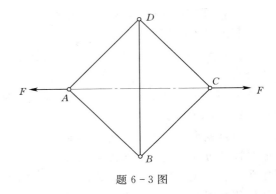

题 6-3 图

6-3　图示桁架组成正方形 $ABCD$ 和对角线 BD，各杆横截面面积均为 A，材料均为铸铁，其许用压应力为 $[\sigma^-]$，许用拉应力 $[\sigma^+]=1/3[\sigma^-]$。试求此桁架的许可荷载 $[F]$。

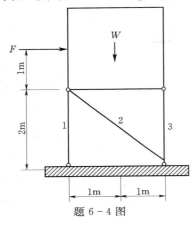

题 6-4 图

6-4　某水塔结构如图所示，已知水塔总重量 $W=400\text{kN}$，水平力 $F=100\text{kN}$，杆 1、2、3 的材料相同，$[\sigma]=100\text{MPa}$。试求各杆所需横截面面积。

6-5　图示桁架各杆均由两个等边角钢组成，材料的许用应力 $[\sigma]=170\text{MPa}$。试为杆 1、2 选择所需角钢的型号。

6-6　图示截圆锥体在顶面受轴向压力 F 作用，材料单位体积的重量为 γ。试求其最小压应力所在截面的半径 r。

6-7　试求习题 6-1 中各段杆的伸长（或缩短）及全杆的总变形。已知材料的弹性模量 $E=200\text{GPa}$。

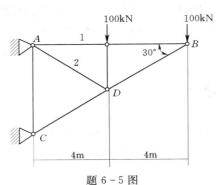

题 6-5 图

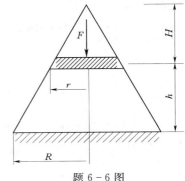

题 6-6 图

6-8　有一两端固定的水平钢丝如图中虚线所示。钢丝横截面直径 $d=1\text{mm}$，弹性模量 $E=200\text{GPa}$。在钢丝中点悬挂重量为 G 的物体后，钢丝产生的应变为 0.09%。试求：

（1）钢丝横截面上的应力。

（2）重量 G 的大小。

（3）C 点的位移。

6-9　图示结构中，AC 是钢杆，长 $l_1=2\text{m}$，横截面面积 $A_1=200\text{mm}^2$，弹性模量 $E_1=200\text{GPa}$。BD 是铜杆，长 $l_2=1\text{m}$，横截面面积 $A_2=800\text{mm}^2$，弹性模量 $E_2=200\text{GPa}$。

水平杆 AB 可视为刚性杆。试求：

(1) 使 AB 杆仍保持水平时，荷载 F 作用点到 BD 杆的距离 x。

(2) 使 AB 杆保持水平且竖向位移不超过 2mm 时，荷载 F 的最大值。

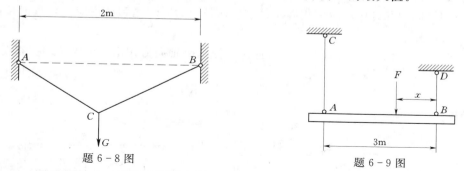

题 6-8 图　　　　　题 6-9 图

6-10　图示构架中，AB 为刚性杆，CD 杆的刚度为 EA。试求 CD 杆的伸长和 C、B 两点的位移。

6-11　图示一截顶圆锥形杆，两端受轴向拉力 F 作用，材料的弹性模量为 E。试求杆的伸长。

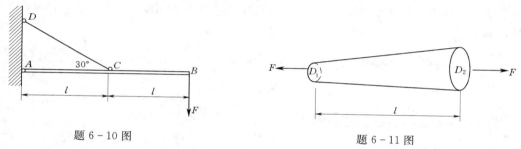

题 6-10 图　　　　　题 6-11 图

6-12　打入土中的木桩长为 l，直径为 d，顶面上受轴力 F 作用。荷载 F 由土对柱的摩阻力承担，且设摩阻力沿桩身均匀分布。已知桩材料的弹性模量为 E。试求桩的缩短量。

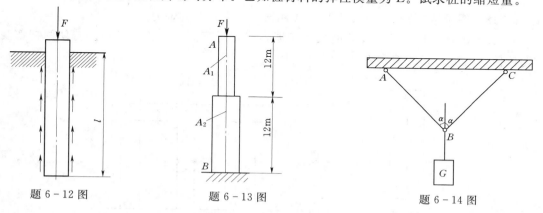

题 6-12 图　　　题 6-13 图　　　　题 6-14 图

6-13　图示阶梯型混凝土柱，顶部受轴向应力 $F=1000$kN 作用。已知混凝土单位体积的重量 $\gamma=22$kN/m³，许用压应力 $[\sigma_-]=2$MPa，弹性模量 $E=20$GPa。试按强度条件确定上、下段柱所需横截面面积 A_1 和 A_2，并求柱顶 A 的位移。

6-14　在固定点 A、C 之间用钢索 ABC 对称地悬挂一重物 G。试求钢索用料最省时

的角度 α。

6-15 图示结构在结点 B 受垂直向下的力 F 作用，两杆的材料相同。水平杆 AB 的长度及位置保持不变，而 BC 杆的长度可随 α 角变化（C 点在墙上的位置可以变动）。已知材料的许用拉应力和许用压应力相等。试求使两杆应力同时达到许用应力，且使结构用料最省时的角度 α。

6-16 刚度为 EA 的等直杆，两端固定，受两个轴向力作用。试求两端支座反力。

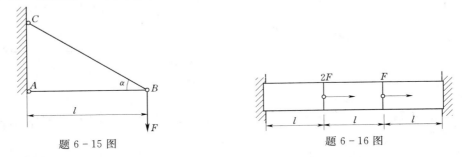

题 6-15 图　　　　　　题 6-16 图

6-17 图示构架，刚性梁 AD 铰支于 A 点，并以两根材料和横截面面积都相同的钢杆悬吊于水平位置。设 F=50kN，钢杆许用应力 [σ]＝100MPa。试求两吊杆的内力及所需横截面面积 A。

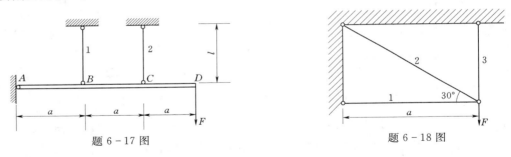

题 6-17 图　　　　　　题 6-18 图

6-18 图示结构的 1、2、3 杆的 EA 相同。试求各杆的轴力。

6-19 图示两杆的长度及截面尺寸相同，但材料不同（设 $E_1>E_2$）。若使两杆都受均匀拉伸，则拉力 F 的偏心距 e 应等于多少？

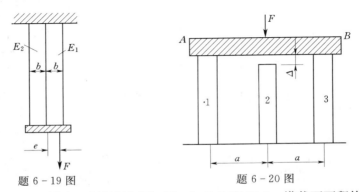

题 6-19 图　　　　　　题 6-20 图

6-20 刚性梁 AB 放在三根材料相同（$E=1.4\times10^4$ MPa）、横截面面积均为 $A=400$ cm² 的支柱上。因制造不准确，中间柱比边柱短了 Δ=1.5mm，如图所示。试求当时三柱的应力。

第七章

扭　转

【本章要点】

● 圆杆扭转时的应力与强度计算。

● 圆杆扭转时的变形与刚度计算。

● 矩形截面等直杆在扭转时的应力与变形。

扭转变形是杆件的一种基本变形。工程中，有许多承受扭转的杆件，如汽车方向盘的操纵杆、攻丝用丝锥的锥杆等（见图 7-1）。这些杆件的受力及变形特点是：杆件在垂直于轴线的平面内受到外力偶矩作用，杆件各横截面绕轴线发生相对转动（见图 7-2）。扭转时杆件两个横截面相对转动的角度称为相对扭转角，用 ϕ 表示。例如，图 7-2 中的 ϕ_{AB} 即表示 B 截面相对于截面 A 的扭转角。

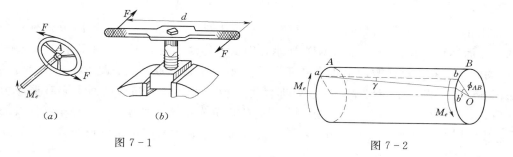

（a）　　　　（b）

图 7-1　　　　　　　　　　　图 7-2

以扭转变形为主的杆件通常称为**轴**。有些杆件，如齿轮转动轴、船舶推进轴、钻机的钻杆、房屋中的雨篷梁，除承受扭转变形外，还伴随有弯曲、拉压等变形。这类组合变形问题将在后面章节讨论。

本章主要研究工程中常见的等直圆杆扭转时的应力、变形和强度、刚度计算。对非圆截面杆的扭转仅介绍其结果。

第一节　薄壁圆筒扭转时的应力

一、薄壁圆管扭转时横截面上的应力

图 7 - 3（a）所示为一等截面的薄壁圆管，壁厚 t 远小于横截面平均半径 $r_0(t/r_0 \leqslant 0.1)$。为了分析圆管扭转时横截面上的应力，首先观察扭转变形现象。圆管扭转变形前，在其表面上画上一系列纵向线和圆周线，形成许多矩形小格，如图 7 - 3（a）所示；在两端施加一对大小相等、转向相反的外力偶矩 M_e 后，可以看到以下变形现象〔见图7 - 3（b）〕：各圆周线的形状、大小和间距均未改变，仅绕轴线作相对转动；各纵向线都倾斜了同一微小角度 γ；矩形小格都歪斜成同样大小的平行四边形。

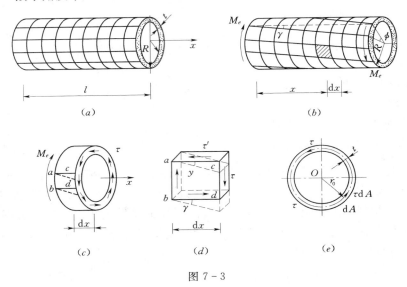

图 7 - 3

若用相距 d_x 的两个横截面和两个径向纵截面从圆管中截出一个单元体 abcd（一个微小的正六面体），如图 7 - 3（c）、（d）所示，则从上述变形现象可知：由于相邻横截面 ab 与 cd 的间距不变，故横截面上不存在正应力。矩形小格变成平行四边形这一现象说明，横截面 ab 与 cd 发生了相对平行错动，即发生了剪切变形，故知横截面上必有**剪应力**作用。所有矩形小格沿圆周切线方向错动所引起的直角改变量，即剪应变都等于纵向线的倾角 γ，故圆周上各点剪应力大小相等，剪应力方向与半径垂直。由于管壁很薄，可以认为剪应力沿壁厚也是均匀分布的。

综上所述，薄壁圆管扭转时横截面上只有垂直于半径且均匀分布的剪应力 τ，其方向与横截面上扭矩 M_x 转向一致。在圆管横截面上取微面积 dA，其上的微内力微 τdA，它对横截面圆心的微内力矩为 $r_0 \tau dA$。由合力矩定理知，横截面上所有微内力矩之和等于截面上的扭矩 M_x，即

$$M_x = \int_A r_0 \tau \, dA = \tau r_0 A = \tau \times 2\pi r_0^2 t$$

由此求得薄壁圆管扭转时横截面上剪应力的计算公式为

$$\tau = \frac{M_x}{2\pi r_0^2 t} \tag{7-1}$$

二、剪应变 γ 与扭转角 ϕ 的关系

设长度为 L 的圆管扭转时端截面 B 与 A 的相对扭转角为 ϕ，表面各点处剪应变为 γ，由图 7-3（b）可以看出 $\gamma l = R\phi$，则

$$\gamma = R\frac{\phi}{l} = R\theta \tag{7-2}$$

其中

$$\theta = \frac{\phi}{l}$$

式中：R 为薄壁圆管的外半径；θ 为单位长度的扭转角。

三、剪应力互等定理

现进一步分析图 7-4 所示单元体的受力情况。设单元体边长分别为 dx、dy 和 t，如图所示。单元体左右两侧面为横截面，作用在该截面上的剪应力大小相等而方向相反，与其相应的剪应力（$\tau t \, dy$）满足平衡条件 $\sum Y = 0$，并组成一个力偶，力偶矩为（$\tau t \, dy \cdot dx$）。因此，在单元体上下两个截面上也必然存在剪应力，并组成一个等值反向的力偶，以保持单元体的平衡。由平衡条件 $\sum x = 0$ 可知，上下两面上剪应力大小应相等，设用 τ' 表示其值，则由平衡条件：

$$\sum M_z = 0: \qquad (\tau' t \, dx)\,dy - (\tau t \, dy)\,dx = 0$$

则

$$\tau' = \tau \tag{7-3}$$

上式表明：在单元体相互垂直的两个平面上，剪应力成对出现，它们大小相等，都垂直于两平面的交线，其方向则共同指向或共同背离此交线。这种关系称为**剪应力互等定理**。图 7-4 所示的单元体，在其四个侧面上只有剪应力而无正应力，其余两个侧面上无任何应力作用，这种应力状态称为纯剪切。当单元体上同时有正应力作用时，剪应力互等定理同样适用。

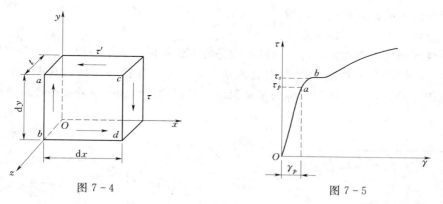

图 7-4　　　　　　　　　　　　　　图 7-5

四、剪切胡克定律

在薄壁圆管扭转实验中，测出加载过程中一组外力偶矩 T 值及相应扭转角 ϕ 值，然后应用式（7-1）和式（7-2）计算相应的剪应力 τ 和剪应变 γ，可得到材料的 $\tau - \gamma$ 曲线。低碳钢的 $\tau - \gamma$ 曲线如图所示，它与低碳钢拉伸时的 $\sigma - \varepsilon$ 曲线相似。试验结果表明：当剪应力未超过材料的剪切比例极限 τ_p 时，剪应力 τ 与剪应变 γ 成正比，这种关系称为**剪切胡克定律**，即

$$\tau = G\gamma \qquad (7-4)$$

表 7-1		几种材料的剪切弹性模量 **G** 值	单位：GPa
材料名称	G	材料名称	G
低碳钢	80	铅	7
铸铁	44	玻璃	22
压延铜	40～45	顺纹木材	0.54
压延铝	26～27		

式中：G 为材料的剪切弹性模量，它的单位与应力相同。

各种材料的 G 值均由试验测定，对于低碳钢，$G=80$GPa。表 7-1 给出了几种常用材料的剪切弹性模量 G 的约值。

图 7-5 所示 τ-γ 曲线上对应于 b 点的应力称为剪切屈服极限，用 τ_s 表示，它是塑性材料的强度指标之一。

五、材料的三个弹性常数 E、G、ν 之间的关系

弹性模量 E、剪切弹性模量 G、泊松比 ν，是表征材料弹性性质的三个常数，其数值均由试验确定。对于各向同性材料，可以证明这三个常数只有两个是独立的，三者之间存在以下关系：

$$G = \frac{E}{2(1+\nu)} \qquad (7-5)$$

第二节　圆轴扭转时的应力与强度计算

一、圆轴扭转时横截面上的剪应力

为了确定圆轴扭转时横截面上应力分布规律、建立应力公式，必须从观察圆轴扭转变形现象入手。综合考虑变形的几何关系、物理关系和静力学关系三个方面。

（一）圆轴的扭转变形现象与平面假设

为了观察圆轴的扭转变形现象，在轴表面画上一系列纵向线和圆周线。扭转后可以看到与薄壁圆管相同的表面变形现象〔见图 7-6（a）〕。即各纵向线倾斜了同一角度 γ，而圆周线的形状、大小和间距均未改变。

根据观察到的表面现象，可以对圆轴内部变形情况做出如下假设：圆轴各横截面在扭转过程中像刚性圆盘一样绕轴线作相对转动，横截面仍保持为平面，其形状、大小均不变，半径仍保持为直线。此假设称为**平面假设**，其正确性得到了试验和弹性理论的验证。

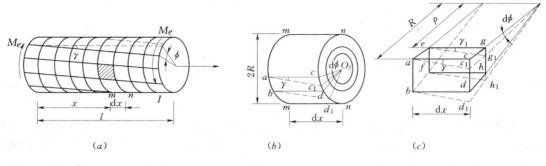

（a）　　　　　　　　（b）　　　　　　　　（c）

图 7-6

由上述变形现象和平面假设可推知，圆轴扭转时横截面上只有剪应力而无正应力。为

了得到剪应力的分布规律，首先分析横截面上的剪应变分布规律。

（二）变形的几何关系

从圆轴中截取长为 $\mathrm{d}x$ 的微段，如图 7-6（b）所示。设该微段端截面间的相对扭转角为 $\mathrm{d}\phi$。根据平面假设，截面 $n—n$ 上的两条半径 O_2c、O_2d 转过了同一角度 $\mathrm{d}\phi$，到达新位置 O_2c_1、O_2d_1。再从微段中取出一楔形体来研究轴内部的变形情况。由此可见，圆轴表面上的 $abcd$ 变成了平行四边形 abc_1d_1，在圆轴内部半径为 ρ 的圆柱上的矩形 $efgh$ 也歪成了平行四边形 efg_1h_1。矩形 $efgh$ 的直角改变量，即圆轴内部半径为 ρ 处在垂直于半径的平面内的剪应变 γ_ρ 为

$$\gamma_\rho = \frac{gg_1}{mn} = \frac{\rho\mathrm{d}\phi}{\mathrm{d}x} = \rho\theta \qquad (a)$$

其中

$$\theta = \frac{\mathrm{d}\phi}{\mathrm{d}x}$$

式中：θ 为单位长度扭转角。

由平面假设可知，对于同一横截面，θ 为常量，故剪应变 γ_ρ 与半径 ρ 成正比，即距圆心等距离的所有点处的剪应变均相等。这就是圆轴扭转时横截面上剪应变的变化规律。

（三）物理关系

根据剪切胡克定律，在弹性范围内，横截面上距圆心为 ρ 的任意点处的剪应力为

$$\tau_\rho = G\rho\theta \qquad (b)$$

上式表明，横截面上任意点处的剪应力 τ_ρ 与该点到圆心的距离 ρ 成正比，即剪应力沿半径按直线规律变化，在圆心处剪应力为零，而在圆周边缘上各点处剪应力最大。由于剪应变 γ_ρ 发生在垂直于半径的平面内，故剪应力 τ_ρ 的方向与半径垂直。实心圆轴横截面上剪应力分布规律如图 7-7（a）所示。此外，根据剪应力互等定理，在径向纵截面上也存在剪应力 τ'，其沿半径的分布规律如图 7-7（b）所示。

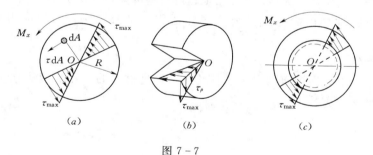

图 7-7

（四）静力学关系

式（b）给出了剪应力分布规律，但还不能用于应力计算，其原因是式中的单位长度扭转角 θ 尚未知道。因此，有必要从静力学方面作进一步分析。在横截面上半径为 ρ 的一点处取一微面积 $\mathrm{d}A$，其上作用的微剪应力为 $\tau_\rho\mathrm{d}A$，它对圆心的微力矩为 $\rho\tau_\rho\mathrm{d}A$。横截面上全部微力矩之和等于截面上的扭矩，即

$$\int_A \rho\tau_\rho\mathrm{d}A = M_x \qquad (c)$$

将式（b）代入上式，得

$$G\theta \int_A \rho^2 \mathrm{d}A = M_x \qquad\qquad (d)$$

式（d）中，积分 $\int_A \rho^2 \mathrm{d}A$ 是与圆截面尺寸有关的几何量，称为横截面对圆心 O 点的极惯性矩，用 I_P 表示，即

$$I_P = \int_A \rho^2 \mathrm{d}A \qquad\qquad (e)$$

代入式（d），可得单位长度扭转角为

$$\theta = \frac{\mathrm{d}\phi}{\mathrm{d}x} = \frac{M_x}{GI_P} \qquad\qquad (7-6)$$

将上式代回式（b），可得圆轴扭转时横截面上任一点的剪应力公式为

$$\tau_\rho = \frac{M_x}{I_P}\rho \qquad\qquad (7-7)$$

最大剪应力发生在圆周边缘（$\rho = R$）各点上，其值为

$$\tau_{\max} = \frac{M_x R}{I_P} \qquad\qquad (f)$$

引入符号 W_P，即抗扭截面模量：

$$W_P = \frac{I_P}{R}$$

则式（f）可改写为

$$\tau_{\max} = \frac{M_x}{W_P} \qquad\qquad (7-8)$$

式（7-6）、式（7-7）和式（7-8）是以平面假设为依据导出的，而该假设只是对等直圆轴才是正确的。因此，这些公式只适用于等直圆轴。此外，在推导中还应用了剪切胡克定律，故这些公式只能在最大剪应力 $\tau_{\max}$ 未超过材料的剪切比例极限 τ_ρ 的条件下适用。

以上由实心圆轴导出的剪应力公式同样适用于空心圆轴，其剪应力分布规律如图 7-7（c）所示。

二、强度条件

圆轴工作时，不允许轴内的最大剪应力 $\tau_{\max}$ 超过材料的许用剪应力 $[\tau]$，故等截面圆轴扭转时的强度条件为

$$\tau_{\max} = \frac{M_{x\max}}{W_P} \leqslant [\tau] \qquad\qquad (7-9)$$

【例 7-1】 已知圆轴横截面上的扭矩 $M_x = 5\mathrm{kN \cdot m}$，材料的许用剪应力 $[\tau] = 50\mathrm{MPa}$。

（1）圆轴为实心轴，直径 $D_1 = 80\mathrm{mm}$，试校核该轴的强度。

（2）若改用内外直径之比 $\alpha = d_2/D_2 = 0.8$ 的空心圆轴，在最大剪应力相等的情况下，试确定空心轴的内外直径，并比较空心轴和实心轴的重量。

解：1. 实心轴的强度校核

圆轴的抗扭截面模量为

$$W_P = \frac{\pi D_1^3}{16} = \frac{\pi \times 80^3 \times 10^{-9}}{16} = 100.5 \times 10^{-6}\mathrm{m}^3$$

截面上的最大剪应力为

$$\tau_{\max} = \frac{M_x}{W_P} = \frac{5 \times 10^3}{100.5 \times 10^{-6}} = 49.7 \text{MPa} < [\tau]$$

故该轴强度足够。

2. 选择空心圆轴的直径并比较空心轴与实心轴的重量

因空心圆轴的最大剪应力与实心圆轴相同，故有

$$\tau_{\max} = \frac{M_x}{W_P} = \frac{5 \times 10^3}{\frac{\pi}{16} D_2^3 [1 - \alpha^4]} = 49.7 \text{MPa}$$

由此解得

$$D_2 = \sqrt[3]{\frac{16 \times 5 \times 10^3}{\pi (1 - 0.8^4) \times 49.7 \times 10^6}} = 95.4 \text{mm}$$

选取空心圆轴的外直径 $D_2 = 96 \text{mm}$，内直径 $d_2 = \alpha D_2 = 0.8 \times 96 = 77 \text{mm}$。

在两轴长度和材料均相同的情况下，两轴的重量比等于它们的横截面面积之比，即

$$\frac{G_2}{G_1} = \frac{A_2}{A_1} = \frac{\frac{\pi}{4}(D_2^2 - d_2^2)}{\frac{\pi}{4} D_1^2} = \frac{96^2 - 77^2}{80^2} = 0.513$$

可见，空心圆轴的重量约为实心轴重量的一半。所以，在强度相同的情况下，采用空心圆轴可以收到显著地减轻自重、节约材料的效果。

第三节　圆杆扭转时的变形与刚度计算

一、扭转角的计算

圆轴的扭转变形可用两个横截面绕轴线的相对扭转角 ϕ 来表示。由式（7-6）可知，相距 $\mathrm{d}x$ 的两个横截面间的相对扭转角为

$$\mathrm{d}\phi = \theta \mathrm{d}x = \frac{M_x}{GI_P} \mathrm{d}x$$

所以相距为 l 的两个横截面间的相对扭转角为

$$\phi = \int_l \mathrm{d}\phi = \int_0^l \frac{M_x}{GI_P} \mathrm{d}x \qquad (7-10)$$

由同一种材料制成的等截面圆轴的 GI_P 为常量，若相距为 l 的两横截面之间一段轴的扭矩 M_x 也为常量，则该两截面间的扭转角为

$$\phi = \frac{M_x l}{GI_P} \qquad (7-11)$$

式（7-11）表明，扭转角 ϕ 与 GI_P 成反比。GI_P 反映了圆轴抵抗扭转变形的能力，称为圆轴的扭转刚度。ϕ 的单位为弧度（rad）。

二、刚度条件

在传动轴的设计中，除须满足强度条件外，还要将轴的变形限制在一定范围内，以保证轴的正常工作。

通常规定最大单位长度扭转角 $\theta_{\max}$ 不得超过规定的单位长度许用扭转角 $[\theta]$，故圆轴

扭转时的刚度条件为

$$\theta_{\max} = \frac{M_{x\max}}{GI_P} \leqslant [\theta] \qquad (7-12)$$

式（7-12）中 $\theta_{\max}$ 的单位为 rad/m。由于工程上 $[\theta]$ 的单位常用 $°/m$ 表示，故式（7-12）改为

$$\theta_{\max} = \frac{M_{x\max}}{GI_P} \times \frac{180}{\pi} \leqslant [\theta] \qquad (7-13)$$

$[\theta]$ 值要根据荷载性质、工作要求和工作条件等因素来确定，可查阅有关的机械设计手册。一般规定如下：

精密机械的轴：$[\theta] = (0.25 \sim 0.50)°/m$；

一般传动轴：$[\theta] = (0.5 \sim 1.0)°/m$；

对精度要求不高的轴：$[\theta] = (1 \sim 2.5)°/m$。

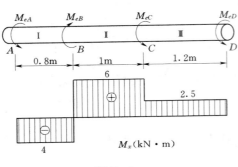

图 7-8

【例 7-2】　已知图 7-8 所示传动轴的直径 $D = 80mm$，外力偶矩 $M_{eA} = 4kN \cdot m$，$M_{eB} = 10kN \cdot m$，$M_{eC} = 3.5kN \cdot m$，$M_{eD} = 2.5kN \cdot m$，材料的许用剪应力 $[\tau] = 80MPa$，单位长度许用扭转角 $[\theta] = 0.3°/m$，材料的剪切弹性模量 $G = 8 \times 10^4 MPa$。

（1）试校核轴的强度和刚度。

（2）若不满足强度或刚度条件，重新选择轴的直径。

（3）求截面 D 与截面 A 之间的相对扭转角 ϕ_{AD}。

解：**1. 画出轴的扭矩图**

由图 7-8 可见，最大扭矩值为 $M_{x\max} = 6kN \cdot m$

2. 校核圆轴的强度和刚度

$$W_P = \frac{\pi D^3}{16} = \frac{\pi \times 80^3 \times 10^{-6}}{16} = 100.5 \times 10^{-6} m^3$$

$$\tau_{\max} = \frac{M_{x\max}}{W_P} = \frac{6 \times 10^3}{100.5 \times 10^{-6}} = 59.7MPa < [\tau] = 80MPa$$

故轴的强度足够。

$$I_P = \frac{\pi D^4}{32} = \frac{\pi \times 80^4 \times 10^{-12}}{32} = 4.02 \times 10^{-6} m^4$$

$$\theta_{\max} = \frac{M_{x\max}}{GI_P} \times \frac{180}{\pi} = \frac{6 \times 10^3}{8 \times 10^{10} \times 4.02 \times 10^{-6}} \times \frac{180}{\pi} = 1.07°/m > [\theta]$$

所以该轴的刚度条件不满足要求。

3. 按刚度条件重选轴的直径

由刚度条件：

$$\theta_{\max} = \frac{M_{x\max}}{GI_P} \times \frac{180}{\pi} = \frac{32M_{x\max}}{G\pi D^4} \times \frac{180}{\pi} \leqslant [\theta]$$

得

$$D \geqslant \sqrt[4]{\frac{32 \times M_{x\max} \times 180}{G\pi^2 [\theta]}} = \sqrt[4]{\frac{32 \times 6 \times 10^3 \times 180}{8 \times 10^{10} \times \pi^2 \times 0.3}} = 110mm$$

为了使轴同时满足强度和刚度要求，可取轴直径 $D=110\text{mm}$。

4. 计算扭转角 ϕ_{AD}

轴的极惯性矩为

$$I_P = \frac{\pi D^4}{32} = \frac{\pi \times (110 \times 10^{-3})^4}{32} = 14.37 \times 10^{-6}\,\text{m}^4$$

由于 AB、BC 和 CD 三段的扭矩 M_x 分别为常量，故可先用式（7-13）分别计算各段轴两端截面间的相对扭转角，然后叠加，即可得到 ϕ_{AD} 为

$$\phi_{AD} = \phi_{AB} + \phi_{BC} + \phi_{CD}$$

$$= \frac{1}{GI_P}(M_{x1}l_1 + M_{x2}l_2 + M_{x3}l_3)$$

$$= \frac{10^3}{8 \times 10^{10} \times 14.37 \times 10^{-6}} \times (-4 \times 0.8 + 6 \times 1 + 2.5 \times 1.2)$$

$$= 5.05 \times 10^{-2}\,\text{rad}$$

【例 7-3】 两端固定的阶梯形圆轴，在 C 处作用有外力偶矩 M_e，如图 7-9（a）所示。设 AC 段轴抗扭刚度为 BC 段轴抗扭刚度的 2 倍，试求轴两端的支座反力偶矩。

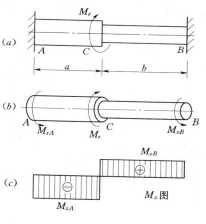

图 7-9

解： 1. 静力平衡方程

解除 A、B 两端的约束，代以支座反力偶矩 M_{xA} 和 M_{xB}，如图 7-9（b）所示。AB 轴的平衡条件为

$$\sum M_x = 0: M_{xA} + M_{xB} - M_e = 0 \tag{1}$$

此轴有两个未知力偶矩，而平衡方程只有一个，故为一次扭转超静定问题，需根据变形协调条件及物理关系建立一个补充方程。

2. 变形协调条件

由于轴两端均为固定端，故 A、B 截面间的相对扭转角为零，即

$$\phi_{AB} = \phi_{AC} + \phi_{CB} \tag{2}$$

AC 段和 BC 段的扭矩 M_{xA} 和 M_{xB}，可根据截面法求得，AB 轴的扭矩图如图 7-9（c）所示。

3. 物理关系

扭矩与扭转角之间的物理关系为

$$\left.\begin{aligned}\phi_{AC} &= \frac{M_{xA}a}{GI_{Pa}} \\[2mm] \phi_{CB} &= \frac{M_{xB}b}{GI_{Pb}}\end{aligned}\right\} \tag{3}$$

4. 补充方程

将式（3）代入式（2），即得到补充方程：

$$-\frac{M_{xA}a}{GI_{Pa}} + \frac{M_{xB}b}{GI_{Pb}} = 0 \tag{4}$$

联立求解式（4）与式（1），并考虑到 $GI_{Pa}/GI_{Pb}=2$，可得

$$M_{xA} = \frac{bI_P}{bI_{Pa}+aI_{Pb}}M_e = \frac{2b}{a+2b}M_e$$

$$M_{xB} = \frac{aI_P}{bI_{Pa}+aI_{Pb}}M_e = \frac{a}{a+2b}M_e$$

第四节　矩形截面等直杆在自由扭转时的应力与变形

　　工程中有时会遇到非圆截面杆受扭转的情况，且以矩形截面常见，如曲轴上的曲柄、房屋建筑中的雨篷梁等。矩形截面杆扭转变形情况如图 7-10 所示。由图可见，横截面不再保持为平面而变为凹凸不平的曲面，即横截面发生了翘曲。因此，平面假设不再适用，以平面假设为依据推导得到的圆轴应力及变形公式，已不能应用于非圆截面杆。

　　若非圆截面杆扭转时各横截面翘曲程度相同，即各横截面能自由翘曲，则横截面上只有剪应力而无正应力，这种扭转称为自由扭转。若各横截面翘曲程度不同，即横截面的翘曲受到约束条件或受力条件的限制时，横截面上既有剪应力又有正应力，这种扭转称为约束扭转。

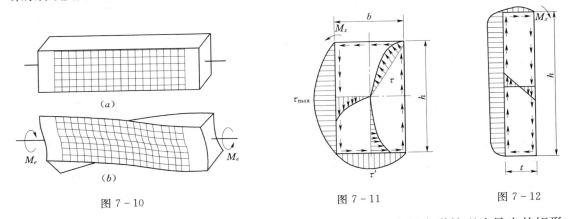

图 7-10　　　　　　　　图 7-11　　　　　　　　图 7-12

　　矩形截面杆的扭转问题不能用材料力学的方法解决。下面介绍由弹性理论导出的矩形截面杆自由扭转时的一些结果。

　　（1）横截面上剪应力分布规律如图 7-11 所示。截面周边上各点剪应力与周边相切（这可用剪应力互等定律来解释），周边各点的剪应力形成与周边相切的顺流，流向与截面上的扭矩转向一致。

　　（2）横截面上四个角点处剪应力为零，在长边中点处有最大剪应力 τ_{max}，在短边中点处的剪应力 τ_1 也较大。应力计算式为

长边中点：
$$\tau_{max} = \frac{M_x}{W_P} = \frac{M_x}{\beta b^3} \tag{7-14}$$

短边中点：
$$\tau_1 = \gamma\tau_{max} \tag{7-15}$$

　　（3）扭转角为
$$\phi = \frac{M_x l}{GI_P} = \frac{M_x l}{G\alpha b^4} \tag{7-16}$$

其中
$$W_P = \beta b^3, \quad I_P = \alpha b^4$$

式中：α、β、γ 均为与比值 h/b（h 和 b 分别为矩形截面的长边和短边边长）有关的系数，其值列于表 7 - 2 中。

表 7 - 2　　　　　　　　　　　　　　矩形截面杆扭转时的系数 α、β、γ

h/b	1.0	1.2	1.5	1.75	2.0	2.5	3.0	4.0	5.0	6.0	8.0	10.0
α	0.141	0.199	0.294	0.375	0.457	0.622	0.790	1.128	1.455	1.789	2.456	3.123
β	0.208	0.263	0.346	0.418	0.493	0.645	0.801	1.128	1.455	1.789	2.456	3.123
γ	1.000	0.935	0.859	0.820	0.795	0.766	0.753	0.745	0.744	0.743	0.742	0.742

$h/b > 10$ 时，截面成为狭长矩形，从表 7 - 2 可见，这时 $\alpha = \beta \approx h/3b$，故上式中的 W_P、I_P 可写为

$$\left.\begin{aligned} W_P &= \frac{1}{3}ht^2 \\ I_P &= \frac{1}{3}ht^3 \end{aligned}\right\} \tag{7-17}$$

式中：t 为狭长矩形的宽度，狭长矩形截面的剪应力分布规律如图 7 - 12 所示。

矩形截面杆的扭转强度条件和刚度条件分别为

$$\left.\begin{aligned} \tau_{\max} &= \frac{M_x}{W_P} = \frac{M_x}{\beta b^3} \leqslant [\tau] \\ \phi_{\max} &= \frac{M_x l}{G I_P} = \frac{M_x}{G\alpha b^4} \leqslant \phi_{\max} \end{aligned}\right\} \tag{7-18}$$

【例 7 - 4】　一薄壁圆管横截面的平均直径 $d_0 = 300\text{mm}$，壁厚 $t = 10\text{mm}$。若沿圆管母线切开一条缝，试求在相应的扭矩作用下其最大剪应力和扭转角比开缝前增大的倍数，并比较开缝前后横截面上剪应力的分布规律。

解：薄壁圆管沿母线切开后，其横截面可看作长度 $h = \pi t_0$，宽度 $b = t$ 的狭长矩形截面，故由式（7 - 17）得

$$I_P = \frac{1}{3}hb^3 = \frac{1}{3}\pi d_0 t^3$$

$$W_P = \frac{1}{3}hb^2 = \frac{1}{3}\pi d_0 t^2$$

而对于开缝前的薄壁圆管，横截面上的剪应力可用式（7 - 1）计算，即

$$\tau = \frac{M_x}{2\pi r_0 t^2} = \frac{M_x}{W_P}$$

于是有

$$W_P = 2\pi r_0^2 t = \frac{1}{2}\pi d_0^2 t$$

$$I_P = W_P \frac{d_0}{2} = \frac{1}{4}\pi d_0^3 t$$

在相同扭矩作用下，两杆的最大剪应力之比为

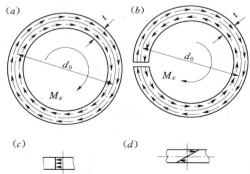

图 7 - 13

$$\frac{(\tau_{max})_{开口}}{(\tau_{max})_{闭口}} = \frac{M_x/W'_P}{M_x/W_P} = \frac{W_P}{W'_P} = \frac{\frac{1}{2}\pi d_0 t}{\frac{1}{3}\pi d_0 t^2} = \frac{3}{2}\frac{d_0}{t} = \frac{3}{2}\times\frac{300}{10} = 45$$

两管的扭转角之比为

$$\frac{\phi_{开口}}{\phi_{闭口}} = \frac{M_x l/GI'_P}{M_x l/GI_P} = \frac{I_P}{I'_P} = \frac{\frac{1}{4}\pi d_0^3 t}{\frac{1}{3}\pi d_0 t^3} = \frac{3}{4}\left(\frac{d_0}{t}\right)^2 = \frac{3}{4}\times\left(\frac{300}{10}\right)^2 = 675$$

可见，薄壁圆管开缝后，其剪应力和扭转角分别为开缝前的 45 倍和 675 倍。

开口和闭口薄壁截面在扭转强度和刚度上差别很大的原因在于横截面上剪应力分布规律的不同。闭口薄壁截面上剪应力沿壁厚均匀分布，形成同向环流，它们对截面形心的力臂较大；开口薄壁截面上剪应力沿壁厚分布不均匀，在中线两侧剪应力方向相反，形成反向环流。它们组成力偶的力臂很小。因此，当两种截面上作用相同扭矩时，开口截面上的剪应力必然远远大于闭口截面上的剪应力。

习　　题

7-1　图示以 200r/min 传动轴的速度匀速转动，轴上装有五个轮子，主动轮 B 输入的功率为 60kW，从动轮 A、C、D、E 输出的功率依次为 18kW、12kW、22kW 和 8kW。试绘出轴的扭矩图。

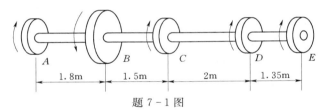

题 7-1 图

7-2　图示实心轴直径 $d=100$mm，长度 $l=1$m，横截面承受的扭矩 $M_x=14$kN·m。设材料的剪切弹性模量 $G=90$GPa。试求 A、B、C 三点的剪应力大小和方向，分别绘出各点的应力单元体图。

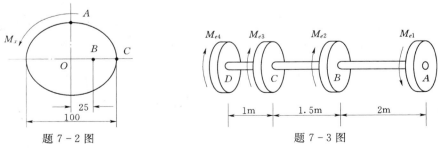

题 7-2 图　　　　　　　　　题 7-3 图

7-3　图示传动轴的直径为 75mm，已知作用在轴上的外力偶矩，$M_{e1}=1.0$kN·m，$M_{e2}=0.6$kN·m，$M_{e3}=0.2$kN·m，$M_{e4}=0.2$kN·m。试求：

（1）作轴的扭矩图。

（2）求轴内的最大剪应力。

（3）若将外力偶 M_{e1} 和 M_{e2} 的作用位置互换，则轴内最大剪应力有无变化？

7－4　实心钢圆轴的直径为 50mm 转速为 250r/min。若钢的许用剪应力 $[\tau]=$ 60MPa，求此轴所能传递的最大功率。

7－5　图示实心轴和空心轴通过牙嵌式离合器连接在一起。已知轴的转速 $n=$ 100r/min，传递的功率 $P=7.4$kW，材料的 $[\tau]=40$MPa。试选择实心轴的直径 d_1 和内外径比值为 1/2 的空心轴的外径 D_2。

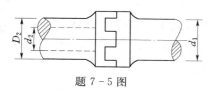

题 7－5 图

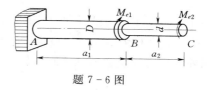

题 7－6 图

7－6　图示阶梯轴的直径比 $D/d=2$，为使两段轴内最大剪应力相等，外力偶矩之比 M_{e1}/M_{e2} 应为多少？

7－7　求题 7－3 中圆轴两端截面的相对扭转角。已知材料的剪切弹性模量 $G=80$GPa。

7－8　有一圆截面杆 AB 如图所示，左端为固定端，受分布扭转力偶矩 q(kN·m/m)作用。试导出该杆 B 端扭转角 ϕ 的公式。

7－9　有一钢圆轴，长度 $l=1$m，轴上作用外力偶 $M_e=18$kN·m。设钢的许用剪应力 $[\tau]=$ 40MPa，单位长度许用扭转角 $[\theta]=0.3°$/m，剪切弹性模量 $G=80$GPa，试确定轴直径 d。

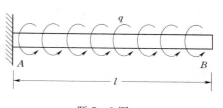

题 7－8 图

7－10　为了使实心圆轴的重量减轻 20%，用外径为内径两倍的空心圆轴代替。如实心圆轴内最大剪应力等于 60MPa，则空心轴内最大剪应力等于多少？

7－11　图示一外直径为 100mm、内直径为 80mm 的空心圆轴，与一直径为 80mm 的实心圆轴用键连接。主动轮 A 输入功率 $P_1=150$kW，从动轮 B、C 输出功率分别为 $P_2=$ 75kW，$P_3=75$kW。轴的转速 $n=300$r/min，许用剪应力 $[\tau]=45$MPa，键的尺寸为 10mm×10mm×30mm，许用剪应力 $[\tau]_1=100$MPa，许用挤压应力 $[\sigma_c]=280$MPa。试求：

（1）校核空心轴和实心轴的强度。

（2）求所需键的个数 m。

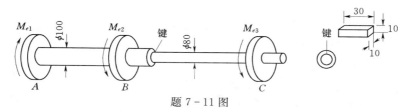

题 7－11 图

7－12　图示传动轴的直径 $d=320$mm，今用实验方法测得表面上一点沿 45°方向的应力 $\sigma_{max}=91$MPa。试求轴所承受的扭转力偶矩 M_e。

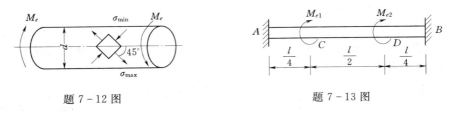

题 7 - 12 图
题 7 - 13 图

7 - 13　两端固定圆杆，受外力偶矩 M_{e1}、M_{e2} 作用，如图所示。已知 $M_{e1}=2M_{e2}$，试作杆的扭矩图。

7 - 14　图示圆截面杆，两端固定，在截面 B 处承受外力偶矩 M_e 作用。此杆 AB 段为实心圆截面，直径为 d_1，BC 段为空心圆截面，外直径为 d_2、内直径为 d_1。试导出使 A 和 C 端处的反力偶矩数值相等时比值 a/l 的表达式。

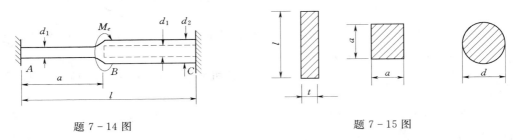

题 7 - 14 图
题 7 - 15 图

7 - 15　如图所示的矩形、正方形及圆形截面杆，材料及截面面积均相同。试求三杆所能承受的扭矩之比。

第八章

平面弯曲

【本章要点】

● 梁弯曲时的弯曲正应力及正应力的计算。
● 梁弯曲时的剪应力及剪应力的计算。
● 梁弯曲时的强度条件及强度计算。
● 梁弯曲时的变形计算及刚度条件。

前面我们讨论了杆件在拉压及扭转变形的有关问题，在第五章第四节讨论了梁的内力，同样我们也要讨论梁的强度问题，并且还要研究梁的变形及刚度条件。

如图 8-1（a）所示简支梁，梁上对称地作用两个集中力 F，并在梁的纵向对称平面内，用前述作内力图的方法不难作出剪力图和弯矩图，如图 8-1（b）、（c）所示。

可以看出，在靠近支座的 AC 和 DB 两段内，梁横截面上既有弯矩又有剪力，在 CD 段内，梁横截面上剪力等于零，只有弯矩存在，且弯矩等于常数。

梁横截面上既有剪力又有弯矩的弯曲称为**横力弯曲**（或称为**剪切弯曲**）。横截面上只有弯矩而没有剪力，且弯矩等于常数的弯曲称为**纯弯曲**。

工程中梁的横截面常采用对称形状，如矩形、工字形等，并且所有荷载都作用在梁的纵向对称平面内。在这种情况下，梁变形时其轴线变成位于对称平面内的一条平面曲线。这种受弯杆件的轴线为平面曲线时的弯曲称为**平面弯曲**（或称为对称弯曲）。

但有些梁的横截面无纵向对称面，或者虽有纵向对称面，荷载并不作用在纵向对称面内，这种类型的弯曲称为非对称弯曲。本章主要讨论对称弯曲。

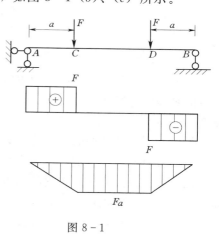

图 8-1

第一节　梁内正应力及正应力强度计算

一、纯弯曲时梁横截面上的正应力

通过梁的内力计算和内力图的绘制，可以确定最大内力值及其所在截面，也就是确定了危险截面的位置。若要进行强度计算，还需要进一步确定截面上的应力。下面来研究横截面上的应力分布规律和应力计算公式。

首先讨论梁在纯弯曲时的正应力。我们从几何、物理和静力平衡条件这三个方面进行研究，通过试验，观察变形，提出假设，再进行理论推导，找出应变沿横截面的变化规律，进而即可得到应力在横截面上的分布规律。

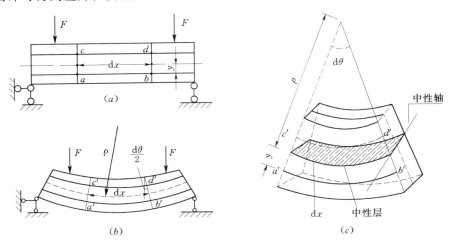

图 8-2

（一）几何条件

若取一根细长的矩形截面橡皮梁进行纯弯曲试验，试验前在梁的表面画上一些与梁轴平行的纵线和与纵线垂直的横向线，纵、横线构成网格状，然后使梁发生纯弯曲变形，如图 8-2 所示。

可以看到，纯弯曲时的变形现象如下所述：

（1）各纵向线均变成了曲线，且上面部分纵向线缩短，下面部分纵向线伸长。

（2）各横向线变形后仍保持为直线，只是相邻两横向线相对转了一个角度。变形后的横向线与纵向曲线仍保持垂直。

（3）矩形截面变形后宽度变得上窄下宽。

由此，提出如下假设：

（1）梁的各个横截面在变形后仍保持为平面，并垂直于变形后的轴线，即弯曲变形的平面截面假设。

（2）纵向纤维之间无挤压作用，各纵向纤维均处于单向受拉或受压状态。

在纵向纤维由缩短区过渡到伸长区之间，必有一层纵向纤维既不伸长也不缩短，保持原来的长度，这一纵向纤维层称为中性层。在中性层上，应变为零。中性层与横截面的交线称为中性轴。显然，每一横截面都有一中性轴，所有这些中性轴组合在一起就是中性层，如图 8-2（c）所示。

对于有竖向对称轴的截面，可以证明，中性轴过截面形心并与竖向对称轴垂直。

由平面截面假设可知，纵向线应变沿梁高按直线规律变化，即中性层的线应变为零，中性层以下的线应变为拉应变，中性层以上的线应变为压应变，大小与到中性层的距离成正比。也就是说，梁的下表面拉应变最大，上表面压应变最大。

由图 8-2 可得以下几何关系：

$$\varepsilon = \frac{a'b' - \mathrm{d}x}{\mathrm{d}x} = \frac{(\rho + y)\mathrm{d}\theta - \rho\mathrm{d}\theta}{\rho\mathrm{d}\theta} = \frac{y}{\rho} \qquad (a)$$

式中：ε 为纵向线应变；y 为距中性层的高度；ρ 为中性层的曲率半径。

式（a）就是线应变随纤维所在位置而变化的规律。在所取定的横截面处，式（a）中 ρ 为常数，故线应变 ε 与纤维到中性层的距离 y 成正比。当 $y=0$ 时，即在中性层上，线应变 ε 为零。

（二）物理关系

根据假设（2），将式（a）代入胡克定律 $\sigma = E\varepsilon$ 得

$$\sigma = E\frac{y}{\rho} \qquad (b)$$

式（b）表明，弯曲时任意纵向纤维的正应力与它到中性层的距离成正比，即横截面上任一点的正应力与该点到中性轴的距离成正比。

在中性轴上，因 $y=0$，所以正应力为零。中性轴以下，线应变为正，所以各点的应力为正应力（拉应力）。中性轴以上各点的应力为负应力（压应力）。各点应力的绝对值与该点到中性轴的距离成正比，如图 8-3 所示。

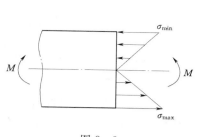

图 8-3

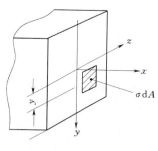

图 8-4

（三）静力关系

如图 8-4 所示，在横截面内任意一点（y, z）处取微面积 $\mathrm{d}A$，其上作用着垂直截面的微内力 $\sigma\mathrm{d}A$，在纯弯曲的情况下，横截面上轴力 $N=0$，对 y 轴之矩 $M_y=0$，对 z 轴之矩 $M_z=M$，故有

$$\int_A y\sigma\mathrm{d}A = M \qquad (c)$$

将物理关系代入式（c）得

$$\int_A E \frac{y^2}{\rho} \mathrm{d}A = \frac{E}{\rho} \int_A y^2 \mathrm{d}A = \frac{E}{\rho} I_z = M$$

则

$$\frac{1}{\rho} = \frac{M}{EI_z} \tag{8-1}$$

其中

$$I_z = \int_A y^2 \mathrm{d}A$$

式中：I_z 为截面对中性轴 z 的惯性矩。

所以有

$$\sigma = \frac{My}{I_z} \tag{8-2}$$

式（8-2）便是横截面上任一点的正应力计算公式。

公式中拉应力为正，压应力为负，当弯矩为正时，梁下部纤维伸长，产生拉应力；上部纤维缩短产生压应力。当弯矩为负时，则与之相反。在用式（8-2）计算应力时，M、y 也可代以绝对值，应力的拉、压由观察来判断。

y 值最大时就产生最大应力，当中性轴为横截面的对称轴时，令 $W_z = I_z/y_{max}$，并称为弯曲**截面系数**，则横截面上的最大正应力公式为

$$\sigma_{max} = \frac{M}{W_z} \tag{8-3}$$

由截面对中性轴的惯性矩的定义 $I_z = \int y^2 \mathrm{d}A$ 及弯曲截面系数的定义 $W_z = I_z/y_{max}$ 可知：

圆截面：

$$I_z = \frac{\pi d^4}{64}, \quad W_z = \frac{\pi d^3}{32}$$

矩形截面：

$$I_z = \frac{bh^3}{12}, \quad W_z = \frac{bh^2}{6}$$

空心圆截面：

$$I_z = \frac{\pi D^4}{64}(1-\alpha^4), \quad W_z = \frac{\pi D^3}{32}(1-\alpha^4)$$

其中

$$\alpha = d/D$$

式中：α 为圆环截面的内、外直径之比。

对于型钢，I_z、W_z 可查阅型钢表。

二、正应力计算公式的限制与推广

横力弯曲，即横截面上同时存在剪力和弯矩，由于剪力的存在，横截面上产生剪切变形，使横截面发生翘曲，不能保持平面。同时由于横向力的作用，使纵向纤维产生相互挤压，这样横截面上各点就不再处于单向受力状态。从理论上讲，纯弯曲的应力公式不能应用，但由弹性力学分析结果表明：当梁的跨度大于梁横截面高度的 5 倍（即 $l>5h$，l 为梁的跨度，h 为梁的高度）时，剪应力和挤压应力对横截面上各点的弯曲正应力的影响很小，可以忽略不计，所以以上应力公式适用于下述条件：

（1）小变形。

（2）材料处于比例极限范围内。

（3）纯弯曲或 $l>5h$ 的横力平面弯曲的梁。

（4）直梁或小曲率的曲梁（$\rho>5h$）。

也就是说，当梁弯曲时并满足以上四个条件，纯弯曲的公式可以推广并加以应用。

【例 8-1】　如图 8-5 所示一简支梁，梁上作用有均布荷载 $q=2\text{kN/m}$，梁的跨度 $l=4\text{m}$，横截面为矩形，尺寸如图所示。试计算梁内弯矩最大截面上的最大正应力和弯矩最大截面上 k 点的正应力。

解： 1. 求梁内最大弯矩

因为梁的最大弯矩发生在梁的中点，所以最大弯矩值为

$$M_{max}=\frac{1}{8}ql^2=\frac{1}{8}\times2\times4^2=4\text{kN}\cdot\text{m}$$

2. 求梁内弯矩最大截面上的最大正应力

由矩形截面的尺寸可知弯曲截面系数为

$$W_z=\frac{bh^2}{6}=\frac{40\times80^2}{6}=42.67\times10^3\text{mm}^3$$

所求最大应力为

$$\sigma_{max}=\frac{M_{max}}{W_z}=\frac{4\times10^3}{42.67\times10^3\times10^{-9}}=93.7\times10^6\text{Pa}=93.7\text{MPa}$$

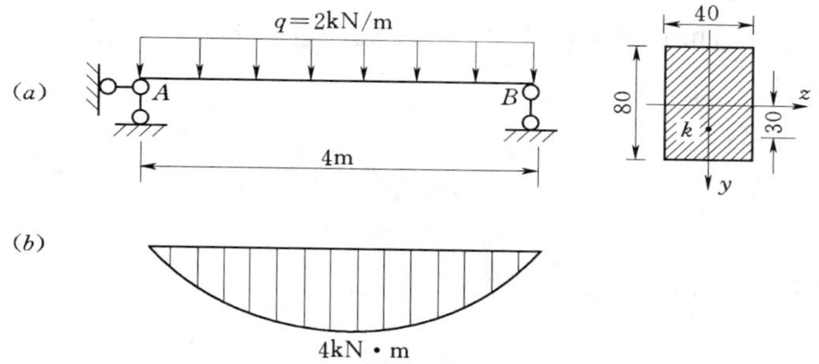

图 8-5

3. 求 k 点的正应力

矩形截面对 z 轴的惯性矩为

$$I_z=\frac{bh^3}{12}=\frac{40\times80^3}{12}=1.707\times10^6\text{mm}^4$$

由式（8-2）知

$$\sigma_k=\frac{My}{I_z}=\frac{4\times10^3\times30\times10^{-3}}{1.707\times10^6\times10^{-12}}=70.3\times10^6\text{Pa}=70.3\text{MPa}$$

k 点的应力也可以根据横截面上应力的分布规律，按照比例关系确定，因为应力在横截面上成线性分布，在 z 轴上应力为 0，在下边缘处应力最大，所以有

$$\sigma_k=\frac{3}{4}\sigma_{max}=\frac{3}{4}\times93.7=70.3\text{MPa}$$

可见，计算结果与直接用式（8-2）算得的结果是完全相同的。

三、梁的弯曲正应力强度条件

上述讨论可知，梁弯曲时其最大应力发生在梁的上、下边缘处，由于在边缘处，材料处于单向拉伸和压缩状态。这样，为了保证梁的安全，就可以按照轴向拉压时强度条件的

形式，来建立梁的正应力的强度条件：

$$\sigma_{\max} = \frac{M_{\max}}{W_z} \leqslant [\sigma] \tag{8-4}$$

式中：$[\sigma]$ 为弯曲时的允许正应力。

对于塑性材料，其允许弯曲拉应力与允许弯曲压应力相同。对于脆性材料，其允许弯曲压应力要远大于允许弯曲拉应力，这时，拉和压的最大应力都应不超过各自的允许应力。

与轴向拉、压时的情况一样，运用式（8-4）可以进行以下三方面的强度计算。

（一）强度校核

当已知梁的材料，截面尺寸和形状及荷载情况时，可由式（8-4）校核梁是否满足强度条件。

（二）设计截面

当已知梁的材料和荷载情况时，可由下式确定弯曲截面系数：

$$W_z \geqslant \frac{M_{\max}}{[\sigma]} \tag{8-5}$$

在确定了 W_z 后，即可按所选择的截面形状，进一步确定截面尺寸。当选用型钢时，可按型钢表确定型钢型号。

（三）确定允许荷载

当已知梁的材料及截面尺寸时，可根据下式计算梁所能承受的最大弯矩 $M_{\max}$：

$$M_{\max} \leqslant [\sigma] W_z \tag{8-6}$$

然后根据最大弯矩与荷载的关系，计算出允许荷载的大小。

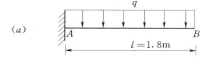

图 8-6

【例 8-2】 如图 8-6（a）所示为一受均布荷载的悬臂梁，梁的长度 $l = 1.8$m，梁截面的直径 $d = 30$mm，允许弯曲应力 $[\sigma] = 150$MPa。试确定沿梁每米长度上能够承受的最大荷载 q。

解：1. 作弯矩图

悬臂梁的弯矩图如图 8-6（b）所示。梁上的最大弯矩值为

$$M_{\max} = \frac{ql^2}{2} = \frac{q \times 1.8^2}{2} = 1.62q \ \text{N} \cdot \text{m} \tag{1}$$

2. 求弯曲截面系数

梁的弯曲截面系数为

$$W_z = \frac{\pi d^3}{32} \approx 0.1 d^3 = 0.1 \times 30^3 = 2700 \text{mm}^3 = 2.7 \times 10^{-6} \text{m} \tag{2}$$

3. 求最大荷载

由式（8-6）确定最大弯矩 $|M|_{\max}$ 为

$$M_{\max} \leqslant [\sigma] W_z = 150 \times 10^6 \times 2.7 \times 10^{-6} = 405 \text{N} \cdot \text{m} \tag{3}$$

比较式（1）和式（3）的结果可以得到 $1.62q = 405$，则

$$q = 250 \text{N/m}$$

即梁上作用的均布荷载 $q \leqslant 250N/m$，就能满足强度要求。

【例 8-3】 如图 8-7（a）所示外伸梁上面作用一已知荷载 20kN，梁的尺寸如图所示，梁的横截面采用工字钢，允许应力 $[\sigma] = 60MPa$。试选择工字钢的型号。

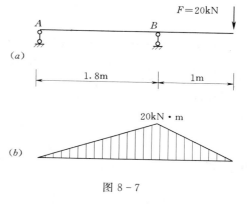

图 8-7

解： 1. 作弯矩图

外伸梁的弯矩图如图 8-7（b）所示。

梁上的最大弯矩值为

$$M_{max} = 20 \times 1 = 20 kN \cdot m$$

2. 求弯曲截面系数并选择工字钢的型号

由式（8-5）可以确定弯曲截面系数为

$$W_z \geqslant \frac{M_{max}}{[\sigma]} = \frac{20 \times 10^3}{60 \times 10^6} = 0.333 \times 10^{-3} m^3 = 0.333 \times 10^{-3} \times (10^2)^3 cm^3 = 333 cm^3$$

查型钢表知，22b 号工字钢的 $W_z = 325 cm^3$，虽然它比要求的弯曲截面系数小 $(333-325)/333 = 0.024 = 2.4\%$，但一般在设计中，偏差不大于 5% 是允许的。

所以应选型号为 22b 号工字钢。

【例 8-4】 如图 8-8 所示一 T 形铸铁托架，截面尺寸如图所示，自由端受有一集中力 $F = 5kN$，梁上作用有均布荷载 $q = 4kN/m$，梁的长度 $l = 0.5m$，允许应力 $[\sigma]_压 = 120MPa$，$[\sigma]_拉 = 40MPa$，试校核托架的强度。

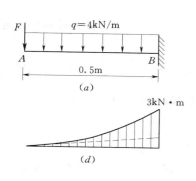
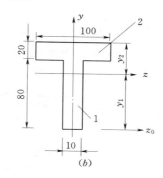
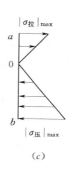

图 8-8

解： 1. 作应力分布图和弯矩图

悬臂梁截面上的应力分布图和弯矩图如图 8-8（c）、（d）所示。

2. 确定 T 形截面的形心位置

截面有一对称轴 y，所以截面形心必在 y 轴上，为求形心的位置，选一参考轴 z。如图 8-8（b）所示。可分别求出腹板与翼缘的面积，以及各面积在 $y-z_0$ 坐标系中的形心坐标。

腹板：面积为 $80 \times 10 = 800 mm^2$，形心坐标为 40mm。

翼缘：面积为 $20 \times 100 = 2000 mm^2$，形心坐标为 90mm。

用形心公式，可得

$$y_1 = \frac{\sum A_i Y_i}{\sum A_i} = \frac{800 \times 40 + 2000 \times 90}{800 + 2000} = 75.7 \text{mm}$$

故有

$$y_2 = 100 - y_1 = 24.3 \text{mm}$$

3. 确定 T 形截面对水平形心轴 z 的惯性矩 I_z

利用移轴公式分别求出腹板和翼缘对轴 z 的惯性矩。

腹板：$\quad I_1 = \frac{10 \times 80^3}{12} + 800 \times 35.7^2 = 1.45 \times 10^6 \text{mm}^4$

翼缘：$\quad I_2 = \frac{100 \times 20^3}{12} + 2 \times 10^3 \times 14.3^2 = 4.8 \times 10^5 \text{mm}^4$

相加后得

$$I_z = I_1 + I_2 = 1.45 \times 10^6 + 4.8 \times 10^5 = 1.93 \times 10^6 \text{mm}^4$$

4. 校核强度

固定端弯矩最大，其值为

$$|M|_{\max} = Fl + \frac{q}{2}l^2 = 5 \times 0.5 + \frac{1}{2} \times 4 \times 0.5^2 = 3 \text{kN} \cdot \text{m}$$

截面上边缘受拉，最大拉应力为

$$\sigma_{\max}^{+} = \frac{M_{\max}}{I_z} y_2 = \frac{3 \times 10^3}{1.93 \times 10^6 \times (10^{-3})^4} \times 24.3 \times 10^{-3} = 37.8 \times 10^6 \text{Pa} = 37.8 \text{MPa} < [\sigma]_{拉}$$

截面下边缘受压，最大压应力为

$$\sigma_{\max}^{-} = \frac{M_{\max}}{I_z} y_1 = \frac{3 \times 10^3}{1.93 \times 10^6 \times (10^{-3})^4} \times 75.7 \times 10^{-3} = 117.7 \times 10^6 \text{Pa} = 117.7 \text{MPa} < [\sigma]_{压}$$

所以，该托架满足强度条件。

注意：按上述正应力强度条件选择截面尺寸有时是不够的，当梁比较短时，还应考虑是否满足下面将要讲的剪应力强度条件等。

第二节 梁内剪应力及剪应力强度条件

本节所指的剪应力是横截面上的剪力的分布集度。

梁在荷载作用下的内力，不仅有弯矩，通常还有剪力。前面讨论了与弯矩 M 对应的正应力的计算问题，以及梁弯曲时正应力强度条件，通常正应力是支配梁强度计算的主要因素，但如果梁比较短或截面窄而高时，其剪应力可能达到相当大的数值，这时很有必要进行剪应力的强度计算。本节讨论与剪力 Q 对应的剪应力计算问题，进而导出梁弯曲时剪应力的强度条件。

可以证明，横截面上距中性轴 y 处横线上各点的剪应力为

$$\tau = \frac{Q s_z}{I_z b} \tag{8-7}$$

式中：Q 为横截面上的剪力；I_z 为整个横截面对中性轴 z 的惯性矩；b 为横截面在所求剪应力处的宽度；s_z 为横截面上剪应力 τ 所在位置至边缘部分的面积对中性轴的静矩。

一、矩形截面梁

在高为 h、宽为 b 的矩形截面上，有剪力 Q 沿 y 轴方向作用。可以证明，矩形梁横截面上剪应力的分布有以下规律：

（1）截面上每一点处的剪应力 τ 都与剪力 Q 平行而且指向与 Q 相同。

（2）离中性轴 z 等距离的各点上，剪应力 τ 的大小相等。

（3）剪应力的大小沿截面高度 h 按二次抛物线的规

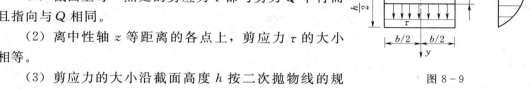

图 8-9

律变化，如图 8-9 所示，当 $y=\pm h/2$ 时，$\tau=0$；当 $y=0$ 时，即在中性轴处剪应力最大，其值可用公式（8-7）求出如下：

$$I_z = \frac{bh^3}{12}$$

$$S_z = \left(b\,\frac{h}{2}\right)\frac{h}{4} = \frac{bh^2}{8}$$

所以，中性轴上的剪应力为

$$\tau = \frac{Q\,\dfrac{bh^2}{8}}{\dfrac{bh^3}{12}\,b} = \frac{3Q}{2bh}$$

$$\tau_{max} = \frac{3}{2}\,\frac{Q}{A} \qquad\qquad (8-8)$$

其中

$$A = bh$$

式中：A 为矩形截面的面积。

由式（8-8）可以看出，矩形截面梁的最大剪应力为截面上平均剪应力的 3/2 倍。

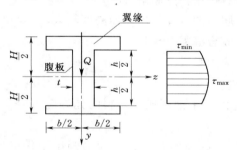

图 8-10

二、工字形截面梁

工字形截面梁在工程中是经常遇到的。通常工字形截面是由上下各一条横板和中间一条竖板组合而成的，横板称为**翼缘**，竖板称为**腹板**。

试验表明，翼缘主要承受正应力，而剪应力主要由腹板来承受，且剪应力按抛物线规律变化，如图 8-10 所示，在中性轴上达到最大值：

$$\tau_{max} = \frac{QS_z}{I_z t} \qquad\qquad (8-9)$$

式中：S_z 为中性轴以上或以下部分（包括翼缘）面积对中性轴的静矩；I_z 为整个截面对 z 轴的惯性矩；t 为腹板厚度。

三、圆形截面梁

圆形截面的梁多见于各种圆轴。圆形截面上的最大剪应力也发生在中性轴处，其最大值可用式（8-7）求出如下：

$$d = 2R$$

$$I_z = \frac{\pi d^4}{64} = \frac{\pi R^4}{4}$$

半圆的面积为$\pi R^2/2$，可以求出半圆的形心距圆心的位置为$4R/3\pi$，故

$$S_z = \frac{\pi R^2}{2}\,\frac{4R}{3\pi} = \frac{2}{3}R^3$$

所以，中性轴上的剪应力为

$$\tau = \frac{QS_z}{I_z b} = \frac{Q \times \dfrac{2}{3}R^3}{\dfrac{\pi R^4}{4} \times 2R} = \frac{4Q}{3\pi R^2}$$

故
$$\tau_{max} = \frac{4Q}{3A} \tag{8-10}$$

式中：A 为横截面面积。

可见，圆形截面最大剪应力值为截面上平均剪应力的 4/3 倍。

四、梁的剪应力的强度校核

梁的剪应力也与梁的正应力一样不能太大，如果剪应力超过材料的许可限度，就会导致发生剪切破坏，因此应进行验算。

梁截面上的最大剪应力与其剪力有关。在进行剪应力强度计算时，把剪力最大的截面称为危险截面。而剪应力的最大值又发生在该截面的中性轴上。因此，剪应力强度计算的危险点是在剪力（绝对值）最大截面的中性轴上。

显然，横力弯曲梁剪应力的强度条件应为

$$\tau_{max} \leqslant [\tau] \tag{8-11}$$

式中：$[\tau]$ 为材料的允许剪应力。

一般弯曲若能满足正应力条件，则也能满足剪应力条件。但下列几种情况，需要进行剪应力强度校核：

（1）梁内剪力数值相对较大。如跨度较短或荷载作用在支座附近时。

（2）腹板较薄的梁，如焊接的工字形截面梁，腹板的厚度较薄，而高度较大。

（3）焊接或胶合而成的组合截面梁，其焊缝或胶合缝需要校核。

（4）木梁沿顺纹方向抗剪强度较差，应校核剪应力强度。

【例 8-5】　如图 8-11（a）所示的外伸梁，由工字钢制成，材料的允许应力$[\sigma]=160\text{MPa}$，$[\tau]=90\text{MPa}$，试选择工字钢型号。

解：因为该梁的跨度较小，荷载离支座比较近，故在满足弯曲正应力强度条件的同时，也应满足剪应力强度条件。

1. 求支座反力

$$R_{Ay} = 34\text{kN}　（\uparrow）$$
$$R_B = 111\text{kN}（\uparrow）$$

2. 作剪力图和弯矩图

作剪力图和弯矩图，并求出最大剪力和最大弯矩值，如图 8-11（b）、（c）所示。

$$Q_{max} = 56\text{kN}$$
$$M_{max} = 17\text{kN} \cdot \text{m}$$

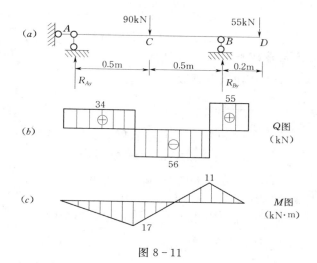

图 8 – 11

3. 由弯曲正应力强度条件选择工字钢的型号

根据正应力强度条件，求梁的弯曲截面系数为

$$W_z \geqslant \frac{M_{\max}}{[\sigma]} = \frac{17 \times 10^3}{160 \times 10^6} = 106.25 \times 10^{-6} \text{m}^3 = 106.25 \text{cm}^3$$

可选 14 号工字钢：$W_z = 102 \text{cm}^3$，腹板厚度 $t = 5.5\text{mm}$，$I_z/S_z = 12\text{cm} = 120\text{mm}$。这里，虽然 14 号工字钢的 $W_z = 102 < 106.25 \text{cm}^3$，但是相差不足 5%，故仍认为其满足强度条件。

4. 按剪应力强度条件校核

将上述有关数据代入式（8-10）可算出最大剪应力为

$$\tau_{\max} = \frac{QS_z}{I_z t} = \frac{Q}{t(I_z/S_z)} = \frac{56 \times 10^3}{5.5 \times 120} = 84.8\text{MPa} < [\tau]$$

所以，满足剪应力强度条件，即满足式（8-12）。

故选择 14 号工字钢可同时满足弯曲正应力强度条件和弯曲剪应力强度条件。

【例 8 – 6】　试选择图 8 – 12（a）所示简支梁的矩形截面尺寸。已知截面的尺寸比例为 $b : h = 3 : 4$，允许拉应力为 $[\sigma] = 10\text{MPa}$，允许剪应力 $[\tau] = 2.5\text{MPa}$，梁的跨度 $l = 2\text{m}$，荷载 $F = 98\text{kN}$，两荷载间的间距为 1.6m。

解：1. 求支座反力

$$R_{Ay} = 98\text{kN} \quad (\uparrow)$$
$$R_B = 98\text{kN} \quad (\uparrow)$$

2. 作剪力图和弯矩图

作剪力图和弯矩图如图 8 – 12（b）、（c）所示

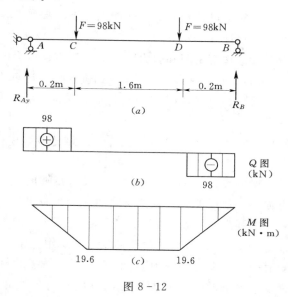

图 8 – 12

$$Q_{max} = 98\text{kN}$$
$$M_{max} = 19.6\text{kN} \cdot \text{m}$$

3. 按正应力强度条件设计截面

由式（8-5），求得梁的弯曲截面系数为

$$W_z \geqslant \frac{M_{max}}{[\sigma]} = \frac{19.6 \times 10^3}{10 \times 10^6} = 1.96 \times 10^{-3}\text{m}^3 = 1.96 \times 10^3\text{cm}^3$$

对矩形截面 $W_z = bh^2/6 = 1.96 \times 10^3$，并且由已知条件知 $b:h = 3:4$，则可得

$$h = 25.03\text{cm}, \quad b = 18.77\text{cm}$$

取

$$h = 25\text{cm}, \quad b = 19\text{cm}$$

4. 按剪应力强度条件进行校核

由 $Q_{max} = 98\text{kN}$，梁的横截面积为 $25 \times 19 = 475\text{cm}^2$，则梁内最大剪应力为

$$\tau = \frac{3}{2}\frac{Q_{max}}{A} = \frac{3}{2} \times \frac{98 \times 10^3}{475 \times 10^{-4}} = 3.09 \times 10^6\text{Pa} = 3.09\text{MPa} > [\tau] = 2.5\text{MPa}$$

所以不满足剪应力强度条件，即截面采用 25cm×19cm 的尺寸太小，应按剪应力强度条件重新设计。

5. 按剪应力强度条件重新设计截面尺寸

由剪应力强度条件 $\tau_{max} = \frac{3}{2}\frac{Q_{max}}{A} \leqslant [\tau]$ 可得

$$A \geqslant \frac{3}{2}\frac{Q_{max}}{[\tau]} = \frac{3}{2} \times \frac{98 \times 10^3}{2.5 \times 10^6} = 0.0588\text{m}^2 = 588\text{cm}^2$$

注意到 $A = bh = 588\text{cm}^2$，$b:h = 3:4$，可得

$$h = 28\text{cm}, \quad b = 21\text{cm}$$

显然，这个截面尺寸对梁弯曲的正应力强度条件是一定满足的。

一般来讲，梁的弯曲问题的计算步骤如下：

（1）计算支座反力。

（2）作弯矩图和剪力图，标出弯矩、剪力的最大值和最小值。

（3）用 $\sigma_{max} = M_{max}/W_z \leqslant [\sigma]$ 进行强度计算或截面设计或确定最大荷载。

（4）必要时，用 $\tau_{max} \leqslant [\tau]$ 验算剪应力强度条件。

第三节   梁的合理截面及变截面梁

梁的设计，一方面要保证梁具有足够的强度，使梁在荷载作用下能安全地工作；另一方面还要使梁能充分发挥材料的潜能，减少材料用量，以降低梁的成本。

由强度条件 $\sigma_{max} = M_{max}/W_z \leqslant [\sigma]$ 可知，要提高强度，可以减小 M_{max}，增大 W_z 或增大 $[\sigma]$。也就是说，梁的弯曲强度与其所用材料，横截面的形状和尺寸，以及外力引起的弯矩有关。若要提高 $[\sigma]$ 值，必须使用较昂贵的材料，这样并不经济。因此，为了提高梁的强度应该从两个方面来考虑，一是采用合理截面，提高 W_z 值；二是合理布置支座及荷载，降低 M_{max} 值。具体有以下几种措施。

一、选择合理的截面形状

从弯曲强度方面考虑，梁内最大工作应力与弯曲截面系数 W_z 成反比，W_z 值越大，梁能够抵抗的弯矩也越大。因此，经济合理的截面形状应该是在截面面积相同的情况下，取得最大弯曲截面系数的截面。

对矩形截面，如矩形的高为 h，宽为 b，则它的截面系数为

$$W_z = \frac{bh^2}{6} = \frac{1}{6}Ah$$

当截面面积 A 相同时，高度 h 越大，W_z 越大，因此也就越经济合理。也就是说，当一个矩形截面的梁，若长边为 h，短边为 b，竖放要比平放时抗弯强度大，因为竖放时，$W_z = bh^2/6 = Ah/6$，平放时，$W_z = b^2h/6 = Ab/6 < Ah/6$。

总之，在截面面积 A 相同的情况下，截面弯曲截面系数 W_z 从大到小的顺序是：工字形、矩形、正方形和圆。

以上只是从强度这一角度来考虑的，这是通常用以确定合理截面形状的主要因素，此外，还应综合考虑梁的刚度、稳定性，以及制造、使用等诸方面的因素，才能真正保证所选截面的合理性。

二、改善受力情况

提高梁强度的另一重要途径是合理安排梁的约束和加载方式，以减小 M_{max} 的绝对值，从而达到提高梁的承载能力的目的。

（一）合理布置支座位置

如图 8-13 (a)、(b) 所示，如长为 l 的简支梁受均布荷载 q 的作用，梁的最大弯矩为

$$M_{max} = \frac{ql^2}{8}$$

如果将梁两端的铰支座向内移动 $0.2l$，如图 8-13 (c)、(d) 所示，则其最大弯矩变为 $M'_{max} = ql^2/40 = 0.025ql^2$，仅为前者的 1/5。

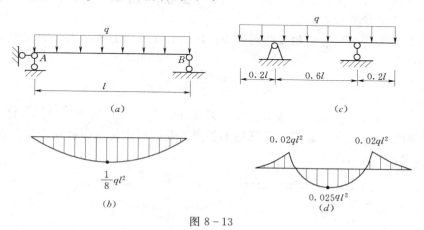

图 8-13

在起吊等截面构件时，在一般情况下都要选一个最合理的吊点位置。在运输和存放等截面构件时，也要选一个最合理的支承点，以减小构件由自重引起的最大弯矩。

当然，为了减小梁跨中的弯矩，在条件允许时，跨中可以增加支座，成为超静

定梁。

（二）合理布置荷载

长为 l 的简支梁，如图 8-14（a）、（b）所示，在跨中受集中荷载 F 的作用，梁的最大弯矩为

$$M_{\max} = \frac{Fl}{4}$$

如果将该荷载分解成几个大小相等、方向相同的力加在梁上，梁内弯矩将显著减小。如在梁的中部安置一长为 $l/2$ 的辅助梁，这时，主梁内的最大弯矩将减小为 $M' = Fl/8$，仅为前者的一半，如图 8-14（c）、（d）所示。

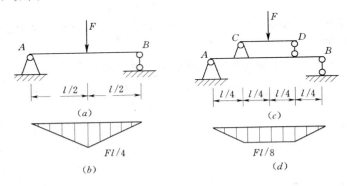

图 8-14

三、采用变截面梁和等强度梁

梁内不同截面的弯矩一般是不同的。因此，在按最大弯矩所设计的等截面梁中，除最大弯矩所在截面外，其余截面的材料强度均不能得到充分利用。根据上述情况，为了减轻构件重量和节省材料，在工程实际中，常根据弯矩沿梁轴的变化情况，使梁也相应地设计成变截面。在弯矩较大的位置，宜采用大截面。在弯矩较小的位置，宜选用小截面。这种截面沿梁轴变化的梁称为**变截面梁**。

从弯曲强度来考虑，理想的变截面梁应该使所有横截面上的最大弯曲应力均相同，并等于许用应力，即

$$\sigma_{\max} = \frac{M(x)}{W(x)} = [\sigma]$$

这种梁称为**等强度梁**。在设计变截面梁时，通常只要求 $W(x)$ 的变化规律大体上与 $M(x)$ 的变化规律相接近。例如，建筑上常见的雨篷及工业厂房中的鱼腹式吊车梁等都常采用等强度梁，如图 8-15（a）、（b）所示。

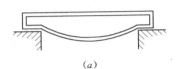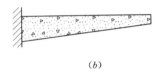

图 8-15

第四节　梁挠曲线的近似微分方程

构件在荷载等因素的作用下，会产生变形，如果钢筋混凝土梁的变形过大，将会导致混凝土开裂，甚至会导致钢筋锈蚀，引起梁的破坏，吊车梁如果变形过大，可能会影响吊车的运行。有时构件变形也有有利的一面，如桥梁有一定的变形，可以缓和车辆对桥的冲击和振动。

为了限制或利用梁的变形，我们必须掌握变形的计算方法。另外，在解决超静定问题时，也需要考虑变形问题。本节主要研究直梁平面弯曲时的变形计算和刚度问题。

一、梁的变形——挠度和转角

设有一悬臂梁如图 8-16 所示，在荷载作用下，梁的轴线弯曲成一条光滑的曲线，横坐标为 x 的梁轴线上的任一点 C（即梁某一横截面的形心），在梁变形后将移到了 C_1。这种梁横截面的形心沿垂直于梁轴方向的位移 CC_1 称为梁在这一截面上的**挠度**，用 w 表示。

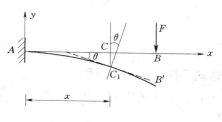

图 8-16

严格地说，由于梁的轴线在弯曲时长度不变，故 C_1 将稍偏离梁轴的垂线方向。但由于挠度 w 值与梁长相比是很小的，这种偏离值远比挠度值小，所以可略去不计，可认为挠度 w 垂直于变形前的轴线。

梁在弯曲变形时，梁上的各横截面仍保持为平面，但与初始位置相比，转了一个角度 θ。这种梁横截面相对于其初始位置所转动的角度 θ，称为截面的**转角**。

为了计算挠度 w 和转角 θ，我们取一个坐标系，一般 x 轴与杆轴变形前重合，选杆件的一个端点为坐标原点，w 轴与梁的轴线垂直，方向向上。在此坐标系下，有

$$w = f(x)$$

该方程是一个曲线方程，称为梁的挠曲线方程。梁变形后 C_1 点的切线与 x 轴的夹角等于 θ，这就是横截面相对于初始位置的转角。由微分学可知，过挠曲线上任意点的切线与 x 轴夹角的正切就是挠曲线在该点处的斜率，即

$$\tan\theta = \frac{\mathrm{d}w}{\mathrm{d}x}$$

由于在实际工程中，梁的挠度与梁长相比很小，所以 θ 也非常小，一般都小于 1°。如果 θ 用弧度表示，有 $\tan\theta \approx \theta$，由此可得

$$\theta = \frac{\mathrm{d}w}{\mathrm{d}x}$$

也就是说，截面的转角等于挠度在该截面对 x 的一阶导数。

由此可见，研究梁的变形问题可归结为研究挠曲线的方程 $w = f(x)$，知道此方程后，便可求出任一截面的挠度，并且可以利用求导数的方法来计算梁上任一截面的转角。

二、挠曲线近似微分方程

在本章第一节中，讨论纯弯曲梁横截面上的正应力时，我们曾得出式（8-1），若把该式推广到一般的弯曲情况，忽略剪力的影响，可写成

$$\frac{1}{\rho(x)} = \frac{M(x)}{EI} \qquad (a)$$

式中：$\rho(x)$ 为梁在 x 处的两相邻截面间的一微段挠曲轴的曲率半径，随着 x 的不同，$\rho(x)$ 的大小也在改变；$M(x)$ 为梁在 x 处的弯矩；EI 为梁的刚度。

梁的曲率半径 $\rho(x)$ 与它的坐标 x 和 w 之间的关系由数学知识可知

$$\frac{1}{\rho(x)} = \pm \frac{\dfrac{\mathrm{d}^2 w}{\mathrm{d}x^2}}{\sqrt{\left[1+\left(\dfrac{\mathrm{d}w}{\mathrm{d}x}\right)^2\right]^3}} \qquad (b)$$

比较式（a）和式（b）可得

$$\pm \frac{\dfrac{\mathrm{d}^2 w}{\mathrm{d}x^2}}{\sqrt{\left[1+\left(\dfrac{\mathrm{d}w}{\mathrm{d}x}\right)^2\right]^3}} = \frac{M(x)}{EI} \qquad (c)$$

这就是**挠曲线微分方程**。

因为在弹性范围内，一般 $\mathrm{d}w/\mathrm{d}x$ 的值都是非常小的，如果略去 $\mathrm{d}w/\mathrm{d}x$ 的二次项，式（c）就简化为

$$\pm \frac{\mathrm{d}^2 w}{\mathrm{d}x^2} = \frac{M(x)}{EI} \quad \text{或} \quad \pm EI \frac{\mathrm{d}^2 w}{\mathrm{d}x^2} = M(x) \qquad (d)$$

这个方程就称为梁的**挠曲线近似微分方程**。

所谓近似方程，是因为推导这一公式时略去了 $\mathrm{d}w/\mathrm{d}x$ 的平方项，按照该式所得的解对解决一般工程问题已足够精确。

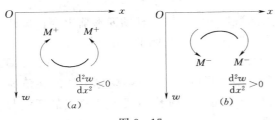

图 8-17

由数学理论可知，式（d）中正负号的取舍为：假设 x 轴水平向右，当 w 轴的方向向下时，取正号；当 w 轴向上时，则取负号。

式（d）中正负号的取舍与弯矩 $M(x)$ 的正负号无关，因为当 $M(x)$ 为正时，如图 8-17（a）所示，曲线的凹向 w 轴的负方向 $\mathrm{d}^2 w/\mathrm{d}x^2 < 0$；当 $M(x)$ 为负时，如图 8-17（b）所示曲线的凸向 w 轴的负方向，$\mathrm{d}^2 w/\mathrm{d}x^2 > 0$，即当 $M(x)$ 改变正负号时，式中等号两边同时改变正负号，当 w 轴向上时也能得到同样结论。

通常我们都规定 x 轴向右为正，w 轴向下为正，这样式（d）左边就取负号，可写为

$$-EI \frac{\mathrm{d}^2 w}{\mathrm{d}x^2} = M(x) \qquad (8-12)$$

第五节　用积分法求梁的变形

利用式（8-12）积分一次可得到转角 $\theta = \mathrm{d}w/\mathrm{d}x = f(x)$ 的方程。转角 θ 再积分一次可得挠度 $w = f_1(x)$ 的方程。这里 $M(x)$ 是 x 的函数，积分可得

$$-EI\frac{\mathrm{d}w}{\mathrm{d}x}=\int M(x)\mathrm{d}x+C$$

$$-EIw=\int\left[\int M(x)\mathrm{d}x\right]\mathrm{d}x+Cx+D$$

故转角方程为

$$\theta=\frac{\mathrm{d}w}{\mathrm{d}x}=-\frac{1}{EI}\left[\int M(x)\mathrm{d}x+C\right]$$

挠度方程为

$$w=-\frac{1}{EI}\left\{\int\left[\int M(x)\mathrm{d}x\right]\mathrm{d}x+Cx+D\right\}$$

上式中 C 和 D 为积分常数，其值可通过边界处的已知挠度和转角来确定，这些条件称为变形边界条件。如简支梁两端支座处的挠度为零，即 $x=0$ 时，$w_A=0$；$x=l$ 时，$w_B=0$；悬臂梁固定端处的挠度和转角皆为零，即 $x=0$ 时，$w_A=0$，$\theta_A=0$，如图 8-18 所示。根据这些边界条件，可以求得积分常数 C 和 D。

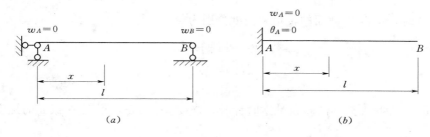

图 8-18

挠度 w 以向下为正，向上为负；转角 θ 以顺时针转为正，逆时针转为负。

【例 8-7】　一悬臂梁受一个集中荷载 F 的作用，如图 8-19 所示。如果已知杆的抗弯刚度为 EI，杆长为 l，试求杆端点（悬臂梁的自由端 A）的转角和挠度。

解：选取坐标系如图所示，任意横截面上的弯矩为

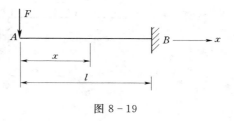

图 8-19

$$M(x)=-Fx$$

由式（8-12）可得挠曲线方程为

$$-EIw''=M(x)=-Fx$$

积分得

$$-EIw'=-\frac{F}{2}x^2+C$$

$$-EIw=-\frac{F}{6}x^3+Cx+D$$

由边界条件定出积分常数。在固定端 B 截面，转角和挠度均应等于零，即当 $x=l$ 时，

$w' = \theta_B = 0$，$w_B = 0$，故有

$$-\frac{F}{2}l^2 + C = 0$$

$$-\frac{F}{6}l^3 + Cl + D = 0$$

解得

$$C = \frac{F}{2}l^2$$

$$D = -\frac{F}{3}l^3$$

所以有

$$-EIw' = -\frac{F}{2}x^2 + \frac{F}{2}l^2$$

$$-EIw = -\frac{F}{6}x^3 + \frac{F}{2}l^2x - \frac{F}{3}l^3$$

当 $x = 0$ 时，可得 A 截面的转角和挠度分别为

$$\theta_A = -\frac{F}{2EI}l^2$$

$$w_A = \frac{F}{3EI}l^3$$

转角 θ_A 为负，说明 A 截面的转角是逆时针转。挠度 w_A 为正，说明 A 截面的挠度向下。

【例 8 - 8】　桥式起重机的大梁可简化成简支梁，梁的自重可看作是均布荷载，如图 8 - 20 所示。梁的跨度为 l，抗弯刚度为 EI，试讨论简支梁的变形。

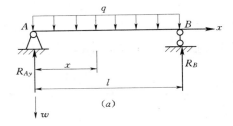
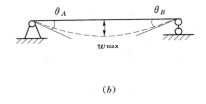

(a) 　　　　　　　　(b)

图 8 - 20

解： 求支座反力：

$$R_{Ay} = R_B = \frac{ql}{2}$$

建立坐标系如图 8 - 20 (a) 所示，选 A 点为坐标原点，距 A 点为 x 处的弯矩为

$$M(x) = \frac{ql}{2}x - \frac{q}{2}x^2$$

将弯矩表达式代入式（8 - 12）得

$$-EI\frac{\mathrm{d}^2w}{\mathrm{d}x^2} = \frac{ql}{2}x - \frac{q}{2}x^2$$

将上式积分可得

$$-EI\frac{\mathrm{d}w}{\mathrm{d}x}=\frac{ql}{4}x^2-\frac{q}{6}x^3+C \tag{1}$$

$$-EIw=\frac{ql}{12}x^3-\frac{q}{24}x^4+Cx+D \tag{2}$$

边界条件为：在支座 A 处，$x=0$，$w=0$；在支座 B 处，$x=l$，$w=0$。将边界条件代入 (b) 式可得

$$D=0$$

$$C=-\frac{ql^3}{24}$$

于是式（1）和式（2）可写成

$$-EI\frac{\mathrm{d}w}{\mathrm{d}x}=\frac{ql}{4}x^2-\frac{q}{6}x^3-\frac{ql^3}{24} \tag{3}$$

$$-EIw=\frac{ql}{12}x^3-\frac{q}{24}x^4-\frac{ql^3}{24}x \tag{4}$$

为了求出挠度的最大值，必须求出 $\theta=\mathrm{d}y/\mathrm{d}x=0$ 的截面，根据梁的对称性，挠度有最大值的截面一定是中央截面，即将 $x=l/2$ 代入式（3）可得 $\theta=\mathrm{d}y/\mathrm{d}x=0$，将 $x=l/2$ 代入式（4）可得

$$w_{\max}=-\frac{5ql^4}{384EI}$$

最大转角 $\theta_{\max}$ 在 $x=0$ 和 $x=l$ 处，则
　　$x=0$ 时，有

$$\theta_A=\frac{ql^3}{24EI}$$

　　$x=l$ 时，有

$$\theta_B=-\frac{ql^3}{24EI}$$

仔细观察以上［例 8-7］和［例 8-8］的积分常数，可以得到如下结论：D/EI 为梁在坐标原点的挠度，C/EI 为与坐标原点重合的截面的转角。这个结论可以在确定积分常数时使用，例如，将坐标原点选在悬臂梁的固定端，因固定端的挠度和转角都等于 0，所以积分常数 C 和 D 一定为零。

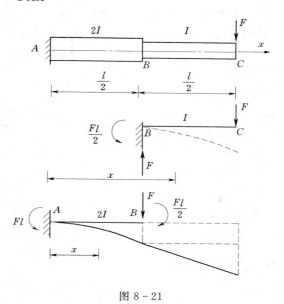

【例 8-9】　一变截面悬臂梁，如图 8-21 所示，受到集中荷载 F 的作用，试求自由端 C 截面的转角和挠度。

　　解：由于梁 AB 部分和 BC 部分刚度不同，在积分时必须分段进行，因此，必须分段写出挠曲线微分方程，积分后用端点条件和 B 点处的连续条件可求出积分常数。

图 8-21

AB 段和 BC 段可分别看作两个悬臂梁，BC 段 B 端的支座反力可认为是作用在 AB 梁上 B 端的荷载。

BC 段：
$$M_1(x) = -(l-x)F$$

代入挠曲线近似微分方程：
$$-EI\frac{\mathrm{d}^2 w_1}{\mathrm{d}x^2} = M_1(x) = Fx - Fl$$

积分一次得
$$-EI\frac{\mathrm{d}w_1}{\mathrm{d}x} = \frac{F}{2}x^2 - Flx + C_1 \tag{1}$$

再积分一次得
$$-EIw_1 = \frac{F}{6}x^3 - \frac{Fl}{2}x^2 + C_1 x + D_1 \tag{2}$$

AB 段：
$$M_2(x) = Fx - Fl$$

代入挠曲线近似微分方程：
$$-2EI\frac{\mathrm{d}^2 w_2}{\mathrm{d}x^2} = M_2(x) = Fx - Fl$$

积分一次得
$$-2EI\frac{\mathrm{d}w_2}{\mathrm{d}x} = \frac{F}{2}x^2 - Flx + C_2 \tag{3}$$

再积分一次得
$$-2EIw_2 = \frac{F}{6}x^3 - \frac{Fl}{2}x^2 + C_2 x + D_2 \tag{4}$$

利用 A 处的约束条件，定出积分常数 C_2、D_2，因为 A 点的挠度 $D_2/2EI$ 和 A 点的转角 $C_2/2EI$ 均为零，所以 $C_2 = D_2 = 0$，也可以把边界条件 $x = 0$ 时，$\theta_A = 0$，$w_A = 0$ 代入式（3）和式（4），可得到同样的结果。

再利用 B 处的变形连续条件，确定 C_1、D_1。

在 $x = l/2$ 时，BC 段中 B 点的转角为
$$\frac{\mathrm{d}w_{1B}}{\mathrm{d}x} = \frac{-1}{EI}\left[\frac{F}{2}\left(\frac{l}{2}\right)^2 - Fl\frac{l}{2} + C_1\right] = \frac{-1}{EI}\left[-\frac{3Fl^2}{8} + C_1\right]$$

AB 段中 B 点的转角为
$$\frac{\mathrm{d}w_{2B}}{\mathrm{d}x} = \frac{-1}{2EI}\left[\frac{F}{2}\left(\frac{l}{2}\right)^2 - Fl\frac{l}{2} + C_2\right] = \frac{-1}{2EI}\left[-\frac{3Fl^2}{8} + C_2\right]$$

由 $\mathrm{d}w_1/\mathrm{d}x = \mathrm{d}w_2/\mathrm{d}x$ 可得
$$C_1 = \frac{3}{16}Fl^2$$

又因为在 $x = l/2$ 时，BC 段中 B 点的挠度为
$$w_{1B} = -\left[\frac{F}{6}\left(\frac{l}{2}\right)^3 - \frac{Fl}{2}\left(\frac{l}{2}\right)^2 + \frac{3}{16}Fl^2\frac{l}{2} + D_1\right]\frac{1}{EI} = -\left[-\frac{1}{96}Fl^3 + D_1\right]\frac{1}{EI}$$

AB 段中 B 点的挠度为
$$w_{2B} = -\left[\frac{F}{6}\left(\frac{l}{2}\right)^3 - \frac{Fl}{2}\left(\frac{l}{2}\right)^2\right]\frac{1}{2EI} = \left[\frac{5}{96}Fl^3\right]\frac{1}{EI}$$

由 $w_{1B}=w_{2B}$ 可得

$$D_1 = -\frac{1}{24}Fl^3$$

将 $x=l$ 代入式（1），即得 C 点的转角为

$$\theta_C = \frac{\mathrm{d}w_1}{\mathrm{d}x}\bigg|_{x=l} = -\left[\frac{F}{2}l^2 - Fll + \frac{3}{16}Fl^2\right]\frac{1}{EI} = \frac{5Fl^2}{16EI}$$

将 $x=l$ 代入式（2），即得 C 点的挠度为

$$w_C = w_1|_{x=l} = -\left[\frac{F}{6}l^3 - \frac{Fl}{2}l^2 + \frac{3}{16}Fl^2 l - \frac{1}{24}Fl^3\right]\frac{1}{EI} = \frac{3Fl^3}{16EI}$$

综上所述，积分法求梁变形的步骤如下：

（1）求支座反力，建立坐标系。

（2）列弯矩方程及梁的挠曲线近似微分方程。

（3）对挠曲线近似微分方程逐次积分。

（4）利用变形边界条件和连续条件定出积分常数。

（5）得出转角方程和挠度方程。

（6）确定最大转角 $|\theta|_{max}$ 和最大挠度 $|w|_{max}$ 及指定截面的转角和挠度。

第六节　用叠加法求梁的变形

积分法是求梁的变形的一种最基本的方法，即先求出梁的转角方程和挠度方程，然后通过转角方程和挠度方程求任一截面的转角和挠度，确定最大转角和最大挠度。为了计算方便，一般设计手册中，都将常用的单一荷载作用下的挠度和转角的有关计算公式列成表格，以备查用，如表 8-1 所示。

在弯曲变形很小，且材料服从胡克定律的情况下，挠曲线的微分方程式（8-12）是线性的。又因在小变形的前提下，计算弯矩时取梁变形前的位置，则弯矩与荷载的关系也是线性的。这样，对应于几种不同的荷载，弯矩可以叠加，方程式（8-12）的解也可以叠加。所以，当梁上同时作用几个荷载时，可以分别计算每一个荷载单独作用时所引起的变形，然后将所得的变形求代数和，这样所得的结果即为这些荷载共同作用时的变形，这就是计算弯曲变形的**叠加法**。

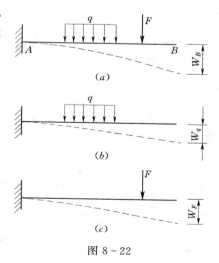

图 8-22

如图 8-22（a）所示，悬臂梁上同时作用均布荷载和集中荷载，假设当只有均布荷载作用时，B 点的挠度为 w_q，当只有集中荷载作用时，B 点的挠度为 w_F。利用叠加法，两种荷载同时作用时，B 点的总挠度 $w_B = w_q + w_F$，这里两个挠度相加应是求代数和，w_q 和 w_F 可以为正，可以为负，有时也可以为零。

表 8－1　　　　　　　　　　等截面梁在简单荷载作用下的变形

梁 的 简 图	挠曲线方程、最大挠度、梁端转角
(1) A——l——B，F 向下，x 轴，w 向下	$$w=\frac{Fx^2}{6EI}(3l-x)$$ $$w_B=\frac{Fl^3}{3EI}$$ $$\theta_B=\frac{Fl^2}{2EI}$$
(2) A，a，F 向下，l，B，x 轴，w 向下	$$\begin{cases} w=\dfrac{Fx^2}{6EI}(3a-x) & (0\leqslant x\leqslant a) \\[2mm] w=\dfrac{Fa^2}{6EI}(3x-a) & (a\leqslant x\leqslant l) \end{cases}$$ $$w_B=\frac{Fa^2}{6EI}(3l-a)$$ $$\theta_B=\frac{Fa^2}{2EI}$$
(3) A——l——B，m，x 轴，w 向下	$$w=\frac{mx^2}{2EI}$$ $$w_B=\frac{ml^2}{2EI}$$ $$\theta_B=\frac{ml}{EI}$$
(4) q 均布，A——l——B，x 轴，w 向下	$$w=\frac{qx^2}{24EI}(x^2+6l^2-4lx)$$ $$w_B=\frac{ql^4}{8EI}$$ $$\theta_B=\frac{ql^3}{6EI}$$
(5) q_0 三角形分布，A——l——B，x 轴，w 向下	$$w=\frac{q_0x^2}{120EI}(10l^3-10l^2x+5lx^2-x^3)$$ $$w_B=\frac{q_0l^4}{30EI}$$ $$\theta_B=\frac{q_0l^3}{24EI}$$
(6) A，F 向下，B，$l/2$，$l/2$，x 轴，w 向下	$$w=\frac{Fx}{12EI}\left(\frac{3}{4}l^2-x^2\right)\quad\left(0\leqslant x\leqslant\frac{l}{2}\right)$$ $$w_{\max}=\frac{Fl^3}{48EI}$$ $$\theta_A=-\theta_B=\frac{Fl^2}{16EI}$$
(7) A，a，F 向下，b，B，l，x 轴，w 向下	$$\begin{cases} w=\dfrac{Fbx}{6lEI}(l^2-x^2-b^2) & (0\leqslant x\leqslant a) \\[2mm] w=\dfrac{Fb}{6lEI}\left[(l^2-b^2)x-x^3+\dfrac{l}{b}(x-a)^3\right] & (a\leqslant x\leqslant l) \end{cases}$$ 若 $a>b$，在 $x=\sqrt{\dfrac{l^2-b^2}{3}}$ 处，$w_{\max}=\dfrac{\sqrt{3}Fb}{27lEI}(l^2-b^2)^{\frac{3}{2}}$ 在 $x=\dfrac{l}{2}$ 处，$w_{\frac{l}{2}}=\dfrac{Fb}{48EI}(3l^2-4b^2)$ $$\theta_A=\frac{Fb(l^2-b^2)}{6lEI}=\frac{Fab(l+b)}{6lEI},\quad \theta_B=\frac{-Fab(l+a)}{6lEI}$$

梁 的 简 图	挠曲线方程、最大挠度、梁端转角
(8) 	$w=\dfrac{mx}{6lEI}(l-x)(2l-x)$ 在 $x=\left(1-\dfrac{1}{\sqrt{3}}\right)l$ 处，$w_{max}=\dfrac{ml^2}{9\sqrt{3}EI}$ 在 $x=\dfrac{l}{2}$ 处，$w_{\frac{l}{2}}=\dfrac{ml^2}{16EI}$ $\theta_A=\dfrac{ml}{3EI}$，$\theta_B=-\dfrac{ml}{6EI}$
(9) 	$w=\dfrac{qx}{24EI}(l^3-2lx^2+x^3)$ $w_{max}=\dfrac{5ql^4}{384EI}$ $\theta_A=-\theta_B=\dfrac{ql^3}{24EI}$
(10) 	$w=\dfrac{mx}{6lEI}(l^2-x^2)$ 在 $x=\dfrac{l}{\sqrt{3}}$ 处，$w_{max}=\dfrac{ml^2}{9\sqrt{3}EI}$ 在 $x=\dfrac{l}{2}$ 处，$w_{\frac{l}{2}}=\dfrac{ml^2}{16EI}$ $\theta_A=\dfrac{ml}{6EI}$，$\theta_B=-\dfrac{ml}{3EI}$
(11) 	$\begin{cases}w=-\dfrac{mx}{6lEI}(l^2-3b^2-x^2)&(0\leqslant x\leqslant a)\\[2mm]w=\dfrac{m(l-x)}{6lEI}[l-3a^2-(l-x)^2]&(a\leqslant x\leqslant l)\end{cases}$ 在 m 作用处，$w=-\dfrac{ma}{6lEI}(l^2-3b^2-a^2)$ $\theta_A=-\dfrac{m}{6lEI}(l^2-3b^2)$，$\theta_B=-\dfrac{m}{6lEI}(l^2-3a^2)$ 在 m 作用处，$\theta=-\dfrac{m}{6lEI}(3a^2+3b^2-l^2)$
(12) 	$\begin{cases}w=\dfrac{qx}{12lEI}[a^2(2l-a)^2-2ax^2(2l-a)+lx^3]&(0\leqslant x\leqslant a)\\[2mm]w=-\dfrac{qa^2(l-x)}{24lEI}(4lx-2x^2-a^2)&(a\leqslant x\leqslant l)\end{cases}$ $w_C=\dfrac{qa^3l}{24EI}\left(4-7\dfrac{a}{l}+3\dfrac{a^2}{l^2}\right)$ $\theta_A=\dfrac{qa^2l}{6EI}\left(1-\dfrac{a}{2l}\right)^2$，$\theta_B=-\dfrac{qa^2l}{12EI}\left(1-\dfrac{a^2}{2l^2}\right)$
(13) 	$\begin{cases}w=-\dfrac{Fax}{6lEI}(x^2-l^2)&(0\leqslant x\leqslant l)\\[2mm]w=\dfrac{F}{6EI}(x-l)[2al+3a(x-l)-(x-l)^2]&(l\leqslant x\leqslant l+a)\end{cases}$ $w_{max}=-\dfrac{F}{EI}\dfrac{l^2a}{9\sqrt{3}}$（在 $x=0.577l$ 处） $w_C=\dfrac{F(l+a)a^2}{EI\,3}$（在 $x=l+a$ 处） $\theta_A=-\dfrac{1}{2}\theta_B=-\dfrac{Fal}{6EI}$，$\theta_C=\dfrac{Fa}{6EI}(2l+3a)$

梁 的 简 图	挠曲线方程、最大挠度、梁端转角
(14) 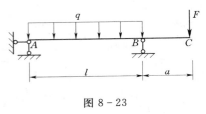	$\begin{cases} w = -\dfrac{qa^2 x}{12lEI}\ (l^2 - x^2) \qquad (0 \leqslant x \leqslant l) \\ w = \dfrac{q\ (x-l)}{24EI}\ [4a^2 l + 6a^2\ (x-l) - 4a\ (x-l)^2 + (x-l)^3] \qquad (l \leqslant x \leqslant l+a) \end{cases}$ $\begin{cases} w_{max} = -0.0321\ \dfrac{qa^2 l^2}{EI} \quad \left(\text{在 } x = \dfrac{l}{\sqrt{3}} \text{处}\right) \\ w_{max} = \dfrac{qa^3}{24EI}\ (4l + 3a) \qquad (\text{在 } C \text{ 点}) \end{cases}$ $\theta_A = -\dfrac{1}{2}\theta_B = -\dfrac{qa^2 l}{12EI}, \quad \theta_C = \dfrac{qa^2\ (l+a)}{6EI}$

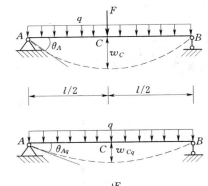

图 8 – 23

【例 8 – 10】 用叠加法求图 8 – 23 所示外伸梁在 A 端的转角。

解： 外伸梁上有两种荷载 F 和 q，梁上总的变形应等于梁分别在均匀荷载 q 及集中荷载 F 单独作用下的变形之和。这些单一荷载作用下梁的变形，可由表 8 – 1 查出。

在均布荷载 q 作用下查表中图（9）可得

$$\theta_{Aq} = \frac{ql^3}{24EI}$$

在集中荷载 F 作用下查表中图（13）可得 A 点的转角为

$$\theta_{AF} = -\frac{Fal}{6EI}$$

由计算变形的叠加法可知在 q 和 F 共同作用下，A 点的转角为

$$\theta_A = \theta_{Aq} + \theta_{AF} = \frac{l}{6EI}\left(\frac{ql^2}{4} - Fa\right)$$

【例 8 – 11】 用叠加法求图 8 – 24（a）所示简支梁在支座 A 处的转角及跨度 AB 中点 C 的挠度。梁的跨度 l、梁的刚度 EI、均匀荷载 q 和集中力 F 均为已知。

解： 在均匀荷载 q 和集中荷载 F 单独作用下，如图 8 – 24（b）、（c）所示，由表 8 – 1 中图（6）、（9）可以查出跨中挠度和 A 截面的转角，然后再叠加求解。

均布荷载单独作用时，有

$$w_{Cq} = \frac{5ql^4}{384EI}, \qquad \theta_{Aq} = \frac{ql^3}{24EI}$$

集中荷载单独作用时，有

$$w_{CF} = \frac{Fl^3}{48EI}, \qquad \theta_{AF} = \frac{Fl^2}{16EI}$$

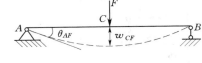

图 8 – 24

应用计算变形的叠加法，可得 A 点的转角和 C 点的挠度分别为

$$\theta_A = \theta_{Aq} + \theta_{AF} = \frac{ql^3}{24EI} + \frac{Fl^2}{16EI} = \frac{l^2}{8EI}\left(\frac{ql}{3} + \frac{F}{2}\right)$$

$$w_C = w_{Cq} + w_{CF} = \frac{5ql^4}{384EI} + \frac{Fl^3}{48EI} = \frac{l^3}{48EI}\left(\frac{5ql}{8} + F\right)$$

第七节　梁的刚度计算和提高梁的刚度的措施

一、梁的刚度计算

在实际工程中，受弯构件除要求满足强度条件外，还必须满足刚度条件，即要求实际变形要小于或等于允许变形。

表 8-2　　　　　　　　　　　　　　　梁 的 允 许 挠 度

结构类别	构 件 类 别		允许相对挠度值
木结构	檩条		1/200
	椽条		1/150
	抹灰吊顶的受弯构件		1/250
	楼板梁和搁栅		1/250
钢结构	吊车梁	手动吊车	1/500
		电动吊车	1/600～1/750
	屋盖檩条		1/150～1/200
	楼盖梁和工作平台	主梁	1/400
		其他梁	1/250
钢筋混凝土结构	吊车梁	手动吊车	1/500
		电动吊车	1/600
	屋盖、楼盖及楼梯构件	当 $l<7m$ 时	1/200
		当 $7\leqslant l\leqslant 9m$ 时	1/250
		当 $l>9m$ 时	1/300

在进行刚度校核时，挠度和转角必须分别都要满足刚度条件：

$$w_{\max} \leqslant [w] \tag{8-13}$$

$$\theta_{\max} \leqslant [\theta] \tag{8-14}$$

式中：$w_{\max}$ 为挠度绝对值的最大值；$[w]$ 为允许挠度；$\theta_{\max}$ 为转角绝对值的最大值；$[\theta]$ 为允许转角。

有时不用挠度和转角的绝对大小验算刚度，而用相对值验算，即

$$\frac{w_{\max}}{l} \leqslant \frac{[w]}{l} \tag{8-15}$$

$$\frac{\theta_{\max}}{l} \leqslant \frac{[\theta]}{l} \tag{8-16}$$

允许变形的具体数值可参考有关手册，常见的梁的允许变形见表 8－2。

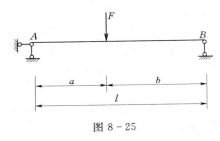

图 8－25

【例 8－12】 如图 8－25 所示为一 20a 号工字钢截面简支梁。已知 $F=4.25\text{kN}$，$a=2\text{m}$，$l=5.2\text{m}$，梁的弹性模量 $E=200\text{GPa}$，允许转角 $[\theta]=0.01\text{rad}$，$[w]=0.004l$，试校核该梁的刚度。

解： 查型钢表可知，20a 号工字钢的惯性矩 $I_z=2370\times10^4\text{mm}^4$。

由表 8－1 中的图（7）并注意到 $a<b$，可得梁的最大挠度为

$$w_{max}=\frac{\sqrt{3}Fa}{27lEI}(l^2-a^2)^{\frac{3}{2}}$$

$$=\frac{\sqrt{3}\times4.25\times10^3\times2}{27\times5.2\times200\times10^9\times2370\times10^4\times(10^{-3})^4}(5.2^2-2^2)^{\frac{3}{2}}$$

$$=0.0024\text{m}$$

$$=2.4\text{mm}<[w]=0.004l=20.8\text{mm}$$

梁 A 端的转角为

$$\theta_A=\frac{Fab(l+b)}{6lEI}$$

$$=\frac{4.25\times10^3\times2\times3.2\times(5.2+3.2)}{6\times5.2\times200\times10^9\times2370\times10^4\times(10^{-3})^4}$$

$$=0.0015\text{rad}<[\theta]=0.01\text{rad}$$

梁 B 端的转角为

$$\theta_B=-\frac{Fab(l+a)}{6lEI}$$

$$=-\frac{4.25\times10^3\times2\times3.2\times(5.2+2)}{6\times5.2\times200\times10^9\times2370\times10^4\times(10^{-3})^4}$$

$$=-0.0013\text{rad}$$

其绝对值 $0.0013\text{rad}<[\theta]=0.01\text{rad}$，所以该梁满足刚度条件。

对于一般的构件，强度要求如果能够满足，刚度条件也能满足。工程中，常常都是先按强度要求设计出杆件的截面尺寸，然后将这个尺寸按刚度条件进行校核。只有当正常工作条件对构件的变形限制很严的情况下，或按强度条件所选用的构件截面过于单薄时，刚度条件才有可能不满足，这时，就要设法提高受弯构件的刚度。

二、提高弯曲刚度的措施

以上对变形的研究可以发现，梁的弯曲变形与弯矩 M 的大小、支承情况、梁截面对中性轴的惯性矩 I_z、材料的弹性模量 E 及梁的跨度 l 有关。所以要提高弯曲刚度，就必须从以下三个方面考虑。

（一）合理选择截面

由梁的挠曲线近似微分方程，可以看出，梁的变形与抗弯刚度 EI 成反比，要减小位移的大小，可以提高梁的抗弯刚度。对于不同种类钢材，弹性模量 E 大致相同。所以为使

EI 增大，通过增大弹性模量 E 效果不大，而且会加大成本，主要应设法增大 I_z 值。在截面面积不变的情况下，应采用适当形状的截面使截面面积尽可能分布在距中性轴较远的地方，以增大截面对中性轴的惯性矩 I_z，这是提高弯曲刚度的有效措施。一般来说，工字形、箱形截面远好于正方形和圆形截面。

（二）缩小梁的跨度或增加支承

梁的弯曲变形与跨度 l 关系很大，一般是 l 的 1～4 次方的关系，如果能缩短梁的跨度，刚度的提高是非常显著的。例如，相同长度的外伸梁要比简支梁刚度好得多。如图 8-26 所示，图 8-27 (b) 的变形要比图 8-27 (a) 小，当条件允许时也可增加梁的支座，以缩短梁的跨度，提高刚度。

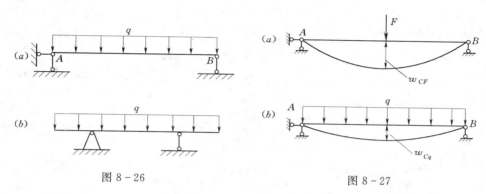

图 8-26   图 8-27

（三）调整加载方式以减小弯矩

引起弯曲变形的主要因素是弯矩，荷载是影响弯矩的主要原因，在条件允许的情况下，适当调整梁的加载方式，可以起到降低弯矩的作用。如图 8-27 所示的简支梁在跨度中点作用集中力 F 时，最大挠度为

$$w_{CF} = \frac{Fl^3}{48EI}$$

如果将力 F 改用均布荷载，使 $F = ql$，则最大挠度变为

$$w_{Cq} = \frac{5ql^4}{384EI} = \frac{5Fl^3}{384EI}$$

可以看出，作用集中力时的最大挠度是作用均布荷载时的 1.6 倍。也就是说，将集中力变为均布荷载作用可大大减小变形。

第八节 简单超静定梁

一、超静定结构的概念

前面已讨论过静定结构的概念，如简支梁、悬臂梁和外伸梁，在荷载作用下，它们的三个支座反力都可以通过三个平衡方程求出，因此它们都是静定结构。但在实际问题中常常有些结构，仅仅使用静力平

图 8-28

衡方程不能完全确定其反力和内力，这种结构称为超静定结构。如图 8-28 所示的单跨梁，它们的支座反力都超过三个，所以仅用三个平衡方程无法求出所有的反力和内力，这

些结构都是超静定结构。

二、超静定结构的解法

对超静定结构如何进行受力分析，现以图 8-29（a）所示的单跨梁为例进行讨论。

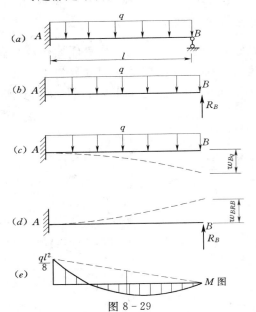

图 8-29

该超静定梁有四个支座反力，需要列出四个方程才能全部解出，已知可以列出三个平衡方程，如果能够补充一个变形协调条件，该超静定结构即可求解。可以设想将 B 点的支杆用支座反力 R_B 代替，这样就把原超静定结构变成了悬臂梁这样一个静定结构，这个静定结构上作用有均布荷载 q 和未知的集中荷载 R_B，如图 8-29（b）所示，假设悬梁 AB 上只有 q 作用时，B 点的挠度为 w_{Bq}，如图 8-29（c）所示，梁 AB 上只有 R_B 作用时，B 点的挠度为 w_{BRB}，如图 8-29（d）所示，并且查表 8-1 可知

$$w_{Bq} = \frac{ql^4}{8EI} \qquad (a)$$

$$w_{BRB} = -\frac{R_B l^3}{3EI} \qquad (b)$$

在 q 和 R_B 共同作用下，由 B 点的约束情况可知 B 点的挠度应为零，这就是变形协调条件，利用叠加原理可知

$$w_B = w_{Bq} + w_{BRB} = 0$$

将式（a）、（b）代入上式可得

$$\frac{ql^4}{8EI} - \frac{R_B l^3}{3EI} = 0$$

这就是我们要补充的变形协调方程，由该方程求出 R_B 为

$$R_B = \frac{3}{8}ql(\uparrow)$$

求出 R_B 后，原来的超静定结构就相当于在 q 和 R_B 共同作用下的静定结构，可进一步计算该悬臂梁，例如可求出

$$M_A = R_B l - \frac{ql^2}{2} = -\frac{ql^2}{8} \quad （上边受拉）$$

M 图如图 8-29（e）所示。

当然，在求解超静定结构时，把超静定结构解除部分约束后变成静定结构的方法不是唯一的。例如，将上述超静定梁的固定端 A 变成铰支，B 点的约束不动，即成为一个简支梁，如图 8-30 所示。原来的超静定结构就变成了作用有 q 和 M_A 的简支梁，如果简支梁上只有 q 作用时，A 点的转角为 θ_{Aq}，如图 8-30（b）所示；如果梁上只有未知力 M_A 作用时，A 点的转角为 θ_{AM}，如图 8-30（c）所示，查表 8-1 可知

$$\theta_{Aq} = \frac{ql^3}{24EI} \qquad (c)$$

$$\theta_{AM} = \frac{M_A l}{3EI} \qquad (d)$$

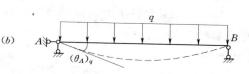

由于原超静结构 A 点的转角应为零，即

$$\theta_A = \theta_{Aq} + \theta_{AM} = 0$$

这就是变形协调条件，将式（c）、（d）代入上式得

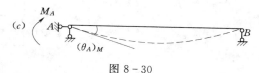

$$\frac{ql^3}{24EI} + \frac{M_A l}{3EI} = 0$$

这就是变形协调方程，由该方程可求出

$$M_A = -\frac{ql^2}{8}$$

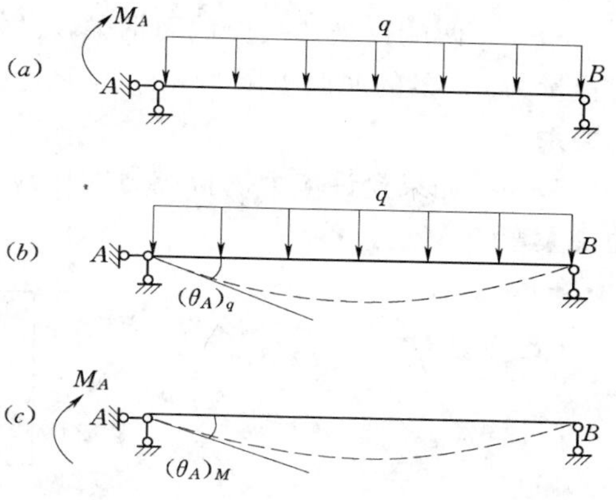

图 8-30

可以看出，以上超静定结构分别通过选择悬臂梁和简支梁求解所求得的结果是相同的。并且前面选择两种结构计算时所采用的都是叠加法。都是将原超静定结构，解除约束后变成静定结构。根据变形协调条件得到补充方程，求出解除约束处的约束反力，这是求解超静定结构的关键。然后进一步求解该静定结构。

通过以上计算，不难看出，同样跨长，受同样荷载的梁，超静定梁的内力和变形远小于静定梁，即超静定梁的强度和刚度要高于静定梁。但是超静定结构在温度改变、支座移动、制造误差等因素影响时将引起内力，而静定结构则不会引起内力。

习　　　题

8-1　有一跨长 $l=10\text{m}$ 的简支梁，承受强度 $q=40\text{kN/m}$ 均布荷载。如果梁为宽度 $b=300\text{mm}$，$h=500\text{mm}$ 的矩形横截面，试计算最大弯曲应力。

8-2　如图所示的简支梁，若采用两种截面面积相等的实心圆和空心圆截面，$D_1=40\text{mm}$，$d_1/d_2=0.6$。试分别计算其最大正应力，并求出空心截面比实心截面的最大正应力减小了百分之几？

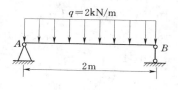

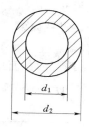

题 8-2 图

8-3　外径为 250mm，壁厚为 5mm 的铸铁管简支梁，跨度为 12m，铸铁的容重 $\gamma=78\text{kN/m}^3$。若管中充满水，试求管内的最大正应力。

8-4　如图所示，宽为 0.3m，自由端处高为 0.4m，固定端处高为 0.9m 的矩形截面梁，梁长 $l=3\text{m}$。当自由端作用有集中荷载 F 时，试计算破坏截面的位置。

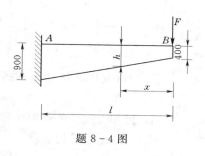

题 8-4 图

8-5 两端铰支的矩形截面钢梁，已知矩形截面的高 h 为宽度 b 的 2 倍，梁单位体积的重量为 ρ，梁的屈服极限为 σ_s。由于自重而引起屈服时，试求梁的长度 l 与截面高度 h 的关系。

8-6 如果允许应力（拉应力或压应力）为 $[\sigma]$，试求图中所示每一种横截面能承受的最大弯矩 M_{max}。

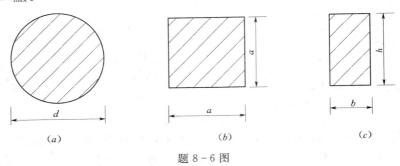

(a) $\qquad\qquad$ (b) $\qquad\qquad$ (c)

题 8-6 图

8-7 有一矩形木梁，是由直径为 d 的圆木切割而成，为了得出最强的梁，其尺寸 b 和 h 应为多少？

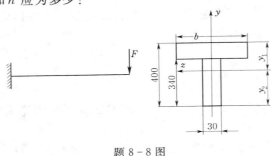

题 8-8 图

8-8 一截面为 T 形的铸铁如图所示，已知梁内最大拉应力与最大压应力之比为 1/3，试求水平翼缘的宽度 b。

8-9 将直径 $d=1\text{mm}$ 的钢丝绕在直径为 2m 的卷筒上，试计算钢丝中产生的最大应力。若钢丝中的最大应力不得超过 200MPa，则该卷筒上能绕多粗的钢丝，设钢丝的弹性模量 $E=200\text{GPa}$。

8-10 一简支梁如图所示，材料的许用力 $[\sigma]=160\text{MPa}$。试分别设计圆截面的直径和 $h=2b$ 的矩形截面尺寸。选择工字钢型号，并说明采用哪种截面用料最少。

8-11 有一矩形截面梁，支于 A 处和 B 处，沿其挑臂作用有 $q=50\text{kN/m}$ 的均布荷载，如图所示，如果 $[\sigma]=60\text{MPa}$，$l=3\text{m}$，$a=6\text{m}$，矩形截面的高 $h=2b$，b 为矩形截面的宽度。试确定所需要的截面尺寸，梁的重量略去不计。

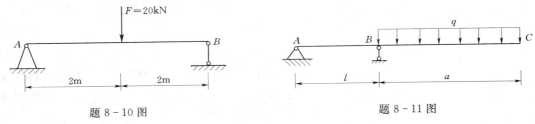

题 8-10 图 $\qquad\qquad\qquad\qquad$ 题 8-11 图

8-12 吊车梁的跨度 $l=10.5\text{m}$，由 45a 号工字钢制成，$[\sigma]=140\text{MPa}$，已知电葫芦重 $F_1=15\text{kN}$，试确定最大起重量。

8-13 一高为 10m 的电线杆，受风荷载 $q=3.75\text{kN/m}$ 的作用，已知电线杆的截面外径为 35cm，弯曲强度为 60MPa，设电线杆的截面内外径之比为 0.6，试验算电线杆的强度。

8-14 一悬臂梁如图所示，$q=10$kN/m，试求：

（1）1—1 截面上 a 点的正应力和剪应力。

（2）1—1 截面上的最大正应力和剪应力。

（3）危险截面上的最大正应力和最大剪应力。

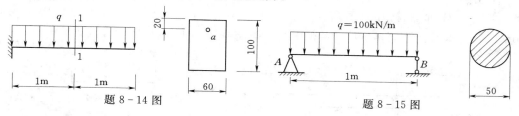

题 8-14 图   题 8-15 图

8-15 图示均布载荷作用的圆截面简支梁，试求：

（1）梁内最大正应力和最大剪应力及其位置。

（2）最大剪应力与最大正应力的比值。

8-16 简支梁跨中作用一集中力 F，如果梁的横截面为矩形截面 $A=bh$，h 为矩形截面的高，梁的跨度为 l。试求梁内最大剪应力与最大正应力之比。

8-17 有一矩形截面（宽度 $b=40$mm，高度 $h=70$mm）的梁，中点处承受集中荷载 F。如果 $[\sigma]=160$MPa，$[\tau]=90$MPa，跨长 $l=10$m，试求允许 $[F]$ 的值为多少？

8-18 若三个梁的跨度比是 $1:2:3$，梁的中点都作用一集中力 F_1，其他各条件都相同，试求它的最大挠度之比。

8-19 试求图中各指定截面的挠度和转角：（a）θ_B，w_B；（b）θ_B，w_B；（c）θ_A，w_C；（d）θ_A，θ_B，w_E。已知梁的抗弯刚度 $EI=$ 常数。

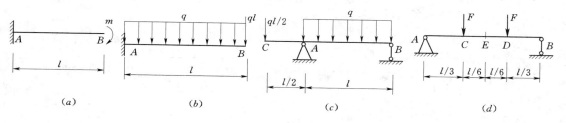

题 8-19 图

8-20 试求图示结构 B 点的挠度 w_B。

8-21 两端简支的输气管道，已知其外径 $D=114$mm，壁厚 $\delta=4$mm，单位长度重量为 $q=106$N/m；材料的弹性模量 $E=210$GPa。设管道允许挠度 $[w]=l/500$，试确定此管道的最大跨度。

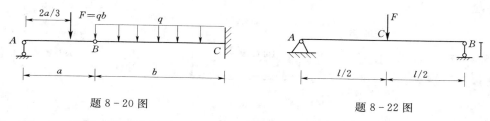

题 8-20 图   题 8-22 图

8-22 一简支梁如图所示，已知 $F=22$kN，$l=4$m，若允许弯曲应力 $[\sigma]=$

160MPa，允许挠度 $[w]=l/400$，试选定工字钢的型号。

8-23　一皮带轮圆轴简化后如图所示，已知 $E=200$GPa，$d=35$mm，$F_1=2.85$kN，$F_2=4.25$kN，$l=525$mm，$a=210$mm，$b=185$mm，$[\theta]=0.01$rad，$[w]=l/400$。试校核该轴的刚度。

8-24　外伸梁受力如图所示，已知 $q=10$kN/m，$a=2$m，$E=210$GPa，$[\sigma]=100$MPa，外伸端的许可挠度$[w]=0.004a$。试选择梁的工字钢型号。

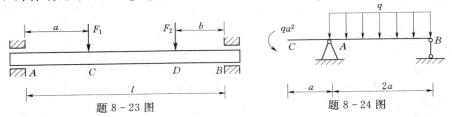

题 8-23 图　　　　　　题 8-24 图

8-25　图示超静定梁，$EI=$常数，l、F 为已知。试求 B 点的支座反力，并作弯矩图和剪力图。

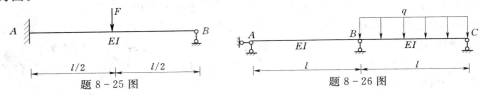

题 8-25 图　　　　　　题 8-26 图

8-26　图示连续梁，是超静定结构，$EI=$常数，q、l 均为已知。试求解超静定结构，并作弯矩图。

8-27　试求图示各梁的支座反力，并作弯矩图。

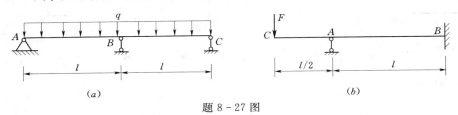

(a)　　　　　　(b)

题 8-27 图

8-28　图示结构中，梁 AB 为 16 号工字钢；拉杆 BC 的截面为圆形，$d=10$mm。两者均为 Q235 钢材，$E=200$GPa。试求梁及拉杆内的最大正应力。

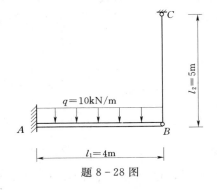

题 8-28 图

第九章

应力状态和强度理论

【本章要点】

● 应力状态的概念。
● 平面应力状态分析的解析方法。
● 最大应力和主应力。
● 三向应力状态及广义胡克定律。
● 强度理论及复杂应力状态下的强度计算。

前面分别研究了直杆在轴向拉伸（压缩）、扭转和弯曲时的强度问题，但是都只考虑了危险截面处的应力，即危险横截面上的最大正应力和最大剪应力，并且是按单向受力状态 [见图 9-1 (a)] 或按纯剪应力状态 [见图 9-1 (b)] 建立了相应的强度条件，而没有考虑材料破坏的形式和原因，即

$$\sigma_{\max} \leqslant [\sigma] = \frac{\sigma^0}{n}$$

$$\tau_{\max} \leqslant [\tau] = \frac{\tau^0}{n}$$

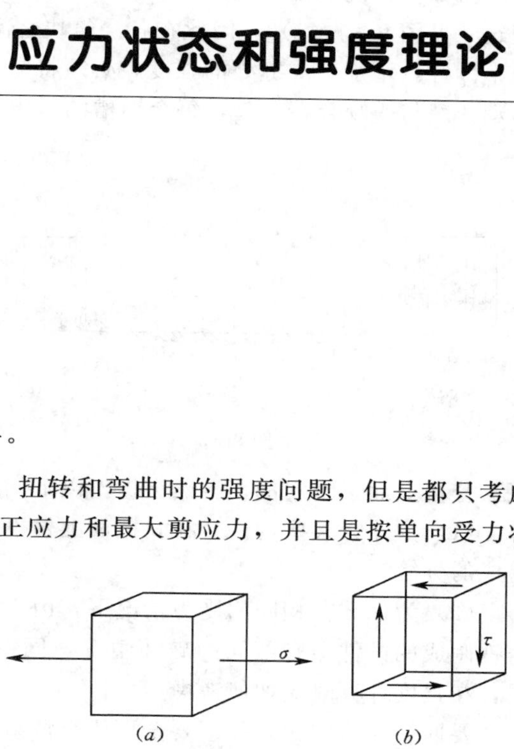

图 9-1

式中：σ^0 和 τ^0 分别为材料在单向受力状态和纯剪应力状态下的极限应力。

虽然这些内容是强度计算的重要内容，然而，在实际问题中，许多构件的危险点是处于更复杂的应力状态。例如，图 9-2 (a) 所示的钢筋混凝土梁，根据它弯曲时上部受压，下部受拉的情况，在它下部布置了足够的纵向抗拉钢筋，保证了它在横截面上的强度。但是，该梁还可能由斜拉应力的作用而出现斜裂缝。实际上这些斜裂缝处的各点均处于既受拉、又受剪的状态，如果在梁内用纵、横截面切取单元体，其应力情况如图 9-2 (b) 和图 9-2 (c) 所示，即处于正应力和剪应力的联合作用下。

又如，在做材料压缩试验时，可以看到低碳钢试件 [见图 9-3 (a)] 可以一直被压到很扁而不破坏 [见图 9-3 (b)]，而铸铁试件则会在荷载不是很大的时候就会在与轴线大约成 55°角的斜面上发生断裂破坏 [见图 9-3 (c)]。

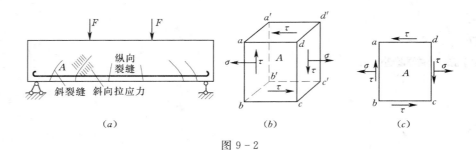

图 9-2

再如，在浇筑混凝土重力坝时，由于坝体的体积较大，通常将坝体分成若干块来进行浇筑［见图 9-4 (a)］，因此在各浇筑块之间往往会产生水平缝和纵向缝。为了提高坝体的整体性，增加纵向缝处的强度，必须将纵向缝做成由斜面组成的锯齿形键槽［见图 9-4 (b)］。键与槽咬合在一起，每个键槽的斜边都是互相垂直的。

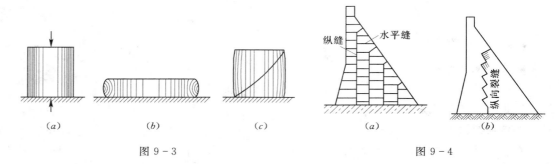

图 9-3   图 9-4

分析上面三个实例，自然会提出以下问题：

（1）为什么某些构件会在斜截面上发生破坏，而在某些构件上又有意识地做一些斜面组成的分缝？

（2）为什么在相同的受力情况下，由不同类型的材料，如塑性材料低碳钢和脆性材料铸铁制成的试件会有不同的破坏情况，同一种材料在不同受力情况下也有不同的破坏形式，在强度计算时应如何考虑？

要回答这些问题，除了要全面研究危险点处各方位截面上的应力外（例如求出最大正应力和最大剪应力），还应研究材料在复杂应力状态下的破坏规律。前者为应力状态理论的任务，后者则为强度理论所要研究的问题。应力状态理论和强度理论就是本章要讨论的主要内容。

本章在工程力学中属于难点的内容，这是因为它具有不同于其他各章的一些特点，主要包括：概念上比较抽象；理论上概括性比较强；应用时联系的内容广，灵活性比较大。所以学习时要善于联想所研究问题与前面章节中杆件基本变形的内容，做到温故而知新。

第一节　一点处应力状态的描述

一、一点处应力状态的概念

构件受力后，通过其内一点所作各个方位微截面上应力的全部情况称为该点处的应力状态。一般情况下，不仅受力作用物体内各点的应力不同，过同一点不同方位截面上的应力也是不相同的。因此，当提及应力时，必须指明是哪一点处哪个方向面上的应力。

二、一点处应力状态的描述

过杆件内一点所有截面在该点处应力的总体情况称为该点的应力状态。为了描述一点处的应力状态，一般是围绕该点截取一个微六面体，当六面体在三个方向的尺度趋于无穷小时，六面体便趋于所考察的点。这时的六面体称为微六面体，简称为单元体。当围绕一点所取单元体各截面的应力均为已知时，过该点任意方向面上的应力均可以由平衡方法确定，即该点处的应力状态完全确定。进而，还可以确定这些应力中的最大值和最小值以及它们的作用面。因此，一点处的应力状态可用围绕该点的单元体及其各面上的应力描述。在分析一点的应力状态时，通常就以单元体作为研究对象。

必须指出，从构件中取出单元体进行研究，只是认识构件内各点应力状态的一种手段，每一个单元体只代表构件中的一个点，单元体各个侧面上的应力则与构件内相应点的各个方向面上的应力一一对应。

应力状态的类型有多种，通常分为平面应力状态和空间应力状态两种，其中最一般的情形是空间应力状态，如图 9-5 所示。

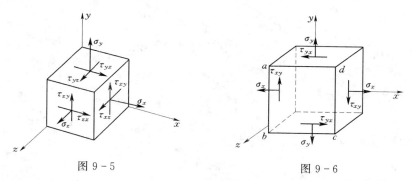

图 9-5   图 9-6

在单元体的六个侧面中，只在两对面上有应力作用并且所有应力作用线均平行于同一个平面时，这种应力状态统称为平面应力状态，其一般形式如图 9-6 所示，即在 x 面（外法线沿 x 轴的平面）上作用有应力 σ_x、τ_{xy}，在 y 面（外法线沿 y 轴的平面）上作用有应力 σ_y、τ_{yx}。

工程中，较为常见的是平面应力状态，这是本书研究的重点。

第二节 平面应力状态分析

本节将研究当某点的应力状态为平面应力状态时，过该点的各个方向面的应力（正应力和剪应力）如何用平衡方法进行计算，即应力状态分析的解析法，后面还将介绍应力圆法。

一、平面应力分析的解析法

（一）单元体

为了研究受力构件内某一点处的应力状态，可以围绕该点截取出一个单元体。例如，研究图9-7（a）所示矩形截面悬臂梁内 A 点处的应力状态，围绕 A 点用三对相互垂直的平面截取单元体［见图9-7（b）］。由于单元体的边长均为无穷小量，故可认为在单元体各个表面上的应力都是均匀的，而且任意一对平行侧面上的应力是相等的。为了简便起见，将这种前、后两个面上应力为零的单元体，用图9-7（c）所示的平面图形表示。

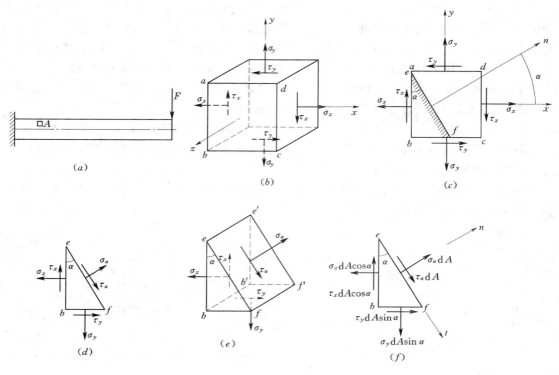

图 9-7

下面研究与 z 轴平行的任意斜截面 ef［见图9-7（c）］上的应力。由于习惯上常用 α 表示斜截面 ef 的外法线 n 与 x 轴正方向之间的夹角，所以又把这个斜截面简称为 α 截面，并用 σ_α 和 τ_α 表示作用在这个截面上的应力［见图9-7（d）］。

（二）符号规定

对于应力 σ、τ 的正负号规定同前面章节所述一致，而方位角 α 则从 x 轴正向到外法线 n 逆时针转向的为正值，顺时针转向的为负值。如图9-7（b）中，σ_x、σ_y、τ_x 为正值，τ_y 为负值。图9-7（c）中，α 为正值。

（三）计算公式的推导

当用平衡方法求 α 截面上的应力时，首先用截面法沿截面 ef 将单元体切成两部分，并取左半部分 ebf 为研究对象［见图9-7（d）］，隔离体 ebf 的立体图及其上应力的作用情况如图9-7（e）所示。设斜截面 ef 的面积为 $\mathrm{d}A$，则截面 eb 和截面 bf 的面积分别是 $\mathrm{d}A\cos\alpha$ 和 $\mathrm{d}A\sin\alpha$。隔离体 ebf 的受力图如图9-7（f）所示，该部分沿斜面法向和切向的平衡方程则分别为

$$\sum F_n = 0: \quad \sigma_\alpha \mathrm{d}A + (\tau_x \mathrm{d}A\cos\alpha)\sin\alpha - (\sigma_x \mathrm{d}A\cos\alpha)\cos\alpha$$
$$+ (\tau_y \mathrm{d}A\sin\alpha)\cos\alpha - (\sigma_y \mathrm{d}A\sin\alpha)\sin\alpha = 0$$

$$\sum F_t = 0: \quad \tau_\alpha \mathrm{d}A - (\tau_x \mathrm{d}A\cos\alpha)\cos\alpha - (\sigma_x \mathrm{d}A\cos\alpha)\sin\alpha$$

$$+ (\tau_y \mathrm{d}A\sin\alpha)\sin\alpha + (\sigma_y \mathrm{d}A\sin\alpha)\cos\alpha = 0$$

由此得

$$\sigma_\alpha = \sigma_x \cos^2\alpha + \sigma_y \sin^2\alpha - (\tau_x + \tau_y)\sin\alpha\cos\alpha \qquad (a)$$

$$\tau_\alpha = (\tau_x - \tau_y)\sin\alpha\cos\alpha + \tau_x\cos^2\alpha - \tau_y\sin^2\alpha \qquad (b)$$

根据剪应力互等定理知，τ_x 和 τ_y 的数值相等。由三角学知识知

$$\cos^2\alpha = \frac{1 + \cos 2\alpha}{2}$$

$$\sin^2\alpha = \frac{1 - \cos 2\alpha}{2}$$

$$2\sin\alpha\cos\alpha = \sin 2\alpha$$

将上述关系代入式（a）和式（b），于是得

$$\sigma_\alpha = \frac{\sigma_x + \sigma_y}{2} + \frac{\sigma_x - \sigma_y}{2}\cos 2\alpha - \tau_x\sin 2\alpha \qquad (9-1)$$

$$\tau_\alpha = \frac{\sigma_x - \sigma_y}{2}\sin 2\alpha + \tau_x\cos 2\alpha \qquad (9-2)$$

此即求斜截面应力的一般公式。利用该公式可由已知应力 σ_x、σ_y 和 τ_x 计算任一 α 截面上的应力 σ_α 和 τ_α。

注意：使用上述公式时，必须遵守应力 σ、τ 和角度 α 的正负号规定。

二、应力圆

以上所述平面应力状态的应力分析，也可用图解法进行。

（一）应力圆方程

由式（9-1）和式（9-2）可知，任意一斜截面的正应力 σ_α 和剪应力 τ_α 均随参量 2α 变化。这说明 σ_α 和 τ_α 之间存在确定的函数关系。为了建立它们之间的直接关系式，首先将式（9-1）和式（9-2）改写成以下形式：

$$\sigma_\alpha - \frac{\sigma_x + \sigma_y}{2} = \frac{\sigma_x - \sigma_y}{2}\cos 2\alpha - \tau_x\sin 2\alpha$$

$$\tau_\alpha - 0 = \frac{\sigma_x - \sigma_y}{2}\sin 2\alpha + \tau_x\cos 2\alpha$$

然后，将以上二式各自平方并相加，即得

$$\left(\sigma_\alpha - \frac{\sigma_x + \sigma_y}{2}\right)^2 + (\tau_\alpha - 0)^2 = \left(\frac{\sigma_x - \sigma_y}{2}\right)^2 + \tau_x^2 \qquad (c)$$

可以看出，对于所研究的如图 9-8（a）所示的单元体，若已知 σ_x、σ_y 和 τ_x，则在以正应力 σ 为横轴、剪应力 τ 为纵轴的平面内，式（c）表示的轨迹是一个如图 9-8（b）所示的圆，其中圆心 C 的坐标为 $\left(\dfrac{\sigma_x + \sigma_y}{2},\ 0\right)$，半径为

$$R = \sqrt{\left(\frac{\sigma_x - \sigma_y}{2}\right)^2 + \tau_x^2}$$

此圆称为应力圆或莫尔圆。

（二）应力圆的绘制

研究图 9-9（a）所示的单元体，已知 σ_x、τ_x 和 σ_y（$\tau_y = -\tau_x$），可按下面方法作相应

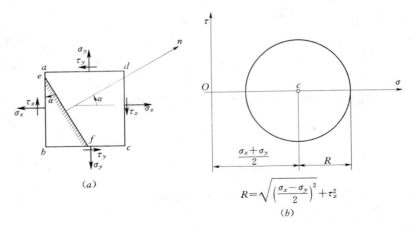

图 9-8

的应力圆。如图 9-9 （b） 所示，在 $\sigma-\tau$ 平面内，与 x 面对应的点位于 D_1 （σ_x， τ_x），与 y 面对应的点位于 D_2 （σ_y， τ_y），由于 $\overline{D_1B_1}=\overline{D_2B_2}$ （因为 $\tau_x=-\tau_y$），直线 D_1D_2 与 σ 轴的交点 C 的横坐标应为 （$\sigma_x+\sigma_y$） /2，即 C 点为应力圆的圆心，因此，以 C 为圆心，CD_1 （或 CD_2） 为半径作圆，即得所求相应于该单元体应力状态的应力圆。

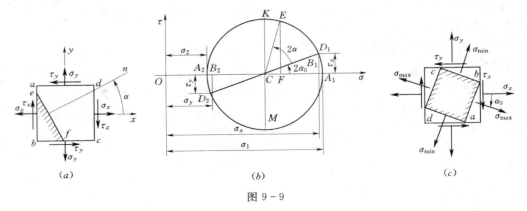

图 9-9

应力圆作出后，如果欲求 α 面的应力，则只需将半径 CD_1 沿着逆时针方向旋转 2α 角，即转至 CE 处，所得 E 点的横坐标 σ_E 和纵坐标 τ_E，则分别代表 α 面的正应力 σ_α 和剪应力 τ_a。

以上作图的正确性可证明如下：

$$\sigma_E = \overline{OC} + \overline{CF} = \overline{OC} + \overline{CE}\cos(2\alpha_0 + 2\alpha)$$

$$= \overline{OC} + \overline{CD}_1\cos(2\alpha_0 + 2\alpha)$$

$$= \overline{OC} + \overline{CD}_1\cos2\alpha_0\cos2\alpha - \overline{CD}_1\sin2\alpha_0\sin2\alpha$$

$$= \frac{\sigma_x + \sigma_y}{2} + \frac{\sigma_x - \sigma_y}{2}\cos2\alpha - \tau_x\sin2\alpha \qquad (d)$$

$$\tau_E = \overline{CE}\sin(2\alpha_0 + 2\alpha)$$

$$= \overline{CD}_1\cos(2\alpha_0 + 2\alpha)$$

$$= \overline{CD}_1 \sin 2\alpha_0 \cos 2\alpha + \overline{CD}_1 \cos 2\alpha_0 \sin 2\alpha$$

$$= \tau_x \cos 2\alpha + \frac{\sigma_x - \sigma_y}{2} \sin 2\alpha \qquad (e)$$

将式（d）和式（e）分别与式（9-1）和式（9-2）比较，可得

$$\sigma_E = \sigma_\alpha, \quad \tau_E = \tau_\alpha$$

即 E 点的横坐标和纵坐标分别等于 α 面的正应力和剪应力。

（三）几种对应关系

从以上作图及证明可以看出，应力圆上的点与单元体上的面之间的对应关系（见图9-10）如下。

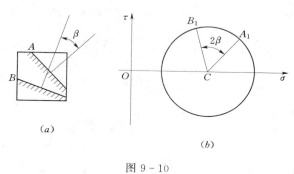

1. 点面对应

应力圆上的点对应单元体上的面，圆上点的横、纵坐标对应单元体上面的正应力、剪应力。如图 9-10 中，A_1 点对应 A 面，B_1 点对应 B 面。应力圆

图 9-10

上 A_1、B_1 点的横、纵坐标分别对应于单元体 A、B 两面的正应力、剪应力。

2. 转向对应

应力圆半径旋转时，半径端点的坐标随之改变，对应地，单元体面的外法线亦沿相同方向旋转，以保证单元体某一方向面的应力与应力圆上半径端点的坐标相对应。

3. 两倍角对应

应力圆上半径转过的角度，等于单元体相应截面外法线转角的两倍（见图 9-10）。

应力圆直观地反映了一点处平面应力状态下任意斜截面的应力随截面方位角变化的规律，以及一点处应力状态的特征。在实际应用中，可以利用应力圆来理解一点处应力状态的一些特性。

当对某点的应力状态进行分析时，将公式计算和应力圆联合使用，更能保证应力状态分析的正确性。

【例 9-1】　试分别用解析法及图解法求图 9-11（a）所示单元体在 $\alpha = 30°$ 的斜截面上的应力。

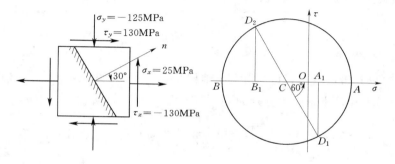

图 9-11

解： 1. 解析法

用式（9-1）和式（9-2）求 α 斜截面上的应力：

$$\sigma_a = \frac{\sigma_x + \sigma_y}{2} + \frac{\sigma_x - \sigma_y}{2}\cos 2\alpha - \tau_x \sin 2\alpha$$

$$= \frac{25 + (-125)}{2} + \frac{25 - (-125)}{2}\cos 60° - (-130)\sin 60°$$

$$= -150 + \frac{150}{4} - (-130)\frac{\sqrt{3}}{2}$$

$$= -50 + 37.5 + 112.5$$

$$= 100\text{MPa}$$

$$\tau_a = \frac{\sigma_x - \sigma_y}{2}\sin 2\alpha + \tau_x \cos 2\alpha$$

$$= \frac{25 + (-125)}{2}\sin 60° + (-130)\cos 60°$$

$$= 75\frac{\sqrt{3}}{2} - 65$$

$$= 0$$

2. 图解法

在 $\sigma-\tau$ 平面内，选定一定比例，由 $\sigma_x = 25$、$\tau_x = -130$ 描述点 D_1，由 $\sigma_y = -125$、$\tau_y = 130$ 描述点 D_2，连接 D_1、D_2 的直线交 σ 轴于 C 点。以 C 为圆心、D_1D_2 为直径作应力圆如图 9-11（b）所示。

从点 D_1 开始沿逆时针转向（和 α 转向相同）量弧长 $\overparen{D_1A}$ 并使它所对应的圆心角 $2\alpha = 60°$，得到的点 A 刚好落在 σ 轴上，它的横坐标就是 σ_a，纵坐标就是 τ_a，量得

$$\sigma_a = 100\text{MPa}, \quad \tau_a = 0$$

第三节 最大应力和主应力

根据上面介绍的方法，对于构件上处于平面应力状态的任意点，只要知道 x 面和 y 面的应力 σ_x、τ_x、σ_y、τ_y，就能够计算出任意斜截面的应力 σ_a 和 τ_a。为了构件的强度计算，还必须求出最大正应力和最大剪应力以及它们所在的截面的方位。

一、最大应力

（一）最大正应力

1. 最大正应力值

由图 9-9（b）可以看出，应力圆与 σ 轴相交于 A_1、A_2 两点，由此得单元体与 z 轴平行各截面中的最大和最小正应力分别为

$$\sigma_{\max} = \sigma_{A1} = \overline{OC} + \overline{CA_1} = \frac{\sigma_x + \sigma_y}{2} + \sqrt{\left(\frac{\sigma_x - \sigma_y}{2}\right)^2 + \tau_x^2} = \sigma_1 \qquad (9-3a)$$

$$\sigma_{\min} = \sigma_{A1} = \overline{OC} - \overline{CA_1} = \frac{\sigma_x + \sigma_y}{2} - \sqrt{\left(\frac{\sigma_x - \sigma_y}{2}\right)^2 + \tau_x^2} = \sigma_2 \qquad (9-3b)$$

2. 最大正应力截面方位

主平面的方位角 α_0 则由下式确定：

$$\tan 2\alpha_0 = \frac{\overline{D_1 B_1}}{\overline{CB_1}} = -\frac{2\tau_x}{\sigma_x - \sigma_y} \tag{9-4}$$

式中：负号表示由 x 面的外法线到最大正应力作用面的外法线沿顺时针方向旋转。

根据应力圆两点与单元体两面 2 倍角的对应关系，并考察到 A_1、A_2 两点位于应力圆同一直径的两端，即知最大正应力所在截面与最小正应力所在截面互相垂直，各正应力极值所在截面的方位如图 9-9 （c）所示。

注意：当 σ_x、σ_y 和 τ_x 已知，由式（9-4）确定最大正应力所在截面方位角 α_0 时，由于有下列关系，会得到两个根：

$$\tan 2(\alpha_0 + 90°) = \tan(2\alpha_0 + 180°) = \tan 2\alpha_0$$

为此，还必须进一步判断出与 σ_{max} 对应的是 α_0 还是 $\alpha_0 + 90°$。根据实践经验和理论分析，得到下面的规律：

（1）最大正应力 σ_{max} 总是偏向代数值 σ_x 和 σ_y 中较大者，且夹角总是小于或等于 45°。

（2）最小正应力 σ_{min} 总是偏向代数值 σ_x 和 σ_y 中较小者，且夹角总是小于或等于 45°。

为便于记忆，将上述规则通俗地概括为："大偏大，小偏小，夹角不比 45° 大"。

根据以上规则确定最大、最小正应力方向的具体方法见［例 9-2］和［例 9-3］。

（二）最大剪应力

从图 9-9 （b）中还可以看出，应力圆上存在 K、M 两个极值点，由此得单元体各截面中的最大和最小剪应力分别为

$$\tau_{max} = \tau_K = \sqrt{\left(\frac{\sigma_x - \sigma_y}{2}\right)^2 + \tau_x^2} = \frac{\sigma_1 - \sigma_3}{2} \tag{9-5a}$$

$$\tau_{min} = \tau_M = -\sqrt{\left(\frac{\sigma_x - \sigma_y}{2}\right)^2 + \tau_x^2} = -\frac{\sigma_1 - \sigma_3}{2} \tag{9-5b}$$

其所在截面也互相垂直。

以上结论也可以从式（9-1）和式（9-2）中导出。

【例 9-2】　试求图 9-12 （a）所示单元体内的最大和最小正应力，并标示出所在截面的方位。

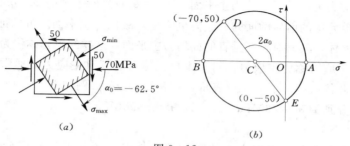

图 9-12

解：1. 用解析法求解

已知 $\sigma_x = -70\text{MPa}$，$\tau_x = 50\text{MPa}$，$\sigma_y = 0$，则

$$\sigma_{max} = \frac{-70+0}{2} + \sqrt{\left(\frac{-70-0}{2}\right)^2 + 50^2} = -35 + \sqrt{35^2 + 50^2} \approx 26\text{MPa} \quad （拉应力）$$

$$\sigma_{min} = \frac{-70+0}{2} - \sqrt{\left(\frac{-70-0}{2}\right)^2 + 50^2} = -35 - \sqrt{35^2 + 50^2} \approx -96\text{MPa} \quad （压应力）$$

最大正应力所在截面方位为

$$\tan 2\alpha_0 = -\frac{2 \times 50}{-70-0} = -\frac{100}{-70} \approx 1.4286$$

由此得

$$2\alpha_0 \approx 55°, \quad \alpha_0 \approx 27.5°$$

α_0 为正值表示由 σ_x 逆时针转角。

2. 用口诀求解

根据"大偏大，小偏小，夹角不比 45°大"的规则，σ_{max} 偏向 σ_y，σ_{min} 偏向 σ_x。最大和最小正应力的截面方位，如图 9-12（a）所示。

3. 用图解法求解

在 $\sigma-\tau$ 平面内，按比例作应力圆如图 9-12（b）所示。量得 A、B 两点的横坐标分别为 26 和 -96，所以最大和最小正应力分别为

$$\sigma_{max} = \sigma_A = 26\text{MPa}, \quad \sigma_{min} = \sigma_B = -96\text{MPa}$$

从应力圆上量得角度 $\angle DCA = 125°$，且自半径 CD 至 CA 的转向为顺时针方向，所以，最大正应力所在截面的方位角可量得

$$\alpha_0 = -\frac{125°}{2} = -62.5°$$

结果与解析法相同。

二、主应力

（一）主平面、主单元体和主应力

由图 9-9（b）所示应力圆看出，A_1、A_2 两点的横坐标分别是该单元体［见图 9-9（a）］垂直于 xy 平面的各截面上正应力中的最大值和最小值，而 A_1、A_2 两点的纵坐标为零，这说明，在正应力取得最大值和最小值的截面上，其剪应力为零［见图 9-9（c）］。这个结论也可以从式（9-1）和式（9-2）中得到证明。

单元体上剪应力为零的截面称为主平面。图 9-9（c）所示截面 ab、bc、cd 和 da 均为主平面。此外，该单元体的前后两面的剪应力也为零，故也为主平面。可以证明，一点处必定存在这样一个单元体，其三对相互垂直的面均为主平面，这样的单元体称为主单元体。

主平面上的正应力称为主应力。对于主单元体上的三对主应力，通常规定按代数值大小的顺序排列，并依次用 σ_1、σ_2、σ_3 表示，即 $\sigma_1 \geqslant \sigma_2 \geqslant \sigma_3$。例如图 10-12（a）所示主单元体的三个主应力分别为 $\sigma_1 = 26\text{MPa}$，$\sigma_2 = 0$，$\sigma_3 = -96\text{MPa}$。

（二）应力状态分类

可以证明，不论是处于平面应力状态的单元体内，还是处于空间应力状态的单元体内，一定可以找到一个主单元体，而且是唯一的，所以用主应力 σ_1、σ_2、σ_3 表示一点处的应力状态具有普遍的意义。

根据主应力的数值，可将应力状态分为三类：

（1）三个主应力中，如仅有一个不为零，则该点的应力状态称为单向应力状态或简单应力状态。

（2）如有两个不为零，则称为二向应力状态或平面应力状态。

（3）如三个主应力均不为零，则称为三向应力状态或空间应力状态。

二向和三向应力状态统称为复杂应力状态。

例如，图 9-13（a）所示的单元体处于单向应力状态，图 9-13（b）所示的单元体则处于二向应力状态。

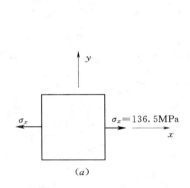
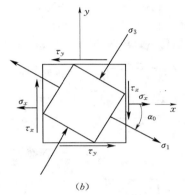

图 9-13

图 9-14（a）所示为钢轨受车轮的静荷载作用时，围绕接触点用横截面、与接触面平行的面和铅垂纵面截取的一个单元体，其三个相互垂直的平面都是主平面。单元体除在垂直方向直接受压外，由于其横向变形受到周围材料的阻碍，因而侧向也受到压应力作用，即单元体处的应力状态如图 9-14（b）所示，是三向受压的空间应力状态。

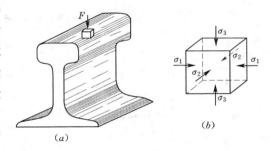

图 9-14

【例 9-3】　一悬臂梁如图 9-15（a）所示。试求距自由端 400mm 的截面 $K-K$ 上 A、B、C、D、E 五点处的主应力数值和主平面位置。

解： 在梁 $K-K$ 截面上的内力为

$$Q = -10\text{kN}$$

$$M = -10 \times 10^3 \times 400 \times 10^{-3} = -4 \times 10^{-3}\text{N} \cdot \text{m} = -4\text{kN} \cdot \text{m}$$

梁横截面的惯性矩为

$$I = \frac{60 \times 120^3}{12} = 8.64 \times 10^6 \text{mm}^4 = 8.64 \times 10^{-6} \text{m}^4$$

在梁 $K-K$ 截面的 A、B、C、D、E 五点处取单元体如图 9-15（b）所示。

1. 求点 A 处的主应力

$$\sigma_x = \frac{My}{I} = \frac{-4 \times 10^3 \times (-60 \times 10^{-3})}{8.64 \times 10^{-6}} = 27.8 \times 10^6 \text{N/m}^2 = 27.8\text{MPa}$$

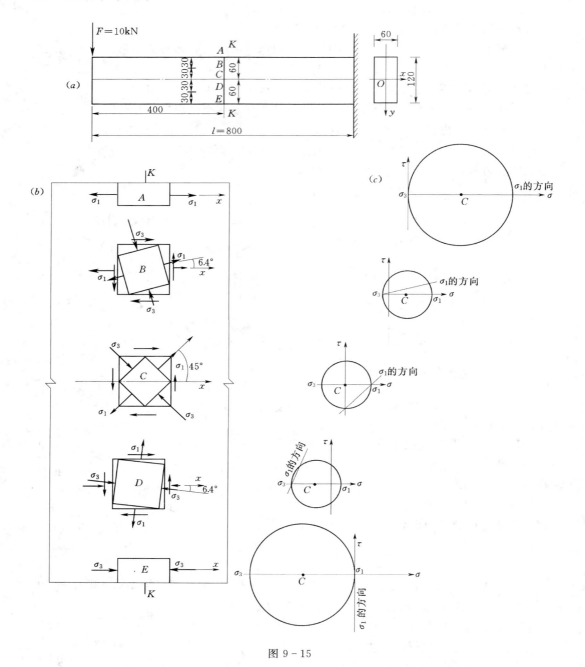

图 9-15

$$\tau_x = \frac{QS}{Ib} = \frac{Q \times 0}{Ib} = 0, \quad \sigma_y = 0, \quad \tau_y = 0$$

根据定义，$\tau = 0$ 的平面为主平面，作用在主平面上的正应力就是主应力，所以在点 A 处的主应力即为

$$\sigma_1 = \sigma_x = 27.8\text{MPa}$$

$$\sigma_3 = \sigma_y = 0$$

$$\sigma_2 = 0$$

并且点 A 处于单向应力状态，在该点处的横截面和纵截面就是主平面。将点 A 处的主应力 σ_1 表示在单元体上，如图 $9-15$（b）所示。

2. 求点 B 处的主应力

$$\sigma_x = \frac{My}{I} = \frac{-4 \times 10^3 \times (-30 \times 10^{-3})}{8.64 \times 10^{-6}} = 13.9 \times 10^6 \, \text{N/m}^2 = 13.9 \text{MPa}$$

$$\tau_x = \frac{QS}{Ib} = \frac{-10 \times 10^3 \times (60 \times 30 \times 45 \times 10^{-9})}{8.64 \times 10^{-6} \times 60 \times 10^{-3}} = -1.56 \times 10^6 \, \text{N/m}^2 = -1.56 \text{MPa}$$

$$\sigma_y = 0, \quad \tau_y = -\tau_x = 1.56 \text{MPa}$$

将以上各式代入式（$9-3a$）、式（$9-3b$），计算主应力的数值，可以得到

$$\sigma_1 = 14.08 \text{MPa}, \quad \sigma_3 = -0.18 \text{MPa}$$

由式（$9-4$）求主应力的方向为

$$\tan 2\alpha_0 = -\frac{2\tau_x}{\sigma_x - \sigma_y} = \frac{2(-1.56)}{13.9 - 0} = 0.225$$

解得

$$2\alpha_0 = 12.8° \Rightarrow \alpha_0 = 6.4°$$

下面运用前面介绍的判断主应力方向的规则进行分析。因为在点 B 处，$\sigma_x > \sigma_y$，所以 σ_1 必然偏向于 σ_x 并且二者相交成小于 $45°$ 的锐角，可见 $\alpha_0 = 6.4°$ 应该是 σ_x 与 σ_1 之间的夹角。在点 B 的单元体上，由 x 轴开始向逆时针方向转 $6.4°$ 就可以得到 σ_1 作用的主平面的外向法线 n，从而确定 σ_1 的方向及其所在主平面的位置。另一主应力 σ_3 的方向及其所在主平面的位置分别与 σ_1 的方向及其所在主平面的位置垂直。将点 B 处的主应力 σ_1 和 σ_3 的方向和所在主平面的位置表示在单元体上，如图 $9-15$（b）中所示。可见点 B 是处于二向应力状态。

3. 求点 C 处的主应力

$$\sigma_x = \frac{My}{I} = \frac{-4 \times 10^3 \times 0}{8.64 \times 10^{-6}} = 0$$

$$\tau_x = \frac{QS}{Ib} = \frac{-10 \times 10^3 \times (60 \times 60 \times 30 \times 10^{-9})}{8.64 \times 10^{-6} \times 60 \times 10^{-3}} = -2.1 \text{MPa}$$

$$\sigma_y = 0, \quad \tau_y = 2.1 \text{MPa}$$

将以上各式代入式（$9-3a$）、式（$9-3b$），计算主应力的数值，可以得到

$$\sigma_1 = 2.1 \text{MPa}, \quad \sigma_3 = -2.1 \text{MPa}$$

由式（$9-4$）求出主应力的方向为

$$\tan 2\alpha_0 = -\frac{2\tau_x}{\sigma_x - \sigma_y} = -\frac{2(-2.1)}{0} = \infty$$

解得

$$2\alpha_0 = 90° \Rightarrow \alpha_0 = 45°$$

下面运用前面介绍的判断主方向的规则进行分析。因为在点 C 处，$\sigma_x = \sigma_y = 0$，所以 σ_1 和 σ_3 既不偏向于 σ_x 也不偏向于 σ_y，这时可以根据剪应力 τ_x 和 τ_y 的方向来判断，从图 $9-15$（b）所示的点 C 的单元体图可以直观地看出，σ_1 应与 x 轴相交成 $45°$ 角，则 σ_3 与 x 轴相交成 $-45°$ 角，这与力的合成规律相符合。将点 C 处的主应力 σ_1 和 σ_3 的方向和所在的主平面位置表示在单元体上，如图 $9-15$（b）所示。

由于点 C 是在梁的中性层上，所以由上述结果可以知道，在梁的中性层上的任一点

处，其主应力的大小与过该点的横截面上的剪应力的大小相等，并且主应力的方向与 x 轴（梁轴线）相交成 45°角。由于在这种单元体的四个面上只作用有剪应力而没有正应力，所以它处于纯剪切应力状态。

4. 求点 D 处的主应力

根据上述方法很容易求得

$$\sigma_x = -13.9\mathrm{MPa}, \quad \tau_x = -1.56\mathrm{MPa}, \quad \sigma_y = 0, \quad \tau_y = 1.56\mathrm{MPa}$$

$$\sigma_1 = 0.18\mathrm{MPa}, \quad \sigma_3 = -14.08\mathrm{MPa}, \quad \alpha_0 = -6.4°$$

由于 $\sigma_x < \sigma_y$，所以 σ_3 偏向 σ_x，即 $\alpha_0 = -6.4°$ 是 σ_x 与 σ_3 之间的夹角。在点 D 的单元体上，从 x 轴开始向顺时针方向转 6.4°，就得到 σ_3 作用的主平面的外向法线 n。从而确定主应力 σ_1、σ_3 的方向和所在主平面的位置，如图 9-15 (b) 所示。

5. 求点 E 处的主应力

根据上述方法很容易求得

$$\sigma_1 = \sigma_y = 0, \quad \sigma_3 = \sigma_x = -27.8\mathrm{MPa}$$

$$\tau_x = 0, \quad \tau_y = 0$$

与点 A 类似，点 E 也是处于单向应力状态，该点处的横截面和纵截面就是主平面。

将点 E 的主应力和主平面表示在单元体上，如图 9-15 (b) 所示。

同样，我们也可以用应力圆求梁内各单元体上主应力的数值和方向。在图 9-15 (c) 中作出表示 A、B、C、D、E 各点处应力状态的应力圆，在这些应力圆上可以量出主应力的数值并画出主应力的方向。

通过本例对梁同一横截面上五个点处的应力状态的分析，可以对梁在横力弯曲时各点处的应力状态有一个比较全面的了解。可以看出，计算梁内任意一点的主应力时，由于总存在下列关系，有

$$\sigma_x = \sigma, \quad \sigma_y = 0, \quad \tau_x = -\tau_y = \tau$$

式中：σ、τ 分别为梁横截面上的正应力和剪应力。

因此，可以将式 (9-3a)、式 (9-3b) 和式 (9-4) 简化为

$$\sigma_1 = \frac{\sigma}{2} + \sqrt{\left(\frac{\sigma}{2}\right)^2 + \tau^2}$$

$$\sigma_2 = \frac{\sigma}{2} - \sqrt{\left(\frac{\sigma}{2}\right)^2 + \tau^2}$$

$$\tan 2\alpha_0 = -\frac{2\tau}{\sigma}$$

本例还说明，在梁内任一点处的两个主应力，必然是一个为拉应力 σ_1，另一个为压应力 σ_3，两者方向是相互垂直的。

（三）主应力迹线

对一个平面结构来说，可以求出其中任意一点处的两个主应力，这两个主应力的方向是互相垂直的。图 9-15 (b) 中表示的是图 9-15 (a) 所示悬臂梁 $K-K$ 横截面上几个点处的主应力情况，由它们可以看出沿梁高不同点处主应力变化的一些规律。这对于结构设计是很有用的。

　　例如，在设计钢筋混凝土梁时，根据梁中主应力的变化情况，就可以判断可能发生裂缝的方向，从而恰当地配置钢筋，更有效地发挥钢筋的抗拉作用。在工程设计中，有时需要根据构件上各计算点的主应力方向，绘制出两组彼此正交的曲线，在这些曲线上任意一点处的切线方向就是该点处主应力的方向。这种反映主应力方向规律的曲线称为主应力迹线。

　　下面结合图 9-16（a）所示的在均布荷载 q 作用下的简支梁，说明绘制梁的主应力迹线的方法。首先对梁选取若干个横截面，每个横截面上选定若干个计算点［见图 9-16（a）］，然后求出每个计算点的主拉应力 σ_1 和主压应力 σ_3 的大小和方向，再根据各点的主应力方向勾画出梁的主应力迹线，如图 9-16（b）所示，其中，实线为主拉应力 σ_1 的迹线，虚线为主压应力 σ_3 的迹线。

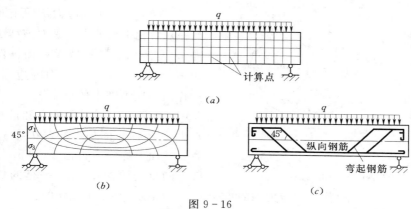

图 9-16

　　通过对梁的主应力迹线的分析，可以看出，对于承受均布荷载的简支梁，在梁的上、下边缘附近的主应力迹线是水平线，在梁的中性层处，主应力迹线的倾角为45°。如果是钢筋混凝土梁，水平方向的主拉应力 σ_1 可能使梁发生竖向裂缝，倾斜方向的主拉应力 σ_1 可能使梁发生斜向裂缝。因此，在钢筋混凝土梁中，不但要配置纵向抗拉钢筋，而且通常还要配置斜向弯起钢筋［见图 9-16（c）］。

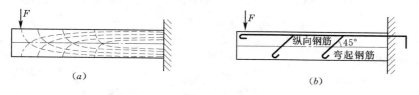

图 9-17

　　同样，受集中荷载作用的悬臂梁的主应力迹线及钢筋混凝土梁的配筋图如图 9-17 所示。

　　图 9-18 表示的是某重力坝的主压应力迹线图。将这个图与前面的图 9-4 对比来看，可以看出，重力坝施工纵缝的每一键槽的两个斜面大体是主平面，而且分别与两组主压应力迹线接近于垂直。这样就可以利用主压应力的作用使键槽面相互压紧，同时，由于在这些面上的剪应力接近于零，不会使键槽发生剪切错动，从而加强了坝体的整体性。

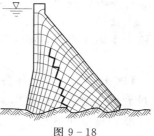

图 9-18

第四节　三向应力状态的最大应力

一点处应力状态的一般形式是三向应力状态，下面研究三向应力状态的最大应力。

考虑图 9 - 19（a）所示主单元体，主应力 σ_1、σ_2、σ_3 均为已知，现在分析单元体内各截面的应力。

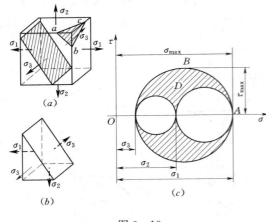

图 9 - 19

首先分析与 σ_3 平行的任意斜截面上的应力。为此，沿该斜截面将单元体截开分为两部分，并研究其左边部分的平衡［见图 9 - 19（b）］。由于主应力 σ_3 所在的两平面上是一对自相平衡的力，因而该截面上的正应力 σ、剪应力 τ 与 σ_3 无关，而仅仅取决于 σ_1 和 σ_2。因此，这类斜截面的应力可由 σ_1 和 σ_2 作出的应力圆上的点来表示［见图 9 - 19（c）］，而该应力圆上的最大和最小正应力分别为 σ_1 和 σ_2。同理可知，在与 σ_1 平行的任意斜截面上的应力可由 σ_2 和 σ_3 作出的应力圆上的点表示，在与 σ_2 平行的任意斜截面上的应力，可由 σ_3 和 σ_1 作出的应力圆的点表示，这样就得到三个相切的应力圆。

还可以证明，对于与三个主应力均不平行的任意斜截面，例如图 9 - 19（a）所示的 abc 截面上的应力 σ 和 τ 对应的 D 点，必位于由上述三个应力圆所围成的阴影区域内［见图 9 - 19（c）］。

综合所述，在 σ - τ 平面内，代表任一斜截面的应力的点或位于应力圆上，或位于由三个应力圆所围成的阴影范围内。

由此可见，在三向应力状态下，最大和最小正应力分别就是最大和最小主应力，即

$$\sigma_{\max} = \sigma_1 \tag{9-6}$$

$$\sigma_{\min} = \sigma_3 \tag{9-7}$$

而最大剪应力则为

$$\tau_{\max} = \frac{\sigma_1 - \sigma_3}{2} \tag{9-8}$$

最大剪应力所在截面与 σ_2 方向平行，其外法线与 σ_1 和 σ_3 方向均成 45°夹角。

上述结论同样适用于单向和二向应力状态，只需将具体问题中的主应力求出，并按代数值大小顺序排列，即 $\sigma_1 \geqslant \sigma_2 \geqslant \sigma_3$。

【例 9 - 4】　单元体各面上的应力如图 9 - 20（a）所示。试作应力圆，并求出主应力和最大剪应力及其作用面的方位。

解：该单元体有一个已知的主应力 $\sigma_z = 20\text{MPa}$。因此，与该主平面正交的各截面上的应力与主应力 σ_z 无关，于是，可依据 x 截面和 y 截面上的应力画出应力圆［见图 9 - 20（b）］。由应力图上可得两个主应力值为 46MPa 和 -26MPa。将该单元体的三个主应力按

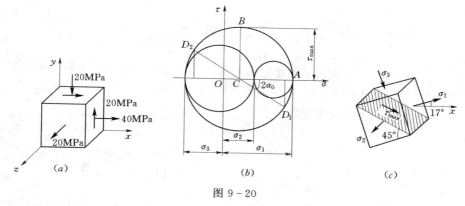

图 9-20

其代数值的大小顺序排列为

$$\sigma_1 = 46\text{MPa}, \quad \sigma_2 = 20\text{MPa}, \quad \sigma_3 = -26\text{MPa}$$

依据三个主应力值，便可作出三个应力圆，如图 9-20 (b) 所示。在其中最大的应力圆上，B 点的纵坐标（该圆的半径）即为该单元体的最大剪应力，其值为

$$\tau_{\max} = \overline{BC} = 36\text{MPa}$$

且 $2\alpha_0 = 34°$，据此便可确定 σ_1 主平面方位及其余各主平面的位置。而最大剪应力所在截面与 σ_2 平行，与 σ_1 和 σ_3 所在的主平面各成 45°夹角，如图 9-20 (c) 所示。

本例也可以用解析法求出。解法如下：已知 $\sigma_z = 20\text{MPa}$，与 σ_z 平行的各截面上的应力与主应力 σ_z 无关，另外两个主应力记为 σ'_{zh} 和 σ''_{zh}，可依据 x、y 面的应力 $\sigma_x = 40\text{MPa}$，$\sigma_y = -20\text{MPa}$，$\tau_x = -20\text{MPa}$，由式 (9-3a)、式 (9-3b) 求出为 $\sigma'_{zh} = 46\text{MPa}$，$\sigma''_{zh} = -26\text{MPa}$。该单元体的三个主应力 σ_z、σ'_{zh}、σ''_{zh} 按其代数值的大小顺序排列为

$$\sigma_1 = 46\text{MPa}, \quad \sigma_2 = 20\text{MPa}, \quad \sigma_3 = -26\text{MPa}$$

σ_1 和 σ_3 所在的截面与 σ_2 平行，具体的方位角由式 (9-4) 求出为

$$\tan 2\alpha_0 = -\frac{2\tau_x}{\sigma_x - \sigma_y} = -\frac{2(-20)}{40+20} \approx 0.6667$$

由此得

$$2\alpha_0 = 33.69° \Rightarrow \alpha_0 = 16.8°$$

由于 $\sigma_x > \sigma_y$，$\sigma_1 > \sigma_3$，所以 σ_1 偏向 σ_x，σ_3 偏向 σ_y，σ_1 和 σ_3 的方位如图 9-20 (c) 所示。

最大剪应力为

$$\tau_{\max} = \frac{\sigma_1 - \sigma_3}{2} = \frac{46+26}{2} = 36\text{MPa}$$

$\tau_{\max}$ 所在截面与 σ_2 平行，与 σ_1 和 σ_3 所在的主平面各成 45°夹角。

【例 9-5】 已知某结构物中一点处为平面应力状态，$\sigma_x = -180\text{MPa}$，$\sigma_y = -90\text{MPa}$，$\tau_x = \tau_y = 0$。试求该点处的最大剪应力。

解： 根据给定的应力可知，主应力 $\sigma_1 = \sigma_z = 0$，$\sigma_2 = \sigma_y = -90\text{MPa}$，$\sigma_3 = \sigma_x = -180\text{MPa}$。将有关的主应力值代入式 (9-8) 可得

$$\tau_{\max} = \frac{\sigma_1 - \sigma_3}{2} = \frac{0-(-180)}{2} = 90\text{MPa}$$

第五节 广 义 胡 克 定 律

本节将研究在线弹性范围内、小变形条件下，复杂应力状态下应力分量与应变分量之间的物理关系，通常称为广义胡克定律。

一、三向应力状态下的胡克定律

由轴向拉（压）变形中的应力-应变关系知，如图 9-21 所示的主单元体，在 σ_1 作用下，主单元体棱边 1、2、3 的正应变（也称线应变）分别为

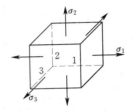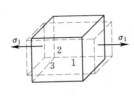

图 9-21

$$\varepsilon'_1 = \frac{\sigma_1}{E}, \quad \varepsilon'_2 = -\nu\frac{\sigma_1}{E}, \quad \varepsilon'_3 = -\nu\frac{\sigma_1}{E}$$

式中：E 为弹性模量；ν 为泊松比。

对于各向同性材料来说，E、ν 值均与方向无关。

同理，在 σ_2 和 σ_3 单独作用下，上述三棱边的正应变分别为

$$\varepsilon''_1 = -\nu\frac{\sigma_2}{E}, \quad \varepsilon''_2 = \frac{\sigma_2}{E}, \quad \varepsilon''_3 = -\nu\frac{\sigma_2}{E}$$

$$\varepsilon'''_1 = -\nu\frac{\sigma_3}{E}, \quad \varepsilon'''_2 = -\nu\frac{\sigma_3}{E}, \quad \varepsilon'''_3 = \frac{\sigma_3}{E}$$

根据叠加原理，当单元体处于三向应力状态时，各棱边的正应变分别为

$$\varepsilon_1 = \frac{1}{E}\left[\sigma_1 - \nu(\sigma_2 + \sigma_3)\right] \tag{9-9a}$$

$$\varepsilon_2 = \frac{1}{E}\left[\sigma_2 - \nu(\sigma_3 + \sigma_1)\right] \tag{9-9b}$$

$$\varepsilon_3 = \frac{1}{E}\left[\sigma_3 - \nu(\sigma_1 + \sigma_2)\right] \tag{9-9c}$$

上述应力和应变之间的关系称为广义胡克定律。显然，上述关系必须满足以下前提：材料是各向同性的，而且处于线弹性范围内。

二、二向应力状态下的胡克定律

图 9-22 所示单元体，有一个主应力 $\sigma_3 = 0$，属于二向应力状态，即相当于三向应力状态下 $\sigma_3 = 0$ 的特例，因而令式（9-9）中的 $\sigma_3 = 0$，便得到二向应力状态下的广义胡克定律，即

$$\varepsilon_1 = \frac{1}{E}(\sigma_1 - \nu\sigma_2) \tag{9-10a}$$

$$\varepsilon_2 = \frac{1}{E}(\sigma_2 - \nu\sigma_1) \tag{9-10b}$$

$$\varepsilon_3 = \frac{1}{E}\left[-\nu(\sigma_1 + \sigma_2)\right] \tag{9-10c}$$

从式（9-10c）可以看出，在二向应力状态下，虽然 $\sigma_3 = 0$，但沿 σ_3 方向的正应变 $\varepsilon_3 \neq 0$。

需要指明一点，式（9-9）和式（9-10）表示的广义胡克定律，是以图9-21和图9-22所示的主应力与主应变（主单元体）建立的，但对于存在剪应力的一般单元体，对于各向同性材料，只要在线弹性范围内且变形是微小的，上述关系仍然成立，即正应变只与正应力有关，剪应变只与剪应力有关。

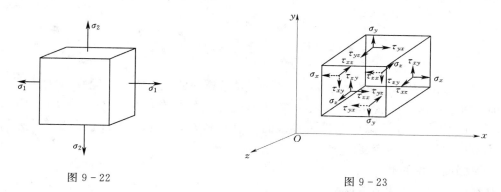

图 9-22

图 9-23

例如，对于如图9-23所示的单元体，广义胡克定律则为

$$\varepsilon_x = \frac{1}{E}\left[\sigma_x - \nu(\sigma_y + \sigma_z)\right] \tag{9-11a}$$

$$\varepsilon_y = \frac{1}{E}\left[\sigma_y - \nu(\sigma_x + \sigma_z)\right] \tag{9-11b}$$

$$\varepsilon_z = \frac{1}{E}\left[\sigma_z - \nu(\sigma_x + \sigma_y)\right] \tag{9-11c}$$

【例9-6】 如图9-24（a）所示边长为 a 的正方形薄板，两侧面受分布为 q 的均布拉力作用，已知材料的 E 和 ν，试求对角线 AB 的伸长。

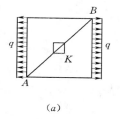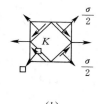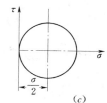

(a) (b) (c)

解： 对角线 AB 的伸长为

图 9-24

$$\Delta l = l_{AB}\varepsilon_{45°} = \sqrt{2}a\varepsilon_{45°}$$

为此，必须先求出对角线 AB 的线应变 $\varepsilon_{45°}$。在对角线任一点 K 处，截取一个两对截面分别和板边平行的单元体，显然该单元体处于单向应力状态，$\sigma=q$，如图9-24（b）所示。相应的应力圆如图9-24（c）所示。由应力圆可求出单元体45°和-45°截面上的正应力，即

$$\sigma_{45°} = \sigma_{-45°} = \frac{\sigma}{2}$$

由广义胡克定律得

$$\varepsilon_{45°} = \frac{1}{E}(\sigma_{45°} - \nu\sigma_{45°}) = \frac{1}{E}\left(\frac{\sigma}{2} - \nu\frac{\sigma}{2}\right) = \frac{q}{2E}(1-\nu)$$

因此得对角线 AB 的伸长为

$$\Delta l_{AB} = l_{AB}\varepsilon_{45°} = \sqrt{2}a\varepsilon_{45°} = \frac{\sqrt{2}aq}{2E}(1-\nu)$$

第六节 强 度 理 论

在单向应力状态或纯剪应力状态下，强度条件分别为

$$\sigma_{\max} \leqslant [\sigma] = \frac{\sigma_u}{n}$$

$$\tau_{\max} \leqslant [\tau] = \frac{\tau_u}{n}$$

式中：σ_u 为极限应力，是由轴向拉伸（压缩）试验测得的；n 为安全系数。

而在单元体截面上既有正应力 σ 又有剪应力 τ 的复杂应力状态下，实践证明，用 $\sigma \leqslant [\sigma]$ 和 $\tau \leqslant [\tau]$ 作为强度条件是错误的。如何解决复杂应力状态下的强度计算问题，就是本节研究的主要内容。

一、强度理论的概念

材料的破坏形式和强度理论

当杆受轴向拉（压）变形 ［见图 9-25 (a)］ 时，横截面上只有正应力 σ，各点处于单向应力状态 ［见图 9-25 (b)］。

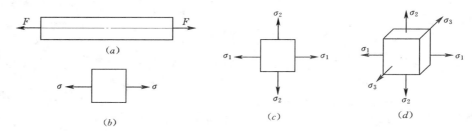

图 9-25

此时，强度条件为

$$\sigma_{\max} = \left(\frac{N}{A}\right)_{\max} \leqslant [\sigma] = \frac{\sigma_u}{n}$$

即

$$\sigma_{\max} \leqslant [\sigma]$$

工程中，许多构件的危险点往往处于复杂应力状态 ［见图 9-25 (c)、(d)］。试验证明，当主应力比值不同时，材料破坏的极值应力不同。如果仍按上述试验的方法建立强度条件，则必须进行材料在 σ_1、σ_2、σ_3 保持各种比值时的力学试验。由于主应力比值繁多，要测出每种比值下的极限应力，实际上很难做到。所以，如何建立复杂应力状态下的强度条件，这正是强度理论所要解决的问题。

长期以来，人们对复杂应力状态下的强度计算问题进行了大量的试验研究和理论研究。试验表明，材料的破坏形式与引起破坏的原因有关。

材料破坏主要有两种形式，一种是破坏前没有明显的塑性变形，突然间破坏，这种破坏称为脆性断裂；另一种是破坏前有显著的塑性变形，破坏有一个过程，这种破坏称为塑性屈服。

材料的破坏形式与引起破坏的原因有关。大量的试验和理论研究发现，脆性断裂常常

是由拉应力或拉应变过大引起的。

　　例如，铸铁试件拉伸时沿横截面断裂，扭转时沿着与轴线约成 45°倾角的螺旋面断裂〔见图9-26（a）、（b）〕，即与最大拉应力或最大拉应变有关。塑性屈服破坏时，材料出现屈服现象或显著的塑性变形〔见图9-3（a）、（b）〕，许多试验表明，屈服或显著塑性变形常常是由剪应力过大引起的。例如，低碳钢试件拉伸屈服时在与轴线约成45°方向出现滑移线，而扭转屈服时则沿纵、横方向出现滑移线，即均与剪应力有关。

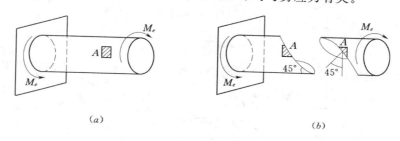

图 9-26

　　上述情况表明，材料的破坏是有规律的。人们根据对材料破坏现象的分析和研究，提出了各种关于引起材料破坏因素的假说。这些关于材料发生某种形式破坏的主要因素的假设或学说，通常称为强度理论。显然，这些理论的正确性必须经受实践的检验，实际上，也正是在反复试验和实践的基础上，强度理论才不断得到发展并日趋完善。而且人们还发现，无论是简单还是复杂应力状态，材料只要发生同一形式的破坏，引起这种破坏形式的主要因素是相同的，可以通过简单拉伸试验测定出这种因素的极限值，从而建立相应的强度条件。

　　材料的破坏有脆性断裂和塑性屈服两种形式，相应地存在两类强度理论：一类以脆性断裂为破坏标志，主要包括最大拉应力理论和最大拉应变理论；另一类以塑性屈服或显著的塑性变形为破坏标志，主要包括最大剪应力理论和形状改变比能理论。这四个理论是工程上最常见的强度理论。

二、关于断裂的强度理论

（一）最大拉应力理论

　　最大拉应力理论（又称为第一强度理论）认为，材料发生断裂破坏是由最大拉应力 σ_1 引起的。也就是说，不论材料处于哪种应力状态，只要最大拉应力 σ_1 达到材料单向拉伸（单向应力状态）断裂时的最大拉应力 σ_b，材料即发生断裂。

　　按此理论，材料发生断裂破坏的条件为

$$\sigma_1 = \sigma_b \qquad\qquad (a)$$

考虑一定的安全储备，按此理论，强度条件则为

$$\sigma_1 \leqslant \frac{\sigma_b}{n} \quad \text{或} \ \sigma_1 \leqslant [\sigma] \qquad\qquad (9-12)$$

式中：σ_1 为构件危险点处的最大拉应力；$[\sigma]$ 为单向拉伸时材料的许用应力。

　　试验表明，脆性材料在二向或三向受拉断裂时，最大拉应力理论与试验结果基本一致；而当存在压应力的情况下，则只要最大压应力值不超过最大拉应力值或超过不多，该理论也是正确的。

（二）最大拉应变理论

最大拉应变理论（又称为第二强度理论）认为，材料发生断裂主要是由最大拉应变 ε_1 引起的。也就是说，不论材料处于哪种应力状态，只要最大拉应变 ε_1 达到材料单向拉伸（即单向应力状态）断裂时的最大拉应变 ε_{1u}，材料即发生断裂。

按此理论，材料发生断裂破坏的条件为

$$\varepsilon_1 = \varepsilon_{1u} \qquad\qquad (b)$$

考虑一定的安全储备，按此理论，强度条件则为

$$\varepsilon_1 \leqslant \frac{\varepsilon_{1u}}{n} \qquad\qquad (c)$$

对于铸铁等脆性材料，从受力直到断裂，其应力、应变关系基本符合胡克定律，因此，复杂应力状态下的最大拉应变为

$$\varepsilon_1 = \frac{1}{E}[\sigma_1 - \nu(\sigma_2 + \sigma_3)]$$

而材料在单向拉伸断裂时的最大拉应变为

$$\varepsilon_{1u} = \frac{\sigma_b}{E}$$

将上述关系式代入式（c），整理得

$$\sigma_1 - \nu(\sigma_2 + \sigma_3) \leqslant \frac{\sigma_b}{n} \ \text{或}\ \sigma_1 - \nu(\sigma_2 + \sigma_3) \leqslant [\sigma] \qquad (9-13)$$

式中：σ_1、σ_2、σ_3 为构件危险点处的主应力；σ_b 为材料在单向拉伸断裂时的最大拉应变 ε_{1u} 对应的最大拉应力；$[\sigma]$ 为单向拉伸时材料的许用拉应力。

此即用主应力表示的强度条件。

试验表明，脆性材料在二向拉伸-压缩应力状态下，且压应力值超过拉应力值时，该理论与试验结果比较接近。此外，砖、石等脆性材料，压缩时之所以沿纵向截面断裂，也可由此理论得到说明。

三、关于屈服的强度理论

（一）最大剪应力理论

最大剪应力理论（又称为第三强度理论）认为，材料发生屈服主要是由最大剪应力 τ_{max} 引起的。也就是说，不论材料处于哪种应力状态，只要最大剪应力 τ_{max} 达到材料单向拉伸（单向应力状态）屈服时的最大剪应力 τ_s，材料即发生屈服。按此理论，材料的屈服条件为

$$\tau_{max} = \tau_s \qquad\qquad (d)$$

由式（9-8）知，复杂应力状态下的最大剪应力为

$$\tau_{max} = \frac{\sigma_1 - \sigma_3}{2}$$

而单向拉伸（单向应力状态）时只有 $\sigma_s = \sigma_1 \neq 0$ 而 $\sigma_2 = \sigma_3 = 0$，因此，材料发生屈服破坏时的最大剪应力 τ_s 为

$$\tau_s = \frac{\sigma_s - 0}{2} = \frac{\sigma_s}{2}$$

将上面两式代入（d）式，得屈服条件为

$$\sigma_1 - \sigma_3 = \sigma_s$$

考虑一定的安全储备，强度条件为

$$\sigma_1 - \sigma_3 \leqslant \frac{\sigma_s}{n} \quad \text{或} \quad \sigma_1 - \sigma_3 \leqslant [\sigma] \tag{9-14}$$

式中：σ_1、σ_3 为构件危险点处的主应力；σ_s 为屈服破坏时的最大剪应力 τ_s 对应的最大正应力；$[\sigma]$ 为单向拉伸时材料的许用拉应力。

此即用主应力表示的强度条件。

该理论被塑性材料的试验结果所证实，在工程中经常被采用。但缺点是未考虑主应力 σ_2 的影响。试验表明，主应力 σ_2 对材料的屈服是有影响的。为此，在最大剪应力强度理论提出之后，又产生了形状改变比能理论。

（二）形状改变比能理论

弹性体在外力作用下发生变形，载荷作用点随之产生位移。因此，在变形过程中，载荷在相应位移上作功。根据功能原理可知，如果所加处力是静载荷，则载荷所作之功全部转化为积蓄在弹性体内部的变形能。处在外力作用下的单元体，其形状和体积一般均发生改变，故变形能又可分解为形状改变能和体积改变能。单位体积内的形状改变能称为形状改变比能。在复杂应力状态下，形状改变比能表达式为

$$u_d = \frac{1+\nu}{6E}\left[(\sigma_1 - \sigma_2)^2 + (\sigma_2 - \sigma_3)^2 + (\sigma_3 - \sigma_1)^2\right] \tag{9-15}$$

形状改变比理论（又称为**第四强度理论**）认为，材料塑性屈服的主要因素是形状改变比能引起的。也就是说，不论材料处于哪类应力状态，只要其形状改变比能 u_d 达到材料单向拉伸屈服时的形状改变比能 u_s，材料即发生屈服破坏。

按此理论，材料的屈服条件为

$$u_d = u_s \tag{e}$$

材料单向拉伸只有主应力 $\sigma_1 \neq 0$，且材料屈服时有 $\sigma_1 = \sigma_s$，相当于式（9-15）中 $\sigma_2 = \sigma_3 = 0$ 的情况。所以，材料在拉伸屈服时的形状改变比能为

$$u_s = \frac{1+\nu}{6E}\left[(\sigma_s - 0)^2 + (0-0)^2 + (0 - \sigma_s)^2\right] = \frac{(1+\nu)\sigma_s^2}{3E}$$

将式（9-15）和上式代入式（e），得屈服条件为

$$\sqrt{\frac{1}{2}\left[(\sigma_1 - \sigma_2)^2 + (\sigma_2 - \sigma_3)^2 + (\sigma_3 - \sigma_1)^2\right]} = \sigma_s$$

考虑一定的安全储备，由此的强度条件为

$$\sqrt{\frac{1}{2}\left[(\sigma_1 - \sigma_2)^2 + (\sigma_2 - \sigma_3)^2 + (\sigma_3 - \sigma_1)^2\right]} \leqslant \frac{\sigma_s}{n}$$

或

$$\sqrt{\frac{1}{2}\left[(\sigma_1 - \sigma_2)^2 + (\sigma_2 - \sigma_3)^2 + (\sigma_3 - \sigma_1)^2\right]} \leqslant [\sigma] \tag{9-16}$$

试验表明，对塑性材料，第四强度理论比第三强度理论更接近实际。这两强度理论在工程中均得到广泛应用。

由上述看到，在按各强度理论建立强度条件时，都是以轴向拉伸试验（单向应力状态）为基础的，各强度理论的强度条件从形式上，又与轴向拉伸（单向应力状态）相类

似，因而把各强度条件中左边的表达式称为相当应力并用 σ_e 来表示。$\sigma_{ei} \leqslant [\sigma]$ 各强度条件中的相当应力分别为

第一强度理论：　$\sigma_{e1} = \sigma_1$
第二强度理论：　$\sigma_{e2} = \sigma_1 - \nu\,(\sigma_2 + \sigma_3)$
第三强度理论：　$\sigma_{e3} = \sigma_1 - \sigma_3$
第四强度理论：　$\sigma_{e4} = \sqrt{\dfrac{1}{2}\left[\,(\sigma_1 - \sigma_2)^2 + (\sigma_2 - \sigma_3)^2 + (\sigma_3 - \sigma_1)^2\,\right]}$

这里所述的四种强度理论都是针对材料的两种破坏形式研究的，由于脆性材料的破坏多为脆性断裂，而塑性材料的破坏多为塑性屈服。所以，一般情况下，第一、第二强度理论适用于脆性材料，而第三、第四强度理论适用于塑性材料。但是，当材料处于三向受压，特别是接近三向均压时，即使是脆性材料，也会表现出一些塑性材料的性质，不易破坏，一般选用第三强度理论；而当材料处于三向拉伸时，即使是塑性材料，也会表现出脆性材料的性质，很容易破坏，应选择第一强度理论。

上面讨论了比较常用的四种强度理论，而强度理论尚不止这些，这里就不一一介绍了。

四、强度理论的应用

下面结合几个具体问题说明其初步应用，进一步应用将在第十章进行讨论。

（一）许用剪应力 $[\tau]$ 的确定

许用剪应力 $[\tau]$ 和许用正应力 $[\sigma]$ 之间存在一定关系，下面推导二者关系。

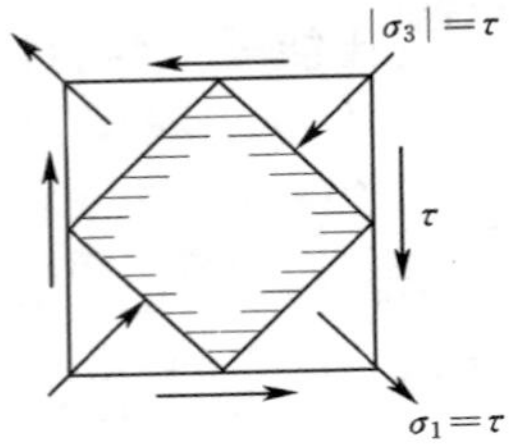

在纯剪切应力状态下（见图 9-27），三个主应力分别为

$$\sigma_1 = \tau, \quad \sigma_2 = 0, \quad \sigma_3 = -\tau$$

根据第三强度理论，由式（9-14）得

$$2\tau \leqslant [\sigma]$$

可见，剪应力 τ 的最大允许值即许用剪应力为

$$[\tau] = 0.5[\sigma] \tag{9-17}$$

同理，根据第四强度理论，由式（9-16）可知

$$\sqrt{\dfrac{1}{2}(\tau^2 + \tau^2 + 4\tau^2)} \leqslant [\sigma]$$

图 9-27

由此得许用剪应力为

$$[\tau] = \dfrac{[\sigma]}{\sqrt{3}} = 0.577[\sigma]$$

对于塑性材料，其许用剪应力 $[\tau]$ 通常取为 $(0.5\sim0.6)[\sigma]$。

（二）单向与纯剪切组合应力状态的强度条件

图 9-28 所示为单向与纯剪切组合应力状态，是一种常见的平面应力状态，现根据第三和第四强度理论建立相应的强度条件。

由式（9-3a）和式（9-3b）可知

$$\sigma_{\max} = \dfrac{\sigma}{2} + \sqrt{\left(\dfrac{\sigma}{2}\right)^2 + \tau^2}$$

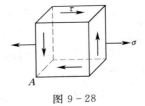

图 9-28

$$\sigma_{\min} = \frac{\sigma}{2} - \sqrt{\left(\frac{\sigma}{2}\right)^2 + \tau^2}$$

可见，相应的主应力为

$$\sigma_1 = \frac{\sigma}{2} + \sqrt{\left(\frac{\sigma}{2}\right)^2 + \tau^2}$$

$$\sigma_2 = 0$$

$$\sigma_3 = \frac{\sigma}{2} - \sqrt{\left(\frac{\sigma}{2}\right)^2 + \tau^2}$$

根据第三强度理论，由式（9-14）得相应的强度条件为

$$\sigma_{e3} = \sigma_1 - \sigma_3 = \sqrt{\sigma^2 + 4\tau^2} \leqslant [\sigma] \tag{9-18}$$

根据第四强度理论，由式（9-16）得相应的强度条件为

$$\sigma_{e4} = \sqrt{\sigma^2 + 3\tau^2} \leqslant [\sigma] \tag{9-19}$$

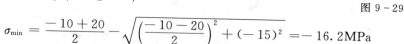

【例 9-7】 某铸铁零件危险点处的应力如图 9-29 所示，其中，$\sigma_x = -10\text{MPa}$，$\sigma_y = 20\text{MPa}$，$\tau_x = -15\text{MPa}$。材料的容许拉应力为：$[\sigma]^+ = 30\text{MPa}$，横向变形系数 $\mu = 0.25$，试校核其强度。

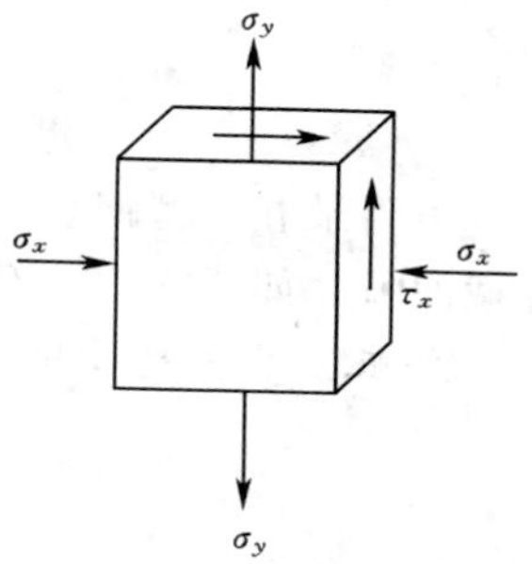

图 9-29

解： 由图 9-29 可知，x、y 截面的应力为

$$\sigma_x = -10\text{MPa}, \quad \sigma_y = 20\text{MPa}, \quad \tau_x = -15\text{MPa}$$

代入式（9-3），得

$$\sigma_{\max} = \frac{-10+20}{2} + \sqrt{\left(\frac{-10-20}{2}\right)^2 + (-15)^2} = 26.2\text{MPa}$$

$$\sigma_{\min} = \frac{-10+20}{2} - \sqrt{\left(\frac{-10-20}{2}\right)^2 + (-15)^2} = -16.2\text{MPa}$$

即主应力为

$$\sigma_1 = 26.2\text{MPa}, \quad \sigma_2 = 0, \quad \sigma_3 = -16.2\text{MPa}$$

上式表明

$$|\sigma_3| < \sigma_1$$

所以，宜采用最大拉应力理论即利用式校核强度，显然有

$$\sigma_1 < |\sigma|$$

说明零件强度无问题。

【例 9-8】 试对图 9-30（a）所示用 20a 号工字钢制成的梁进行强度校核。已知材料为钢，其容许应力为 $[\sigma] = 150\text{MPa}$，$[\tau] = 90\text{MPa}$。

解： 1. 作弯矩图和剪力图

作梁的弯矩图和剪力图如图 9-30（a）所示。在截面 C 和 D 上不但弯矩最大，而且剪力也是最大，所以它们是危险截面。选择其中任一截面 C 进行强度校核。

在截面上有

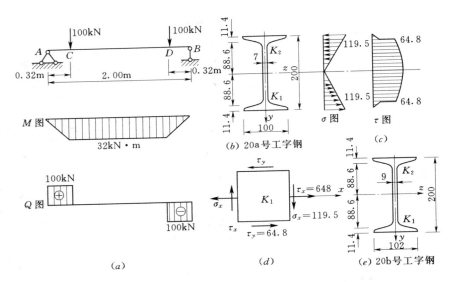

图 9-30（应力单位：MPa，尺寸单位：mm）

$$M = 32\text{kN} \cdot \text{m}, Q = 100\text{kN}$$

由附录Ⅱ"型钢表"可查得 20a 号工字钢 $I = 2370\text{cm}^4$，$W = 237\text{cm}^3$，$I/S = 17.2\text{cm}$，其截面尺寸如图 9-30（b）所示。

2. 正应力强度校核

$$\sigma_{\max} = \frac{M_{\max}}{W} = \frac{32 \times 10^3}{237 \times 10^{-6}} = 135\text{MPa} < [\sigma] = 150\text{MPa}$$

满足强度条件。

3. 剪应力强度校核

$$\tau_{\max} = \frac{QS_z^*}{Ib} = \frac{Q}{\dfrac{I}{S}b} = \frac{100 \times 10^3}{17.2 \times 10^{-2} \times 7 \times 10^{-3}} = 83.1\text{MPa} < [\tau] = 95\text{MPa}$$

满足强度条件。

4. 校核腹板与翼缘交界处的主应力强度

梁横截面的最大正应力 $\sigma_{\max}$ 产生在离中性轴最远的翼缘处，而最大剪应力 $\tau_{\max}$ 则产生在中性轴上 [见图 9-30（c）]。虽然通过上面的校核说明在这两处的强度都是满足要求的，但是因为在截面 C 上，M 和 Q 都具有最大值，并且在截面的腹板与翼缘的交界处（如点 K_1 或 K_2 处）的正应力 σ_x 和剪应力 τ_x 都比较大。因此，在这里有可能出现较大的主应力，必须根据适当的强度理论对该处的应力进行校核。为此我们对在点 K_1 处的单元体进行计算。先计算出作用在这个单元体上的应力为

$$\sigma_x = \frac{My}{I} = \frac{32 \times 10^3 \times 88.6 \times 10^{-3}}{2370 \times 10^{-8}} = 119.5\text{MPa}$$

$$\sigma_y = 0$$

$$\tau_x = \frac{QS_z^*}{Ib} = \frac{100 \times 10^3 \times (100 \times 11.4 \times 94.3 \times 10^{-9})}{2370 \times 10^{-8} \times 7 \times 10^{-3}} = 64.8\text{MPa}$$

$$\tau_y = -\tau_x$$

作出在点 K_1 处单元体的受力情况如图 9 - 30（*d*）所示。由于点 K_1 是处在复杂应力状态，而且钢是塑性材料，宜采用第四强度理论，将 σ_x、τ_x 的数值代入式（9 - 19）可以得到

$$\sigma_{e4} = \sqrt{\sigma^2 + 3\tau^2} = \sqrt{119.5^2 + 3 \times (64.8)^2} = 163.8\text{MPa} > [\sigma] = 150\text{MPa}$$

由于

$$\frac{\sigma_{e4} - [\sigma]}{[\sigma]} \times 100\% = \frac{163.8 - 150}{150} \times 100\% = 9.2\%$$

说明在此工字形截面的腹板与翼缘交界处，按照第四强度理论算得的相当应力 σ_{e4} 已超过容许应力 9.2%，原有截面不能满足要求，需要改选较大的截面。

5. 改选 20b 号工字钢［见图 9 - 30（*e*）］

查得截面的 $I = 2500\text{cm}^4$，腹板与翼缘交界处点 K_1 的坐标 $y = 88.6\text{mm}$。点 K_1 处的应力为

$$\sigma_x = \frac{My}{I} = \frac{32 \times 10^3 \times 88.6 \times 10^{-3}}{2500 \times 10^{-8}} = 113.4\text{MPa}$$

$$\tau_x = \frac{QS_Z^*}{Ib} = \frac{100 \times 10^3 \times (102 \times 11.4 \times 94.3 \times 10^{-9})}{2500 \times 10^{-8} \times 9 \times 10^{-3}} = 48.8\text{MPa}$$

将 σ_x、τ_x 的数值代入式（9 - 19）可以得到

$$\sigma_{e4} = \sqrt{\sigma^2 + 3\tau^2} = \sqrt{113.4^2 + 3 \times (48.8)^2} = 114.1\text{MPa} < [\sigma] = 150\text{MPa}$$

满足强度要求，因此，选用 20b 号工字钢是合适的。

本例中的 $M_{\max}$ 和 $Q_{\max}$ 在同一截面，梁的危险点位于同一危险截面，有时会遇到位于不同截面上的正应力与剪应力都较大时，必要时应分别进行强度校核。

由本例可以看出，本章以前有关各章中所介绍的、分别对构件中的最大正应力 $\sigma_{\max}$ 和最大剪应力 $\tau_{\max}$ 进行强度计算，是十分重要的，而且是必须首先进行的。只有在正应力和剪应力都比较大，由此可能出较大主应力的某些点处，才需要按照一定的强度理论，对相应的相当应力进行强度校核。因此，本章所介绍的强度理论是对前面几章关于强度计算问题的补充，而不是否定。

习　　题

9 - 1 试求图示各单元体 *ab* 面上的正应力和剪应力。

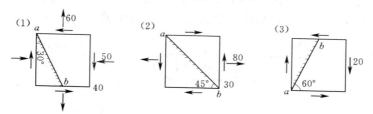

题 9 - 1 图（单位：MPa）

9-2 各单元体上的应力情况如图所示，试求各点的主应力和最大剪应力。

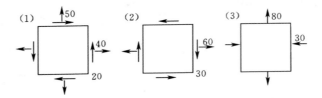

题 9-2 图（单位：MPa）

9-3 如图所示为承受均布荷载的简支梁，试在 I-I 横截面处以 1、2、3、4、5 点截面取出五个单元体（点 1、5 位于上下边缘处，点 3 位于 $h/2$ 处），并标明各单元体上的应力情况（标明存在何种应力及应力方向）。

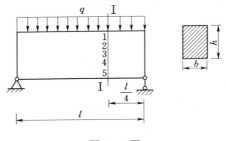

题 9-3 图

9-4 如图所示梁中，已知 $F=2\mathrm{kN}$，$l=2\mathrm{m}$，$b=100\mathrm{mm}$。试求：

(1) I-I 截面 A 点处沿图示 45°方向斜截面上的正应力和剪应力。

(2) A 点的主应力。

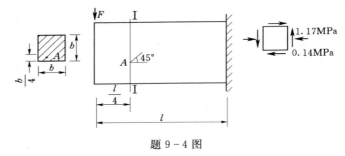

题 9-4 图

9-5 直径 $d=100\mathrm{mm}$ 的受扭圆杆如图所示，已知 $n—n$ 截面边缘处 A 点的两个主应力分别为 $\sigma_1=60\mathrm{MPa}$，$\sigma_2=-60\mathrm{MPa}$。试求作用在杆件上的外力偶矩 M_e。

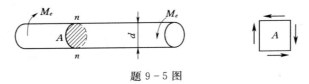

题 9-5 图

9-6 如图所示受力杆件中，已知直径 $d=60\mathrm{mm}$，轴向拉力 $F=50\mathrm{kN}$，$M_e=2\mathrm{kN\cdot m}$，试求 I-I 截面边缘处 A 点的主应力。

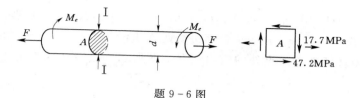

题 9-6 图

9-7 试用应力圆求题 9-1 中各指定截面上的应力。

9-8 各单元体上的应力情况如图所示。试求：

(1) 分别画出应力圆。

(2) 求出各点的主应力并在单元体上标出主应力的大小与方向。

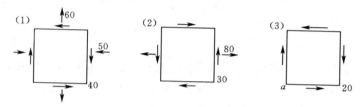

题 9-8 图（单位：MPa）

9-9 某单元体上的应力情况如图所示，已知沿 σ_x 和 σ_y 方向的线应变分别为 $\varepsilon_x = 0.2 \times 10^{-3}$，$\varepsilon_y = 0.15 \times 10^{-3}$，材料的弹性模量 $E = 2 \times 10^5\,\mathrm{MPa}$，泊松比 $\nu = 0.3$。试求 σ_x、σ_y 和 ε_x。

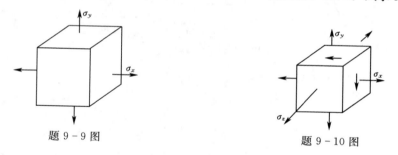

题 9-9 图   题 9-10 图

9-10 某单元体上的应力情况如图所示，已知 $\sigma_x = 30\,\mathrm{MPa}$，$\sigma_y = 50\,\mathrm{MPa}$，$\sigma_z = 20\,\mathrm{MPa}$，$\tau_x = 40\,\mathrm{MPa}$，材料的弹性模量 $E = 2 \times 10^5\,\mathrm{MPa}$，泊松比 $\nu = 0.3$。试求：

(1) 该点的主应力。

(2) 该点处沿 σ_x、σ_y、σ_z 方向的线应变 ε_x、ε_y 和 ε_z。

9-11 边长为 a 的正立方体钢块放置在图 9-11 所示的刚性槽内（立方体与刚性槽间没有间隙），在钢块的顶面上作用 $q = 140\,\mathrm{MPa}$ 的均布压力，已知 $a = 20\,\mathrm{mm}$，材料的弹性模量 $E = 2 \times 10^5\,\mathrm{MPa}$，泊松比 $\nu = 0.3$。试求钢块中沿 x、y、z 三个方向的正应力。

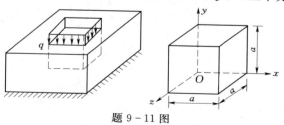

题 9-11 图

9-12 受扭圆杆如图所示，已知 $d=100$mm，$M_e=5$kN·m，材料的弹性模量 $E=2\times10^5$MPa，泊松比 $\nu=0.3$。试求横截面边缘处 A 点沿与水平线 $45°$方向的线应变。

9-13 某铸铁杆件危险点处的应力情况如图所示，已知材料的允许拉应力 $[\sigma]=40$MPa，松柏比 $\nu=0.3$。试校核该点的强度。

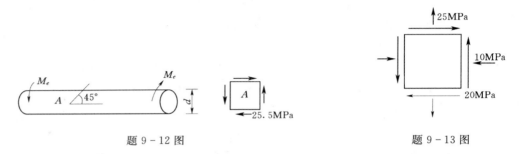

题 9-12 图   题 9-13 图

9-14 用钢板制成工字形截面，其尺寸及梁上荷载如图所示，已知 $F=90$kN，钢材的容许应力 $[\sigma]=160$MPa，$[\tau]=100$MPa。试全面校核梁的强度。

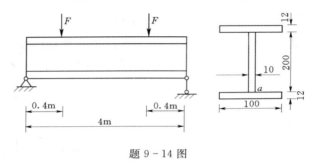

题 9-14 图

第十章

组 合 变 形

【本章要点】

● 斜弯曲时的正应力计算及强度条件。

● 拉（压）弯组合变形时的正应力计算及强度条件。

● 偏心拉伸（压缩）时的正应力计算。

● 弯扭组合变形时的应力计算及强度条件。

前面有关章节分别讨论了杆件在轴向拉（压）、平面弯曲和扭转三种基本变形情况下的强度计算和刚度计算。但在实际工程中，杆件受力后发生的变形，往往不是单一的基本变形，可能同时发生两种或两种以上的基本变形，这类变形称为组合变形。例如，图 10-1（a）所示屋架上檩条的变形，是由在 y、z 两个方向的弯曲变形组合的斜弯曲；图 10-1（b）中所示的空心桥墩，图 10-1（c）中所示的厂房支柱，图 10-1（d）所示的挡土墙等变形都属于压缩和弯曲两种变形的组合情况；图 10-1（e）中所示卷扬机转轴的变形则同时包含了弯曲和扭转两种变形形式。

对于组合变形构件，在线弹性范围内和小变形条件下，可按构件的原始形状和尺寸进行计算，即作用在杆上的任一荷载所引起的应力一般不受其他荷载的影响，称为力的独立作用原理。因而，对于组合变形的计算问题，可按下列步骤进行：

（1）将荷载等效处理为符合基本变形外力作用条件的外力系。

（2）分别计算每一种基本变形下的内力和应力。

（3）利用叠加原理，综合考虑各基本变形的组合情况，以确定构件的危险截面、危险点的位置及危险点的应力状态，并据此进行强度计算。

组合变形包括拉（压）弯组合、拉（压）扭组合、弯扭组合和拉（压）弯扭组合等多种形式。本章着重讨论工程实际中常见的三种组合变形问题：①斜弯曲；②弯曲和压缩（拉伸）的组合；③弯曲和扭转的组合。

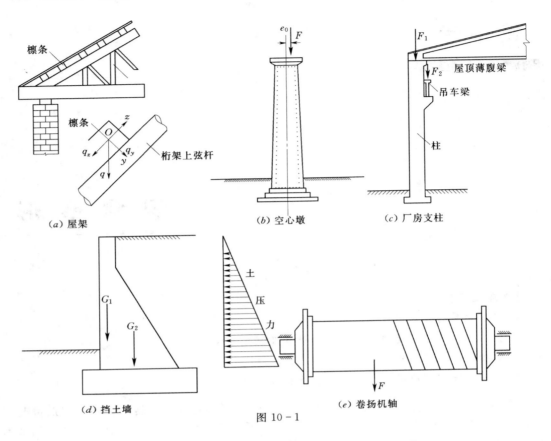

（a）屋架 　　　　　（b）空心墩 　　　　　（c）厂房支柱

（d）挡土墙 　　　　　（e）卷扬机轴

图 10 - 1

第一节　斜　　弯　　曲

在前面讨论了梁的平面弯曲问题。对于横截面有对称轴（即形心主轴）的梁［见图 10 - 2（a）］，如果所有横向外力都作用在横截面的对称轴与梁的轴线所构成的纵向对称面内，梁发生弯曲变形后的轴线（称为挠度曲线），是一条位于外力所在纵向对称面内的平面曲线，因而称为**平面弯曲**。

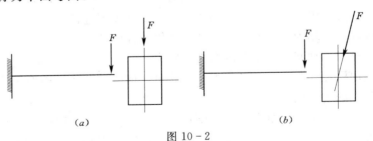

（a） 　　　　　　　　　　　　　　（b）

图 10 - 2

本节讨论的斜弯曲与平面弯曲不同。如图 10 - 2（b）表示同样的矩形截面梁，横向力 F 的作用线虽然也通过截面的形心，但它与两条形心主轴都不重合，即不作用在纵向对称面内，在这种加载情况下，梁弯曲后的挠曲线不再位于外力 F 所在的纵向平面内，即梁的弯曲平面与外力作用面不重合。通常将这种由于与截面形心主轴成一角度的横向外力所引起的弯曲，称为斜弯曲。下面主要研究斜弯曲时的应力计算和强度计算。

一、正应力计算

梁发生斜弯曲时，梁的横截面上同时产生正应力和剪应力。由于一般情况下，弯曲正应力强度条件满足时，弯曲剪应力强度都能满足，因此，这里只讨论正应力。下面结合图 $10-3$ 所示的构件，说明正应力的计算方法。

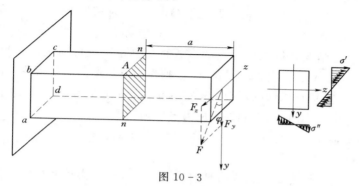

图 $10-3$

计算某点的正应力时，首先将外力 F 沿横截面两个对称轴（即形心主轴）方向分解为 F_y 和 F_z。在 F_y 单独作用下，梁在铅直平面（xOy 平面）内发生平面弯曲，横截面绕 z 轴（z 为中性轴）旋转，其横截面上的正应力用 σ' 表示，σ' 沿截面高度成直线分布。在 F_z 单独作用下，梁在水平面（xOz 平面）内发生平面弯曲，横截面绕 y 轴（y 为中性轴）旋转，其横截面上的正应力用 σ'' 来表示，σ'' 沿截面宽度也成直线分布（见图 $10-3$）。由于两个方向的弯曲都只产生正应力，再将同一点的正应力 σ' 和 σ'' 代数值相加即可。也就是说，计算梁斜弯曲变形的正应力，是先把斜弯曲分解为两个平面弯曲，然后将其计算结果进行叠加。

下面说明斜弯曲情况下的正应力的计算过程与注意事项。

（一）计算过程

图 $10-3$ 所示矩形截面悬臂梁，已知横向力 F 过截面形心，其作用线与 y 轴的夹角为 φ，欲求任意截面 $n-n$ 上在 K 点处的正应力。

求解过程如下：

（1）将横向力 F 分解为 F_y 和 F_z，它们分别为

$$F_y = F\cos\varphi, \quad F_z = F\sin\varphi$$

（2）计算由 F_y 和 F_z 分别在截面 $n-n$ 上引起的弯矩，它们分别为

$$M_z = Fa\cos\varphi = M\cos\varphi$$
$$M_y = Fa\sin\varphi = M\sin\varphi$$

（3）计算由 M_z 和 M_y 分别在 K 点处引起的正应力，它们分别为

$$\sigma' = \frac{M_z}{I_z}y, \quad \sigma'' = \frac{M_y}{I_y}z$$

（4）求 K 点处的正应力，即

$$\sigma = \sigma' + \sigma'' = \frac{M_z}{I_z}y + \frac{M_y}{I_y}z \tag{10-1a}$$

或

$$\sigma = \sigma' + \sigma'' = M\left(\frac{\cos\varphi}{I_z}y + \frac{\sin\varphi}{I_y}z\right) \tag{10-1b}$$

式中：I_z、I_y 分别为截面对 z、y 轴的惯性矩；y、z 分别为欲求应力的点到 z、y 轴的距离。

式（10-1a）和式（10-1b）就是计算斜弯曲变形时横截面上任一点的正应力计算公式。

（二）正负号规定

应力的正负号采用直观法判定。即按式（10-1a）和式（10-1b）计算正应力时，可不考虑弯矩 M_z、M_y 和坐标 y、z 的正负号，以其绝对值代入，至于求得的 σ' 和 σ'' 的正负号，可根据梁的变形情况和欲求应力点的位置直接判定（设拉为正，压为负）。例如，图 10-3 中截面 $n—n$ 上 A 点的应力，因在 F_y 单独作用下，梁凹向下弯曲，此时，A 点位于受拉区，所以由 F_y 在该点引起的正应力 σ' 应为正值；同理，在 F_z 单独作用下，A 点位于梁的受压区；所以由 F_z 在该点引起的正应力 σ'' 应为负值。

二、弯曲强度条件

（一）中性轴的位置

工程设计计算中，通常认为斜弯曲时的强度由最大正应力控制。因为横截面上的最大正应力发生在离中轴最远处，为此必须先确定中性轴的位置。

由于中性轴上各点的正应力都等于零，因此，可以将 $\sigma=0$ 代入式（10-1b）中得到中性轴的方程并确定它在横截面上的位置。为此，设中性轴上任一点的坐标为 y_0、z_0，由式（10-1b）则有

$$\sigma = M\left(\frac{\cos\varphi}{I_z}y_0 + \frac{\sin\varphi}{I_y}z_0\right) = 0$$

或

$$M\left(\frac{\cos\varphi}{I_z}y_0 + \frac{\sin\varphi}{I_y}z_0\right) = 0 \qquad (10-2)$$

式（10-2）即为中性轴方程。

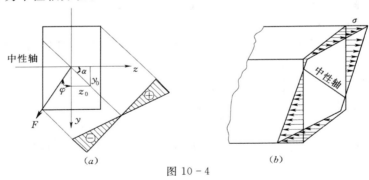

图 10-4

对任一具体截面，例如图 10-4 所示截面，I_z、I_y、$\cos\varphi$、$\sin\varphi$ 均为常量，所以式（10-2）是以 y_0、z_0 为变量的直线方程。因为 $y_0=0$，$z_0=0$ 满足该方程，这说明中性轴通过截面形心。因为除截面形心外，其他点的坐标 y_0、z_0 的符号一定相反，所以中性轴是一条过形心并且穿过二、四象限（设横向力 F 的作用线位于第一象限）的斜直线。其与 z 轴的夹角为 α [见图 10-4（a）]可以用式（10-2）求出，即

$$\tan\alpha = \left|\frac{y_0}{z_0}\right| = \frac{I_z}{I_y}\tan\varphi \qquad (10-3)$$

式（10-3）即为确定中性轴位置的公式。

分析式（10-3）可得以下结论：

（1）当 $I_z \neq I_y$ 时，$\alpha \neq \varphi$。这说明中性轴与 F 的作用线不垂直，这正是斜弯曲区别于平面弯曲的基本特点。显而易见，$\varphi = 0°$ 或 $\varphi = 90°$ 时，就是平面弯曲的情况，相应的中性轴就是 z 轴或 y 轴。

（2）当 $I_z = I_y$ 时，这说明截面是正方形，并且总有 $\alpha = \varphi$，由此知道，通过正方形截面形心的任意坐标轴都是形心主轴，不论横向力 F 的作用方向如何，F 的作用线都与中性轴垂直，即都发生平面弯曲。对于圆及其他正多边形截面也是这样。

（二）正应力强度条件

为了建立正应力强度条件，必须确定危险截面和危险点的位置。对于正应力而言，其最大值发生在最大弯矩所在截面（危险截面）上而离中性轴最远的点处（危险点）。令最大正应力不超过材料的允许应力，便可以建立正应力强度条件，从而进行强度计算。

实际上，对于工程中常用的处于斜弯曲情况下的矩形截面或工字形截面梁等，也可不必先确定中性轴的位置，就可以计算其危险截面上的最大正应力，因为这类截面都具有两个对称轴且有棱角，最大正应力一定发生在截面边缘的角点处，只需将斜弯曲分解为两个平面弯曲后，便容易找到最大正应力所在点的位置。下面以图10-3所示的矩形截面梁的为例，说明正应力强度条件的建立过程。

该梁左端截面的弯矩最大（M_z、M_y 均大），为危险截面，M_z 引起的最大拉应力 $\sigma'^+_{\max}$ 位于截面边缘 bc 线上各点处，而由 M_y 引起的最大拉应力 $\sigma''^+_{\max}$ 位于 cd 线各点处。显然在 bc 与 cd 的交点 c 处拉应力最大。同理，最大压应力发生在 a 点，其绝对值与最大拉应力相同。于是，根据式（10-1a）或式（10-1b）得

$$\sigma_{\max} = \frac{M_{z\max}}{I_z}y_{\max} + \frac{M_{y\max}}{I_y}z_{\max} = \frac{M_{z\max}}{W_z} + \frac{M_{y\max}}{W_y}$$

或 $$\sigma_{\max} = M_{\max}\left(\frac{\cos\varphi}{I_z}y_{\max} + \frac{\sin\varphi}{I_y}z_{\max}\right) = M_{\max}\left(\frac{\cos\varphi}{W_z} + \frac{\sin\varphi}{W_y}\right) = \frac{M_{\max}}{W_z}\left(\cos\varphi + \frac{W_z}{W_y}\sin\varphi\right)$$

由于危险点的应力状态为单向应力状态，所以斜弯曲时的强度条件为

$$\sigma_{\max} = \frac{M_{z\max}}{W_z} + \frac{M_{y\max}}{W_y} \leqslant [\sigma] \tag{10-4a}$$

或 $$\frac{M_{\max}}{W_z}\left(\cos\varphi + \frac{W_z}{W_y}\sin\varphi\right) \leqslant [\sigma] \tag{10-4b}$$

（三）强度条件的应用

应用式（10-4a）或式（10-4b）同样可以解决强度计算的三种问题：强度校核；确定允许荷载；截面设计。

强度校核和确定允许荷载与前面有关章节中关于基本变形杆件的强度计算相同。这里仅对截面设计问题讨论如下：

在设计梁的截面时，由式（10-4b）知，式中有两个未知的抗弯截面模量 W_z 和 W_y，因此，设计时一般应首先假定一个 W_z/W_y 的比值，然后由式（10-4b）算出 W_z 的值，再根据截面的形状算出截面的具体尺寸。对矩形截面来说，因 $W_z/W_y = h/b$，所以只需定出 h/b 的比值即可，计算比较简单。

对于工字钢之类的型钢构件，截面设计稍烦一些。其计算过程如下：

由型钢表查得 W，所以先假定 W_z/W_y 的比值（对于工字钢，其比值一般在 $5\sim15$ 之间）；然后由式（10 - 4b）算出 W_z 的值，根据 W_z 选择工字钢的型号；最后再依式（10 - 4b）验算强度。这是因为选择的工字钢其 W_z/W_y 的比值不一定与事先假定的比值相同。

三、斜弯曲的变形

计算梁的总变形，可以根据叠加原理进行。例如图 10 - 5（a）所示悬臂梁自由端的挠度就等于横向荷载 F 的分量 F_y、F_z 在各自弯曲平面内挠度的代数和。

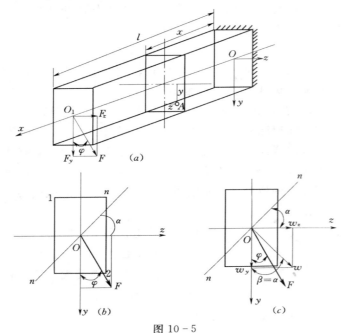

因为有

$$w_y = \frac{F_y l^3}{3EI_z} = \frac{Fl^3}{3EI_z}\cos\varphi$$

$$w_z = \frac{F_z l^3}{3EI_y} = \frac{Fl^3}{3EI_y}\sin\varphi$$

所以自由端的总挠度为

$$w = \sqrt{w_y^2 + w_z^2} \qquad (10 - 5)$$

总挠度 w 的方向与 y 轴之间的夹角 β 可由式（11 - 6）求得为

$$\tan\beta = \frac{w_z}{w_y} = \frac{I_z}{I_y}\frac{\sin\varphi}{\cos\varphi} = \frac{I_z}{I_y}\tan\varphi \qquad (10 - 6)$$

比较式（10 - 6）和式（10 - 3）可知

$$\tan\beta = \tan\alpha \quad \text{或} \quad \beta = \alpha \qquad (10 - 7)$$

由此可得如下结论：梁发生斜弯

图 10 - 5

曲变形后，总挠度方向与中性轴垂直。即梁的弯曲一般不发生在横向力作用的平面内，而发生在垂直于中性轴 $n—n$ 的平面内 ［见图 10 - 5（c）］。位移 w 的方向与 F 的作用方向不再相同。这就是斜弯曲的特点。

四、弯曲中心的概念

将梁不同方位放置，横截面对称轴与剪力作用线的交点称为**弯曲中心**。弯曲中心具有下列性质：

（1）外力作用线过弯曲中心，且与截面形心主轴平行，梁发生平面弯曲。

（2）外力作用线过弯曲中心，但与截面形心主轴不平行，梁发生斜弯曲。

（3）外力作用线不过弯曲中心，但与形心主轴平行，梁发生平面弯曲与扭转的组合变形。

（4）外力作用线不过弯曲中心，且与形心主轴不平行，梁发生斜弯曲与扭转的组合变形。

如图 10 - 6 所示的槽形截面梁，外力 F 的作用线虽然也通过截面的形心，但由于形心不是弯曲中心，这时外力并没有通过弯曲中心，因此，梁发生斜弯曲变形的同时，还要产生扭转变形。由式（10 - 6）可以看出，当 I_z/I_y 很大时，即使 φ 很小，β 也会很大，这说明荷载 F 偏离 y 轴很小角度，也会使总挠度 w 对 y 轴有很大的偏离距离。只要荷载方向稍稍偏离 y 轴，在梁的最小刚度平面内就会产生很大的挠度，这是非常不利的。因此，在很难估计外力作用面与主轴平面是否能相当准确重合的情况下，设计者应避免采用 I_z 和

I_y 相差很大的截面，否则应采取一些结构上的辅助措施，以防止斜弯曲产生的侧向变形。

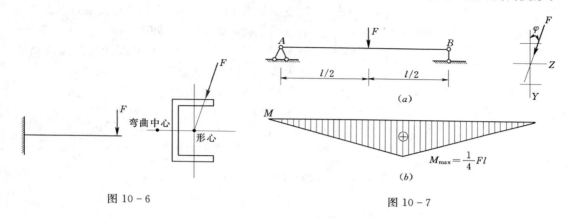

图 10 - 6　　　　　　　　　　　　　　图 10 - 7

【例 10 - 1】　图 10 - 7（a）所示的工字形截面简支梁用的是 25a 号工字钢，在梁的跨中作用集中力 F，它的作用线通过截面形心且与 y 轴成 15°角（$\varphi = 15°$），已知 $l = 4\text{m}$、$F = 20\text{kN}$，材料的容许应力 $[\sigma] = 160\text{MPa}$。试校核该梁的强度。

解：梁在斜弯曲情况下，其强度条件为

$$\sigma_{max} = \frac{M_{max}}{W_x}\left(\cos\varphi + \frac{W_z}{W_y}\sin\varphi\right) \leqslant [\sigma]$$

式中：M_{max} 为危险截面上的弯矩。

由力 F 引起的弯矩图如图 10 - 7（b）所示，跨中最大弯矩为

$$M_{max} = \frac{1}{4}Fl = \frac{1}{4} \times 20 \times 10^3 \times 4 = 20 \times 10^3 \text{N} \cdot \text{m}$$

由型钢表查得 25a 号工字钢的两个抗弯截面模量分别为

$$W_z = 401.9\text{cm}^3 = 401.9 \times 10^{-6}\text{m}^3$$
$$W_y = 48.3\text{cm}^3 = 48.3 \times 10^{-6}\text{m}^3$$

跨中危险截面上的最大正应力为

$$\sigma_{max} = \frac{M_{max}}{W_z}\left(\cos\varphi + \frac{W_z}{W_y}\sin\varphi\right)$$
$$= \frac{20 \times 10^3}{401.9 \times 10^{-6}}\left(\cos 15° + \frac{401.9 \times 10^{-6}}{48.3 \times 10^{-6}}\sin 15°\right)$$
$$= 155 \times 10^6 \text{Pa}$$
$$= 155\text{MPa} < [\sigma]$$

算得的危险截面上的最大正应力小于材料的许用应力，所以，梁满足强度要求。

在本例中，如果力 F 作用线与 z 轴重合，即 $\varphi = 0$，则最大正应力仅为 $M_{max}/W_z = 49.76\text{MPa}$。由此可知，对于用工字钢制成的梁，当外力偏离 y 轴一个很小的角度时，就会使最大正应力增加很多。产生这种结果的原因是由于工字钢截面的 W_y 远小于 W_z。对于这一类截面的梁，由于横截面对两个形心主惯性轴的抗弯截面模量相差较大，所以应该注意使外力尽可能作用在梁的形心主惯性平面 xy 内，以避免因发生斜弯曲而产生过大的正应力。

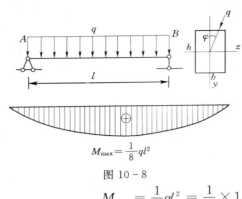

图 10-8

【例 10-2】 承受均布荷载作用的矩形截面简支梁如图 10-8 所示，q 的作用线通过截面的形心且与 y 轴成 30°角，已知 $l=3\text{m}$、$q=1.2\text{kN/m}$、材料的容许应力 $[\sigma]=10\text{MPa}$。当截面的高宽比 $h/b=1.5$ 时，试选择 b 与 h 的尺寸。

解： 由强度条件确定 b 和 h 的尺寸。

$$\sigma_{\max}=\frac{M_{\max}}{W_z}\left(\cos\varphi+\frac{W_z}{W_y}\sin\varphi\right)\leqslant[\sigma] \quad (1)$$

$M_{\max}$ 为梁跨中的弯矩，其值为

$$M_{\max}=\frac{1}{8}ql^2=\frac{1}{8}\times1.2\times10^3\times3^2=1.35\times10^3\,\text{N}\cdot\text{m}$$

W_z 与 W_y 的比值为

$$\frac{W_z}{W_y}=\frac{h}{b}=1.5$$

将 $M_{\max}$、$\frac{h}{b}$、$[\sigma]$ 值代入式（1），得

$$\frac{1.35\times10^3}{W_z}(\cos30°+1.5\times\sin30°)=10\times10^6$$

由此算得

$$W_z=2.18\times10^{-4}\,\text{m}^3$$

又

$$W_z=\frac{1}{6}bh^2=\frac{1}{6}b(1.5b)^2$$

故有

$$\frac{1.5^2}{6}b^3=2.18\times10^{-4}\,\text{m}^3$$

可解得

$$b=0.084\text{m},\quad h=1.5b=0.126\text{m}$$

【例 10-3】 矩形截面木檩条跨长 $l=3\text{m}$，受集度为 $q=800\text{N/m}$ 的均布荷载作用，如图 10-9 所示。檩条材料为杉木，$[\sigma]=12\text{MPa}$，容许挠度为 $l/200$，$E=9\times10^3\text{MPa}$。试选择其截面尺寸，并作刚度校核。

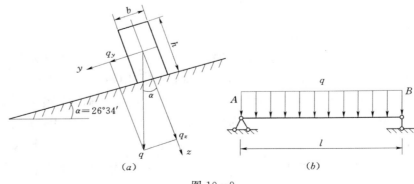

图 10-9

解: 先将 q 沿对称轴 y 和 z 分解成两个分量:

$$q_y = q\sin\alpha = 800 \times 0.447 = 358\text{N/m}$$

$$q_z = q\cos\alpha = 800 \times 0.894 = 715\text{N/m}$$

再分别求出与 q_y、q_z 相应的最大弯矩,它们都发生在檩条跨中截面上,其值为

$$M_{z\max} = \frac{q_y l^2}{8} = \frac{1}{8} \times 358 \times 3^2 = 403\text{N} \cdot \text{m}$$

$$M_{y\max} = \frac{q_z l^2}{8} = \frac{1}{8} \times 715 \times 3^2 = 804\text{N} \cdot \text{m}$$

根据式(10-4a),可建立檩条的强度条件如下:

$$\sigma_{\max} = \frac{M_{z\max}}{W_z} + \frac{M_{y\max}}{W_y} \leqslant [\sigma] \tag{1}$$

此式中包含有 W_z 和 W_y 两个未知数,故需先选定矩形截面的高宽比,现设横截面的高宽比为

$$\frac{h}{b} = 1.5$$

则

$$\frac{W_y}{W_z} = \frac{h}{b} = 1.5$$

将它代入强度条件式(1),求得

$$W_z = 78.3 \times 10^{-6}\text{m}^3$$

即

$$\frac{hb^2}{6} = \frac{1.5}{6}b^3 = W_z = 78.3 \times 10^{-6}\text{m}^3$$

于是解得

$$b = 6.79 \times 10^{-2}\text{m}, h = 1.5 \times 6.79 \times 10^{-2} = 0.102\text{m}$$

故可选用 70mm×110mm 矩形截面。

最后根据选定的截面作刚度校核。与 q_y 和 q_z 相应的挠度分别为

$$w_y = \frac{5q_y l^4}{384EI_z} \tag{2}$$

$$w_z = \frac{5q_z l^4}{384EI_y} \tag{3}$$

另有

$$I_z = \frac{hb^3}{12} = \frac{1}{12} \times 110 \times 70^3 = 314 \times 10^4\text{mm}^4 = 314 \times 10^{-8}\text{m}^4$$

$$I_y = \frac{bh^3}{12} = \frac{1}{12} \times 70 \times 110^3 = 776 \times 10^4\text{mm}^4 = 776 \times 10^{-8}\text{m}^4$$

代入式(2)和式(3)得

$$w_y = \frac{5 \times 358 \times 3^4}{384 \times 9 \times 10^9 \times 314 \times 10^{-8}} = 1.336 \times 10^{-2}\text{m} = 13.36\text{mm}$$

$$w_z = \frac{5 \times 715 \times 3^4}{384 \times 9 \times 10^9 \times 776 \times 10^{-8}} = 1.080 \times 10^{-2}\text{m} = 10.80\text{mm}$$

跨中的总挠度应为

$$w_{\max} = \sqrt{f_y^2 + f_z^2} = \sqrt{13.36^2 + 10.80^2} = 17.2\text{mm}$$

容许挠度为

$$\frac{l}{200} = \frac{3000}{200} = 15\text{mm}$$

由此可见

$$w_{\max} > \frac{l}{200} = 15\text{mm}$$

此 $w_{\max}$ 值已超过容许值约 13%，可见刚度条件不能满足。因此，应将截面尺寸增大，然后再作刚度校核。建议读者完成这一计算。

第二节 拉（压）弯组合

前面讨论直杆的弯曲问题时，曾限制所有外力均垂直于杆轴。然而，当杆件同时作用有轴向力和横向力时，轴向力使杆件发生伸长（缩短），横向力使杆件发生弯曲，因而杆件的变形为拉伸（压缩）与弯曲的组合变形。下面结合图 10-10（a）所示杆件，说明拉（压）弯组合变形时的应力和强度的计算方法。（仍然只讨论正应力强度条件）

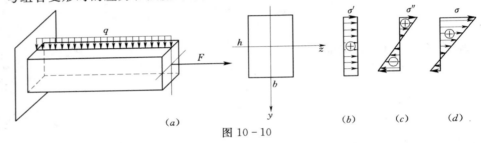

图 10-10

一、正应力计算

计算拉（压）弯组合变形情况下某点的应力时，仍采用叠加法。先将外力系简化为轴向力和横向力组合作用的情况，分别计算出在轴向拉伸（压缩）和弯曲变形下的应力，然而再代数相加。

由图 10-10 可以看出，轴向拉力 F 单独作用时，各横截面上的正应力均匀分布［见图 10-10（b）］，其值为

$$\sigma' = \frac{N}{A}$$

横向力 q 单独作用时，梁发生平面弯曲，正应力沿截面高度成直线分布［见图 10-10（c）］，横截面上任一点正应力为

$$\sigma'' = \frac{M_z}{I_z}y$$

故在 F 和 q 共同作用下任一点的正应力为

$$\sigma = \sigma' + \sigma'' = \frac{N}{A} + \frac{M_z}{I_z}y \tag{10-8}$$

式（10-8）就是计算拉（压）弯组合变形时其横截面上任一点的正应力计算公式，该式表明：正应力 σ 是坐标 y 的一次函数，正应力 σ 沿截面高度成直线规律变化［见图 10-10（d）］。

用式（10-8）计算应力时，应注意正负号规则：轴力 N 为拉力时，σ' 为正（压为负）；σ'' 的正负号，仍根据梁的变形用直观法判定。

二、正应力强度条件

对于图 10-10（a）所示的拉弯组合变形杆，其最大正应力发生在危险截面的上（或下）边缘处，其值为

$$\sigma = \frac{N}{A} + \frac{M_{max}}{W_z}$$

由于上、下边缘处均为单向应力状态，所以强度条件为

$$\sigma_{max} = \frac{N}{A} + \frac{M_{max}}{W_z} \leqslant [\sigma] \tag{10-9}$$

这里应指明两点：

（1）处于压弯组合变形情况下的杆（见图 10-11），在横向力 q 作用下使杆件弯曲后，纵向力 F 对杆件的作用就不是单纯的轴向压缩了，它在横向力 q 引起的位移上还要产生附加弯矩（例如，在跨中的附加弯矩为 $M' = Fw$），

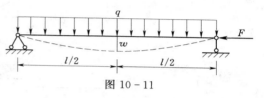

图 10-11

此附加弯矩反过来又会影响杆件在横向力作用下产生的挠度，这种问题称为杆件的纵横弯曲问题，叠加原理不能应用，而应考虑横向力和轴向力的相互影响。因此，压弯组合变形情况下，只有杆件的抗弯刚度 EI 很大，变形很小时，才能应用式（10-8）与式（10-9）计算，否则，计算结果会与实际不符。

（2）如果材料的容许拉应力和容许压应力不同，而且横截面上的部分区域受拉、部分区域受压，则应按式（10-8）计算最大拉应力和最大压应力，并分别按拉伸和压缩进行强度校核。

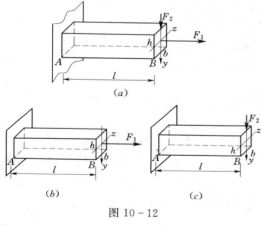

图 10-12

【例 10-4】 矩形截面悬臂梁受力情况如图 10-12（a）所示，已知 $l=1.2$m，$b=100$mm，$h=150$mm，$F_1=2$kN，$F_2=1$kN。试求梁中的最大拉应力与最大压应力。

解：此杆处在拉弯组合变形的情况下。在 F_1 单独作用下 ［见图 10-12（b）］，发生轴向拉伸，各横截面上的轴力 N 相同，截面上各点拉应力均为 F_1/A。在 F_2 单独作用下 ［见图 10-12（c）］，发生平面弯曲，横截面 z 轴以上部分为拉应力区，下侧为压应力区。由于左端 A 截面的弯矩值最大，所以，最大拉、压应力发生在该截面的上、下边缘处。

在 F_1、F_2 共同作用下的最大拉应力为

$$\sigma_{max}^+ = \frac{N}{A} + \frac{M_A}{W_z} = \frac{F_1}{bh} + \frac{F_2 l}{\frac{1}{6}bh^2} = \frac{2\times 10^3}{0.1\times 0.15} + \frac{1\times 10^3 \times 1.2}{\frac{1}{6}\times 0.1\times 0.15^2} = 4.93\times 10^6 \text{Pa}$$

最大压应力为

$$\sigma_{max}^{-}=\frac{N}{A}-\frac{M_A}{W_z}=\frac{F_1}{bh}-\frac{F_2l}{\frac{1}{6}bh^2}=\frac{2\times10^3}{0.1\times0.15}-\frac{1\times10^3\times1.2}{\frac{1}{6}\times0.1\times0.15^2}=-4.93\times10^6\,\text{Pa}$$

【例 10-5】　在图 10-13（a）所示的承载结构中，横梁 BD 为 20a 号工字钢，已知 $F=15\text{kN}$、$a=2.6\text{m}$、$b=1.4\text{m}$、钢材的容许应力 $[\sigma]=160\text{MPa}$。试校横梁 BD 的强度。

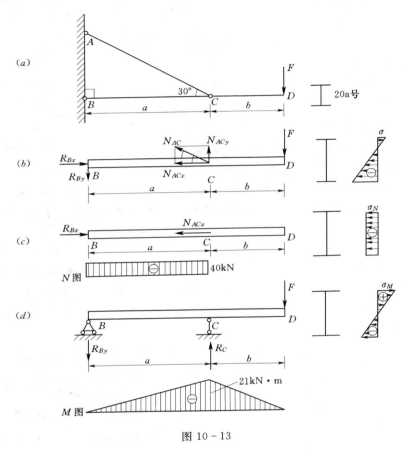

图 10-13

解： 1. 作横梁的受力图并算出未知力

横梁 BD 的受力图如图 10-13（b）所示。将 N_{AC} 沿水平方向与铅直方向分解，用分量 N_{ACx} 和 N_{ACy} 代替 N_{AC}。横梁 BD 在 R_{Bx}、R_{By}、N_{ACx}、N_{ACy} 和 F 共同作用下保持平衡，由静力平衡条件得

$$N_{ACy}=23.1\text{kN},\quad N_{ACx}=R_{Bx}=40\text{kN},\quad R_{By}=8.1\text{kN}$$

2. 作横梁的内力图

由图 10-13（b）所示的受力图可以看出，在 N_{ACx} 与 R_{Bx} 作用下，横梁的 BC 段轴向受压，其轴力图如图 10-13（c）所示；而在 R_{By} 和 N_{ACy} 和 F 作用下，横梁 BD 相当于图 10-13（d）所示的外伸梁，其弯矩图如图中所示。

对横梁 BC 段来说，其横截面上既存在轴力，又存在弯矩，所以，BC 段梁为压弯组

合变形。显然，C 左截面为危险截面。

3. 校核强度

在 C 左截面的下边缘处，压应力最大，其值为

$$\sigma_{\max}^- = \frac{N}{A} - \frac{M_{\max}}{W_z} \tag{1}$$

对 20a 号工字钢，在型钢表中查得

$$A = 35.3\,\text{cm}^2 = 35.5 \times 10^{-4}\,\text{m}^2$$

$$W_z = 237\,\text{cm}^3 = 237 \times 10^{-6}\,\text{m}^3$$

将 A 和 W_z 值代入式（1），得

$$\sigma_{\max}^- = \frac{N}{A} - \frac{M_{\max}}{W_z} = -\frac{40 \times 10^3}{35.5 \times 10^{-4}} - \frac{21 \times 10^3}{237 \times 10^{-6}} = -99.9\,\text{MPa}(\text{压应力})$$

最大压应力小于材料的容许应力，所以，横梁满足强度要求。

第三节　偏心拉伸（压缩）

前面讨论过的轴向拉伸（压缩），是指纵向外力的作用线与杆件轴线相重合时情况 [见图 10-14（a）]。如果外力的作用线平行于杆轴，但不通过截面形心 [见图 10-14（b）]，则称为偏心拉伸或偏心压缩。偏心拉伸（压缩）可以分解为轴向拉伸（压缩）和弯曲两种基本变形，所以也是一种组合变形。

这里主要讨论偏心拉伸（压缩）时的应力计算。

一、单向偏心拉伸（压缩）时的正应力计算

（一）正应力计算公式

图 10-15（a）表示一矩形截面偏心受拉杆，纵向力 F 的作用线平行于杆轴线，但其作用点位于截面的一个形心主轴（对称轴 y）上，这类偏心拉伸称为单向偏心拉伸。当 F 为压力时，则称为单向偏心压缩。

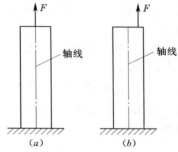

图 10-14

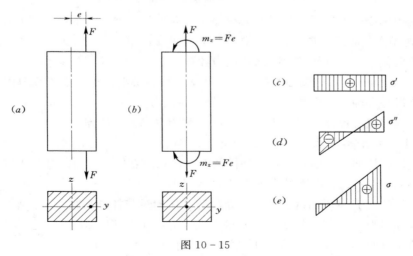

图 10-15

为了分析杆件的受力情况，将图 10-15（a）中的拉力 F 平移到截面形心处，使其作用线与杆件轴线重合。由静力学知，在力 F 平移的同时，需附加一个矩为 $m_e = Fe$ 的力偶［见图 10-15（b）］。此时，F 使杆件产生轴向拉伸，而 m_e 使杆件在纸面平面内产生平面弯曲（纯弯曲），从而可知，单向偏心拉伸就是轴向拉伸与平面弯曲组成的组合变形。

在轴向外力 F 的作用下，横截面上任意一点 K 处的正应力为 $\sigma' = N/A = F/A$，在 m_e 作用下，同一点的正应力为 $\sigma'' = (M_z/I_z)\,y$，F 和 m_e 同时作用下，该点的正应力则为

$$\sigma = \sigma' + \sigma'' = \frac{F}{A} + \frac{M_z}{I_z}y \qquad (10-10)$$

其中
$$m_z = Fe$$

式中：e 称为偏心距。

式（10-10）就是单向偏心拉伸或压缩情况下杆件横截面上任意一点处正应力的计算公式。该式既适用于单向偏心拉伸，也适用于单向偏心压缩。

（二）正负号规则

利用式（10-10）计算正应力时，应注意各项正负号。右式中第一项是由轴向力 F 引起的正应力，当 F 为拉力时为正，F 为压力时为负；第二项是由力偶矩 m_z 引起的正应力，其正负号随点的位置而不同，可根据杆件的弯曲变形由直观法判定，即拉应力为正，压应力为负。

（三）最大正应力的位置

单向偏心拉伸（压缩）下，最大正应力所在点的位置可由直观法判断。例如，图 10-15 所示的情况，F 与 m_z 单独作用下正应力沿截面的分布如图 10-15（c）、（d）所示，而两种情况叠加的结果如图 10-15（e）所示。显然，最大拉应力发生在截面的右边缘，其值为

$$M_{max} = \sigma' + \sigma'' = \frac{F}{A} + \frac{m_z}{W_z} \qquad (10-11)$$

至于截面的左边缘处是拉应力还是压拉应力，则需比较该处的 σ' 和 σ''，因为在该处的 σ' 为拉应力，而 σ'' 为压应力。图 11-15（e）中所表示的是 σ'' 的绝对值大于 σ' 的情况。

由于单向偏心拉伸（压缩）是轴向拉伸（压缩）与纯弯曲的组合，因而各横截面上的轴力 N 和弯矩 M_z 是相同的，所以，强度计算时可在任意一个横截面上进行。

二、双向偏心拉伸（压缩）时的正应力计算

图 10-16（a）表示一偏心受拉构件，其受力特点是平行于杆轴的拉力 F 的作用点不在任何一个形心主轴上，而是位于到 y、z 轴的距离分别为 e_z、e_y 的某一点 K 处。这类偏心拉伸称为双向偏心拉伸。当力 F 为压力时，称为双向偏心压缩。

（一）正应力计算

在双向偏心拉伸（压缩）时，杆件横截面上任意一点处正应力的计算方法，与单向偏心拉伸（压缩）时类似。下面结合图 10-16 来说明。

仍然是将外力 F 平移到截面的形心处，使其作用线与杆件轴线重合。平移 F 的同时，需附加力矩分别为 $m_z = Fe_y$ 与 $m_y = Fe_z$ 的力偶［见图 10-16（b）］。在这种情况下，F 使杆件产生轴向拉伸，m_z 使杆件在 xOy 平面内发生平面弯曲，m_y 使杆件在 xOz 平面内发

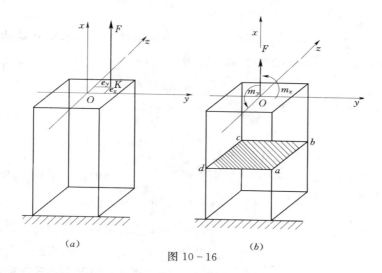

图 10-16

生平面弯曲。因而，双向偏心拉伸（压缩），实际上是由轴向拉伸（压缩）与两个平面弯曲所产生的组合变形。

在轴向力 F 单独作用下，横截面上任意一点的正应力为

$$\sigma' = \frac{N}{A} = \frac{F}{A}$$

在 $m_z = Fe_y$ 与 $m_y = Fe_z$ 单独作用下，同一点处的正应力分别为

$$\sigma'' = \frac{M_z}{I_z}y = \frac{m_z}{I_z}y$$

$$\sigma''' = \frac{M_y}{I_y}z = \frac{m_y}{I_y}z$$

三者共同作用时，该点处的正应力则为

$$\sigma = \sigma' + \sigma'' + \sigma''' = \frac{F}{A} + \frac{m_z}{I_z}y + \frac{m_y}{I_y}z \qquad (10-12a)$$

或

$$\sigma = \sigma' + \sigma'' + \sigma''' = \frac{F}{A} + \frac{Fe_y}{I_z}y + \frac{Fe_z}{I_y}z \qquad (10-12b)$$

式（10-12a）或式（10-12b）既适用于双向偏心拉伸，也适用于双向偏心压缩。

（二）正负号规则

利用式（10-12a）或式（10-12b）计算正应力时，应注意各项的正负号。右式中的第一项，双向偏心拉伸时为正；双向压缩时为负。第二项和第三项的正负号，不论是双向偏心拉伸还是双向偏心压缩，都根据杆件的弯曲变形用直观法确定（拉应力为正，压应力为负）。例如，要确定图 10-16（b）中 $abcd$ 截面上 a 点正应力的正负号时，因为在 m_z 作用下，a 点处于受拉区，所以第二项为正；在 m_y 作用下，a 点处于受压区，所以第三项应为负。b、c、d 三点处正应力的正负号，请读者自行分析。

（三）中性轴的位置

在进行强度计算时，需要求出截面上最大拉应力或最大压应力，因此，应知道中性轴的位置。

1. 中性轴方程

设中性轴上任意一点的坐标为（y_0、z_0），根据中性轴上各点的正应力为零的条件，令式（$10-12b$）等于零，便得到中性轴方程为

$$\frac{F}{A} + \frac{Fe_y}{I_z}y_0 + \frac{Fe_z}{I_y}z_0 = 0$$

将上式改写为

$$\frac{F}{A}\left(1 + \frac{e_y y_0}{I_z/A} + \frac{e_z z_0}{I_y/A}\right) = 0$$

令式中的 $I_z/A = i_z^2$、$I_y/A = i_y^2$（i_z、i_y 分别为截面对 z、y 轴的惯性半径），则有

$$\left(1 + \frac{e_y y_0}{i_z^2} + \frac{e_z z_0}{i_y^2}\right) = 0 \qquad (10-13)$$

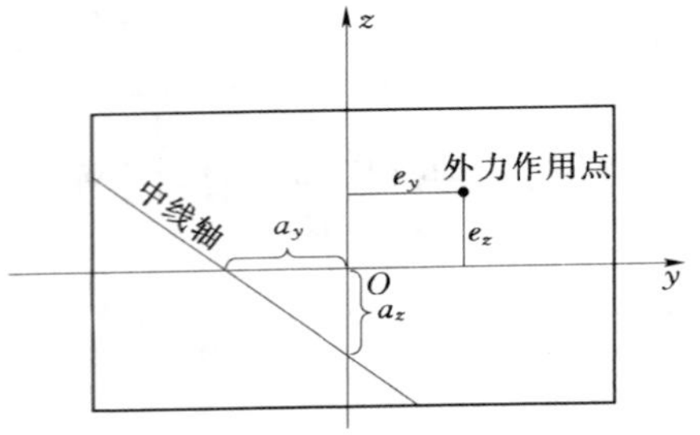

分析式（$10-13$）可知，该方程表示的是一条不通过坐标原点（截面形心）的直线，由此可知，在双向偏心拉伸（压缩）情况下，杆件横截面上的中性轴是一条不通过截面形心的直线（见图 $10-17$）。

图 $10-17$

2. 中性轴的截距

设中性轴与两个坐标轴的截距分别为 a_y 和 a_z，将 $y_0 = 0$ 和 $z_0 = 0$ 分别代入式（$10-13$）中，可得

当 $z_0 = 0$ 时，有

$$a_y = y_0 = -\frac{i_z^2}{e_y} \qquad (10-14a)$$

当 $y_0 = 0$ 时，有

$$a_z = z_0 = -\frac{i_y^2}{e_z} \qquad (10-14b)$$

由式（$10-14a$）和式（$10-14b$），便可求出中性轴与两个坐标轴的截距，从而确定中性轴的位置。

在式（$10-14a$）和式（$10-14b$）中，a_y 与 e_y、a_z 与 e_z 的正负号相反，这说明中性轴总是位于外力作用点所在象限的另一侧。例如图 $10-17$ 中，外力作用点位于第一象限内，中性轴则位于第三象限那一侧。

截面上各点正应力与到中性轴的距离成正比，当确定了中性轴的位置后，便不难求出最大拉应力与最大压应力，从而进一步进行强度计算。

实际工程中，对于矩形或工字形等有棱角的截面，最大拉应力和最大压应力总是出现在截面的棱角处，因此，求这类截面杆件的最大正应力时，就不需要确定中性轴的位置，可用式（$10-12$）直接算出。

【例 $10-6$】 在图 $10-18$（a）所示的偏心受压杆中，已知 $h = 300$mm，$b = 200$mm，$F = 42$kN，偏心距 $e_y = 100$mm、$e_z = 80$mm。试求阴影截面上 A、B、C、D 各点的正应力。

解： 将力 F 平移至形心后，对 y、z 轴的附加的力偶矩分别为

$$m_y = Fe_z = 42 \times 10^3 \times 0.08 = 3360 \text{N} \cdot \text{m}$$
$$m_z = Fe_y = 42 \times 10^3 \times 0.1 = 4200 \text{N} \cdot \text{m}$$

在 F 作用下，A、B、C、D 各点
均产生压应力，其值为 $-F/A$；在 m_y
作用下，A、B 两点产生压应力，其
为 $-m_y/W_y$，C、D 两点产生拉应力，
其值为 m_y/W_y；在 m_z 作用下，B、C
两点产生拉应力，其值为 m_z/W_z，A、
D 两点产生压应力，其值为 $-m_z/W_z$，
在 F、m_y、m_z 共同作用时，各点正应
力则分别为

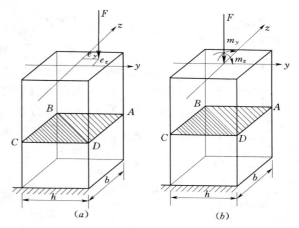

图 $10-18$

A 点：
$$\sigma_A = -\frac{F}{A} - \frac{m_y}{W_y} - \frac{m_z}{W_z}$$
$$= -\frac{42 \times 10^3}{0.2 \times 0.3} - \frac{3360}{\frac{1}{6} \times 0.3 \times 0.2^2} - \frac{4200}{\frac{1}{6} \times 0.2 \times 0.3}$$
$$= -0.7 \times 10^6 - 1.68 \times 10^3 - 1.4 \times 10^6$$
$$= -3.78 \times 10^6 \text{Pa}$$

B 点：
$$\sigma_B = -\frac{F}{A} - \frac{m_y}{W_y} + \frac{m_z}{W_z} = -0.98 \times 10^6 \text{Pa}$$

C 点：
$$\sigma_C = -\frac{F}{A} + \frac{m_y}{W_y} + \frac{m_z}{W_z} = 2.38 \times 10^6 \text{Pa}$$

D 点：
$$\sigma_D = -\frac{F}{A} + \frac{m_y}{W_y} - \frac{m_z}{W_z} = -0.42 \times 10^6 \text{Pa}$$

由计算结果可知，A、B、D 三点处为压应力，C 点处为拉应力；C 点的应力为截面
上的最大拉应力，A 点的应力为最大压应力。

【例 10-7】 在图 $10-19$（a）所示的矩形截面偏心受压柱中，力 F 的作用点位于 y
轴上，偏心距为 e，F、b、h 均为已知。试求在柱的横截面上不出现拉应力时的最大偏
心距。

解： F 平移到截面的形心处后，对 z 轴的力偶矩为 $m_z = Fe$。在 F、m_z 共同作用下，
柱的变形为压弯组合变形。

在 F 作用下，横截面上各点均产生压应力，其值为 $-F/A$；在 m_z 作用下，截面上 z
轴左侧部分受拉，最大拉应力发生在截面的边缘处，其值为 $-m_z/W_z$。欲使截面上不出现
拉应力，则应当使在 F 与 m_z 共同作用下，截面左边缘处的正应力等于零，即

$$\sigma = -\frac{F}{A} + \frac{m_z}{W_z} = 0$$

或
$$-\frac{F}{bh} + \frac{Fe}{\frac{1}{6}bh^2} = 0$$

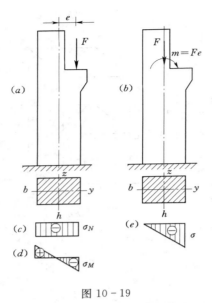

图 10 - 19

由此可得

$$e = \frac{h}{6}$$

即为所求的最大偏心距。由此结果可知，当压力 F 作用在 y 轴上时，只要偏心距 $e \leqslant h/6$，截面上就不会出现拉应力。

$e = h/6$ 时，正应力（均为压应力）沿截面 h 方向的分布规律如图 11 - 19 (e) 所示。

三、截面核心的概念

前面已求出杆件偏心拉伸（压缩）时，确定中性轴位置的两个截距的计算公式：

$$a_y = y_0 = -\frac{i_z^2}{e_y}$$

$$a_z = z_0 = -\frac{i_y^2}{e_z}$$

由上式看到，截距 a_y 和 a_z 与外力作用点的两个坐标 e_y 和 e_z 有关。e_y 和 e_z 的绝对值越小时，a_y 和 a_z 的绝对值就越大，这说明，外力作用点 A 越靠近截面形心（坐标原点）（见图 10 - 20），中性轴离截面形心就越远。当外力作用点位于截面形心附近的一点 A' 时，中性轴则与截面周边相切，此时，整个截面都位于中性轴一侧，截面上只会出现一种符号的应力（拉应力或压应力）。我们可以在截面的形心附近找到一系列像 A' 这样的点，当外力作用在这些点上时，中性轴都与截面边界相切，这些点的连线将形成一个小区域，只要外力作用点位于这个小域内，整个截面就会位于中性轴的一侧，即截面上只会出现一种符号的应力，我们将这个小区域称为**截面核心**。即当杆所受的轴向外力的作用点位于截面核心范围以内时，整个截面上只会出现拉应力（或者压应力）。

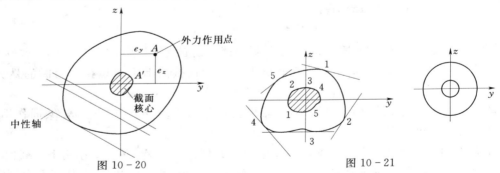

图 10 - 20　　　　　　　　　　图 10 - 21

下面来说明截面核心边界的确定方法。如图 10 - 21 所示，将与截面相切的直线看作中性轴，其在 y、z 两个形心惯性主轴上的截距分别为 a_y、a_z。从而可得截面核心边界上的坐标 e_y、e_z，即

$$e_y = -\frac{i_z^2}{a_y}$$

$$e_z = -\frac{i_y^2}{a_z}$$

然后，将各坐标连接起来，围成的区域就是截面核心。

截面核心的概念在工程上非常有用。因为用于工程的某些建筑材料如砖、石、混凝土等，其抗压性能很好，而抗拉性能则很差，使用中需要避免受拉，因此对于用这类材料制成的偏心受压构件，应当使偏心压力作用在截面核心以内，这样，截面上就不会出现拉应力。

截面核心是截面的一种几何性质，它只与截面的形状和尺寸有关，而与外力大小无关。工程中常见的矩形、圆形、工字形、槽形等截面的截面核心分别如图 10-22 所示。

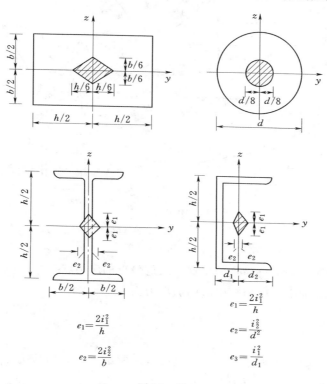

$$e_1 = \frac{2i_1^2}{h}$$

$$e_2 = \frac{2i_2^2}{b}$$

$$e_1 = \frac{2i_1^2}{h}$$

$$e_2 = \frac{i_2^2}{d^2}$$

$$e_3 = \frac{i_1^2}{d_1}$$

图 10-22

第四节　弯　扭　组　合

工程中有些杆件（例如各类传动轴）在荷载作用下会同时发生弯曲变形和扭转变形，这类问题就是将要讨论的弯扭组合变形问题。本节讨论这类杆件的强度计算。

弯扭组合变形的强度计算，与前面讨论过的几类组合变形有所不同。在斜弯曲、拉（压）弯组合及偏心拉（压）时，杆件危险截面上的危险点往往处于单向应力状态，因而，在进行强度计算时，只需先求出杆件中出现的最大拉应力或最大压应力，然后再将与材料的容许应力进行比较即可。而在弯扭组合变形时，杆件中的危险点则是处于复杂应力状态，因此在进行强度计算时，需要首先对危险截面上的危险点处的应力状态进行分析，再运用有关的强度理论建立强度条件。

一、内力与应力分析

（一）内力分析

在图 10-23（a）中，外力偶矩 M_e 使杆件受扭，各截面上的扭矩 M_x 为常量，杆件的扭矩图如图 10-23（b）所示；外力 F 使杆件发生平面弯曲，弯矩图如图 10-23（c）所示；由于剪力 Q 的影响一般都比较小，可不予考虑。由扭矩图和弯矩图可知，左侧的固定端截面为危险截面。

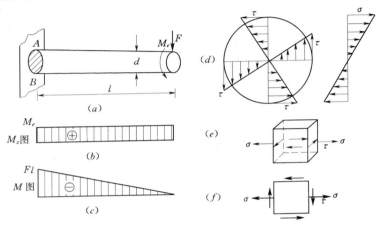

图 10-23

（二）危险点处应力状态分析

下面来分析危险截面上危险点的位置以及危险点的应力状态。

在左侧固定端截面上，由扭矩引起的剪应力为

$$\tau = \frac{M_x}{I_P}\rho$$

截面上剪应力 τ 的分布规律如图 10-23（d）所示。最大剪应力 $\tau_{\max}$ 发生在截面周边各点处，方向与周边相切，其值为

$$\tau_{\max} = \frac{M_x}{W_P}$$

而剪应力（$Q=F$）引起的剪应力比扭矩引起的剪应力要小得多，可忽略不计。

在左侧固定端截面上，由弯矩引起的正应力为

$$\sigma = \frac{M}{I_z}y$$

正应力 σ 沿截面高度的分布规律如图 10-23（d）所示。最大的拉、压应力发生在截面的上、下边缘处，其值为

$$\sigma_{\max}^+ = \frac{M}{W_z}$$

$$\sigma^-_{\max} = \frac{M}{W_z}$$

由危险截面上 τ 和 σ 的分布规律可知，在截面上、下边缘的 A、B 两点处，剪应力和正应力都达到最大值，因此 A、B 两点为危险点（两点的危险程度相同）。从 A 点处截取出一微元体，其上的应力情况如图 10-20 (e) 所示［图 10-20 (f) 为图 10-20 (e) 的俯视图］，可知 A 点存在两个主应力，为复杂应力状态，在进行强度计算时，必须应用强度理论。

1. 主应力计算

按强度理论进行计算时，需首先求出危险点的主应力，对图 10-23 (e) 或图 10-23 (f) 所示的微体，其主应力为

$$\sigma_1 = \frac{\sigma}{2} + \sqrt{\left(\frac{\sigma}{2}\right)^2 + \tau^2}$$
$$\sigma_2 = 0$$
$$\sigma_3 = \frac{\sigma}{2} - \sqrt{\left(\frac{\sigma}{2}\right)^2 + \tau^2}$$

2. 选用强度理论

承受弯曲和扭转共同作用的杆件如传动轴，一般用塑性材料（如钢材）制成，所以，在进行强度计算时，应选用第三或第四强度理论。

将主应力表达式代入第三强度理论的强度条件式 (9-14) 得

$$\sqrt{\sigma^2 + 4\tau^2} \leqslant [\sigma] \qquad (10-15)$$

将主应力表达式代入第四强度理论的强度条件式 (9-16) 得

$$\sqrt{\sigma^2 + 3\tau^2} \leqslant [\sigma] \qquad (10-16)$$

对于圆形截面有

$$\sigma = \frac{M}{W_z}, \quad \tau = \frac{M_x}{W_P}, \quad W_P = 2W_z$$

将上面关系代入式 (10-15) 和式 (10-16) 中，则得

$$\sqrt{\left(\frac{M}{W_z}\right)^2 + 4\left(\frac{M_x}{2W_z}\right)^2} \leqslant [\sigma]$$

$$\sqrt{\left(\frac{M}{W_z}\right)^2 + 3\left(\frac{M_x}{2W_z}\right)^2} \leqslant [\sigma]$$

或

$$\frac{1}{W_z}\sqrt{M^2 + M_x^2} \leqslant [\sigma] \qquad (10-17)$$

$$\frac{1}{W_z}\sqrt{M^2 + 0.75M_x^2} \leqslant [\sigma] \qquad (10-18)$$

式 (10-15) 与式 (10-16) 或式 (10-17) 与式 (10-18) 就是处在弯扭组合变形情况下的杆件，分别按第三、第四强度理论建立的强度条件。

在式 (10-17) 和式 (10-18) 中，M 为危险截面上的弯矩，M_x 为危险截面上的扭矩。应注意：该两式是对圆截面导出的，所以，该两式表达的强度条件只适用于圆截面杆的弯扭组合变形。

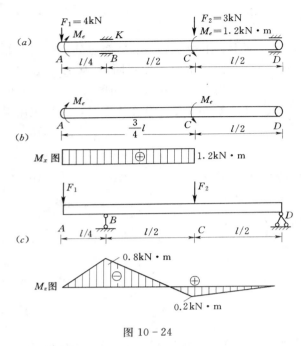

图 10 - 24

【例 10 - 8】 图 10 - 24（a）为某传动轴的受力简图，圆轴由钢材制成，已知 $l=0.8\text{m}$、圆轴直径 $d=50\text{mm}$、$M_e=1.2\text{kN}\cdot\text{m}$、$F_1=4\text{kN}$、$F_2=3\text{kN}$、钢材的许用应力 $[\sigma]=160\text{MPa}$。试按第三强度理论校核轴的强度。

解： 轴在 m 作用下受扭，在 F_1、F_2 作用下受弯，此题为弯扭组合变形问题。

1. 内力与应力分析

在 m 作用下，轴的 AC 段受扭，扭矩图如图 10 - 24（b）所示。在 F_1、F_2 作用下，轴相当于图 10 - 24（c）所示的外伸梁，其弯矩图如图中所示。在 AC 段中，各截面上的扭矩相同，而弯矩值（绝对值）则是 B 截面上的最大，所以，B 截面为危险截面。B 截面上的弯矩和扭矩分别为

$$M_B=\frac{F_1 l}{4}=\frac{4\times10^3\times0.8}{4}=0.8\times10^3\text{N}\cdot\text{m}$$

$$M_x=M_e=1.2\text{kN}\cdot\text{m}=1.2\times10^3\text{N}\cdot\text{m}$$

危险点位于 B 截面的上、下边缘处。上边缘 K 点的正应力和剪应力分别为

$$\sigma_M=\frac{M_B}{W_z}=\frac{0.8\times10^3}{\frac{1}{32}\pi\times0.05^3}=65.2\times10^6\text{Pa}$$

$$\tau_x=\frac{M_x}{W_P}=\frac{1.2\times10^3}{\frac{1}{16}\pi\times0.05^3}=48.9\times10^6\text{Pa}$$

2. 校核强度

将 K 点处的正应力和剪应力代入式（10 - 15），可得

$$\sqrt{\sigma^2+4\tau^2}=\sqrt{(65.2\times10^6)^2+4(48.9\times10^6)^2}=117.5\times10^6\text{Pa}\leqslant[\sigma]$$

所以，轴满足强度要求。

习　　题

10 - 1　如图所示梁中，F_1 与 F_2 分别作用在梁的竖向与水平对称面内，已知 $l=1.5\text{m}$，$a=1\text{m}$，$b=100\text{mm}$，$h=150\text{mm}$，$F_1=1.2\text{kN}$，$F_2=0.8\text{kN}$。试求梁横截面上的最大应力并指明所在位置。

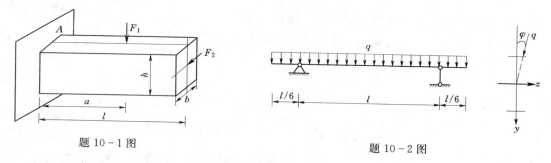

题 10-1 图　　　　　　　　题 10-2 图

10-2 如图所示，由 22a 号工字钢制成的外伸梁承受均布荷载 q，q 的作用线与 y 轴成 10°角且通过截面形心，已知 $q=4.5\text{kN/m}$，$l=6\text{m}$，材料的许用应力 $[\sigma]=160\text{MPa}$。试校核梁的强度。

10-3 承受均布荷载的矩形截面简支梁如图所示，q 的作用线通过截面形心且与 y 轴的夹角 $\varphi=15°$，已知 $l=4\text{m}$，$b=80\text{mm}$，$h=120\text{mm}$，材料的许用应力 $[\sigma]=160\text{MPa}$。试求梁容许承受的最大荷载 q_{max}。

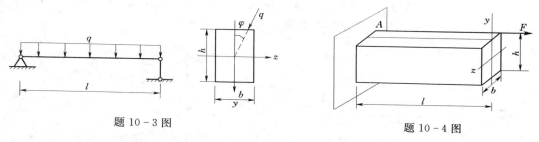

题 10-3 图　　　　　　　　题 10-4 图

10-4 如图所示受力悬臂梁中，F 的作用线平行于杆件轴线，F、l、b、h 均为已知。试求杆件横截面上的最大拉应力并指明所在位置。

10-5 如图所示结构中，BC 为矩形截面杆，已知 $a=1\text{m}$，$b=120\text{mm}$，$h=160\text{mm}$，$F=4\text{kN}$。试求 BC 杆横截面上的最大拉应力和最大压应力。

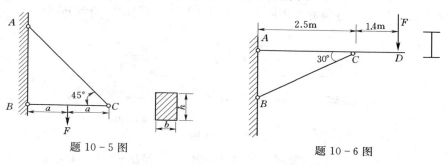

题 10-5 图　　　　　　　　题 10-6 图

10-6 如图所示结构中，AD 杆为 16 号工字钢，已知 $F=10\text{kN}$，钢材的许用应力 $[\sigma]=160\text{MPa}$。试校核 AD 杆的强度。

10-7 如图所示一矩形截面轴向受力杆，在中间某处挖一槽口，已知 $F=20\text{kN}$，$b=160\text{mm}$，$h=240\text{mm}$，槽口深 $h_1=60\text{mm}$。试求槽口处横截面 $m—m$ 上的最大压应力。

10-8 矩形截面受压柱如图所示，其中 F_1 的作用线与柱轴线重合，F_2 的作用线位于 y 轴上，已知 $F_1=F_2=80\text{kN}$，$b=240\text{mm}$，偏心距 $e=100\text{mm}$。试求：

（1）求柱截面上不出现拉应力时 h 的最小尺寸。

（2）当 h 确定后，求柱横截面上的最大压应力。

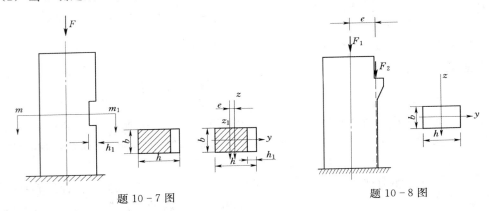

题 10-7 图　　　　　　　　　　　　　题 10-8 图

10-9　如图所示的矩形截面钢杆，$b=60\text{mm}$，$h=120\text{mm}$。在偏心拉力（力作用点位于 y 轴上）作用下，测得上边缘处的纵向线应变 $\varepsilon=1.75\times10^{-5}$，已知 $F=100\text{kN}$，材料的弹性模量 $E=2\times10^5\text{MPa}$。试求偏心距离 e。

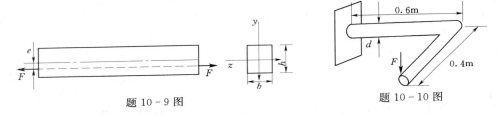

题 10-9 图　　　　　　　　　　　　题 10-10 图

10-10　如图所示的直角折杆位于水平面内，F 沿竖直方向作用在自由端，已知 $F=1.2\text{kN}$，材料的许用应力 $[\sigma]=160\text{MPa}$。试按第三强度理论选择杆的直径。

10-11　如图所示的圆截面钢杆中，已知 $L=1\text{m}$，$d=100\text{mm}$，$F_1=6\text{kN}$，$F_2=50\text{kN}$，$M_e=12\text{kN·m}$，材料的许用应力 $[\sigma]=160\text{MPa}$。试校核该杆的强度。

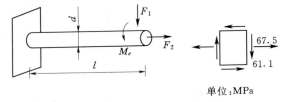

单位:MPa

题 10-11 图

10-12　如图所示钢制圆截面杆，已知 $F=120\text{kN}$，$M_e=3\text{kN·m}$，$d=60\text{mm}$，材料的许用应力 $[\sigma]=160\text{MPa}$。试用第三强度理论校核该杆的强度。

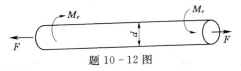

题 10-12 图

10-13　不同截面的悬臂梁如图所示，在梁的自由端均作用有垂直于梁轴线的集中力

F。试回答：

（1）哪些属于基本变形？哪些属于组合变形？

（2）属于组合变形者是由哪些基本变形组合的？

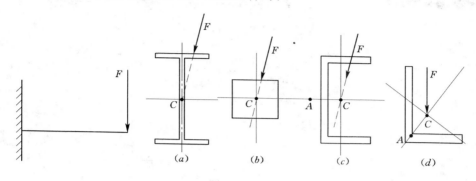

题 10－13 图

第十一章

压 杆 稳 定

【本章要点】
- 轴向压杆的临界力及临界力的确定。
- 欧拉公式的适用条件。
- 压杆稳定条件及计算。

第一节 轴向受压杆的临界荷载

承受轴向压力的细长杆，当压力超过一定的数值之后，在外界的横向扰动下，其直线的平衡形式将突然转变为弯曲形式，致使杆件或由之组成的结构丧失正常功能，这是区别于强度、刚度失效的又一种失效形式，即稳定失效，简称失稳。由于受压杆件的失稳而使整个结构发生坍塌，不仅会造成物质上巨大损失，而且还危及人民的生命。在历史上曾发生多起这样的事件。1983 年 10 月 4 日，北京某单位科研楼工地的钢管脚手架（见图 11-1）距地面 5～6m 处突然外弓，刹那间，这座高达 54.2m、长 17.25m、总重 565.4kN 的大型脚手架轰然坍塌，造成 5 人死亡，7 人受伤，脚手架所用建筑材料大部分报废，经济

图 11-1 脚手架

损失 4.6 万元，工期推迟一个月。现场调查结果表明，脚手架结构本身存在严重缺陷，致使结构失稳坍塌，是这次灾难性事故的直接原因。因此，对于细长压杆发生稳定失效的现象必须引起足够的重视。在工程中常用到压杆，如图 11 - 2 (*a*) 所示，其模型见图 11 - 2 (*b*)。

(*a*)

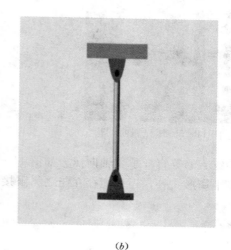

(*b*)

图 11 - 2

一、临界荷载欧拉公式

从图 11 - 3 中可以看出，实际压杆受压力作用时，将会发生不同程度的压弯现象。但在对压杆的承载力进行理论研究时，通常将压杆抽象为由均质材料制成、轴线为直线，且外压力作用线与压杆轴线重合的理想"中心受压直杆"的力学模型。在这一力学模型中，由于不存在使压杆产生弯曲变形的初始因素，因此，在轴向压力下就不可能发生弯曲现象。为此，在分析中心受压直杆时，当压杆承受轴向压力后，假想地在杆上施加一微小的横向力，如图 11 - 4 所示，当压力 *F* 小于某一数值时，在横向任意小的扰动下，压杆偏离其直线平衡位置（例如产生微弯），当扰动除去后，压杆又回到原来的直线平衡形式（即直线）。这时压杆的平衡是"稳定的"，如图 11 - 4 (*a*) 所示。这表明，当压力小于一定数值时，压杆只有一种直线平衡形式，如图 11 - 4 (*b*) 所示。当压力超过一定数值后，压杆仍具有直线平衡形式，但在外界扰动下，压杆偏离直线平衡位置，扰动除去后，不能再回到原来的直线平衡位置，而在某一弯曲状态下达到新的平衡，因此，称原来的直线平衡位置是"不稳定的"，如图 11 - 4 (*c*) 所示。这表明，当压力大于一定的数值时，压杆存在两种可能的平衡形式，即直线平衡形式和弯曲平衡形式，但直线平衡形式是不稳定的。压杆由稳定的直线平衡形式到不稳定的直线平衡形式的转变，称为**失稳**或**屈曲**。压杆处于稳定的直线平衡与不稳定的直线平衡的临界状态时的荷载，称为**临界荷载**，用 F_{cr} 表示。F_{cr} 是压杆保持直线平衡状态的最高荷载，或能发生弯曲平衡状态的最低荷载。从图 11 - 4 可以看出，对于压杆，当压力等于临界荷载（$F = F_{cr}$）时，除了直线的平衡形式外，在其无穷小的领域内，还可以存在与之无限接近的微弯的平衡形式。

确定压杆临界荷载的方法有很多，本节以两端铰支的等直杆为例，说明确定压杆临界荷载的方法。

图 11-3 压杆屈曲试验

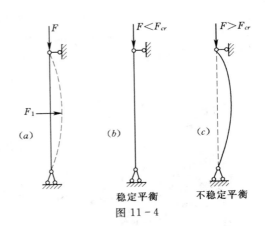

稳定平衡   不稳定平衡

图 11-4

两端铰支的等直杆承受轴向压力如图 11-5（a）所示。前已提及，直杆在临界状态下除了直线平衡形式外，还可能存在与之无限接近的微弯的平衡形式。

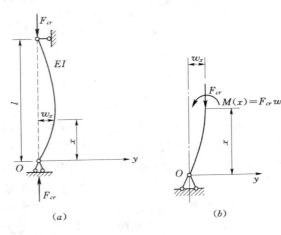

图 11-5

为了得到可应用于工程的、简明的表达式。并考虑处于临界状态的压杆所受横向干扰力，可能来自任何方向，所以假设我们所讨论的压杆是理想的中心受压等直细长杆，在其最小抗弯刚度平面内失稳而变为微弯的平衡状态。

考虑微弯状态下任意一段压杆的平衡，如图 11-5（b）所示，得到弯矩方程为

$$M(x) = -Fw(x) \qquad (11-1a)$$

根据小挠度近似微分方程，有

$$M(x) = -EI \frac{\mathrm{d}^2 w(x)}{\mathrm{d}x^2} \qquad (11-1b)$$

于是，由以上两式得到

$$\frac{\mathrm{d}^2 w(x)}{\mathrm{d}x^2} + k^2 w(x) = 0 \qquad (11-1c)$$

其中

$$k^2 = \frac{F}{EI} \qquad (11-1d)$$

这是拉压杆在微弯状态下的平衡方程，也是确定压杆临界荷载的微弯方程。

确定临界荷载必须求解上述微分方程，并确定其中的 k 值。

方程（11-1c）的通解为

$$w(x) = C_1 \sin kx + C_2 \cos kx \qquad (a)$$

式中：C_1、C_2、k 均为待定常数。

在两端铰支的情况下，边界条件为

$$x = 0, w(0) = 0; \quad x = l, w(l) = 0 \qquad (11-1e)$$

将边界条件代入式（a），得到

$$C_1 \times 0 + C_2 \times 1 = 0 \qquad (11-1f)$$

$$C_1 \sin kl + C_2 \cos kl = 0 \qquad (11-1g)$$

C_1 和 C_2 不全为零的条件是

$$\begin{vmatrix} 0 & 1 \\ \sin kl & \cos kl \end{vmatrix} = 0 \qquad (11-1h)$$

由此解得

$$\sin kl = 0$$

则有

$$kl = n\pi \quad (n = 0,1,2,3,\cdots)$$

所以

$$k^2 = \frac{n^2 \pi^2}{l^2}$$

将 k 值代入式（11-1d），得到

$$F = \frac{n^2 \pi^2 EI}{l^2} \quad (n = 0,1,2,3,\cdots) \qquad (11-2)$$

这就是计算两端铰支等截面直杆临界荷载的一般表达式。相对于不同的 n 值，即不同的微弯波形，临界荷载有不同数值。工程上有意义的是临界荷载的最小值，即对应于 $n=1$ 的情形，因为这是由欧拉最早（1744 年）提出，所以又称为欧拉临界力，用 F_σ 表示，即

$$F_\sigma = \frac{\pi^2 EI}{l^2} \qquad (11-3)$$

这一表达式又称为**欧拉公式**。此公式表明欧拉临界力（F_σ）与抗弯刚度（EI）成正比，与杆长的平方（l^2）成反比。

对于无初始曲率或初始曲率很小的直杆，试验结果与上述理论结果一致或十分接近。

应用上述公式时，应注意以下两点：一是欧拉公式只适用于弹性范围，即只适用于弹性稳定问题；二是公式中的 I 为压杆失稳发生弯曲时，截面对其中性轴的惯性矩。对于各个方向约束相同的情形（如球铰约束），I 取截面的最小惯性矩，即 $I = I_{\min}$；对于不同方向具有不同约束条件的情形，计算时，应根据截面惯性矩和约束条件，首先判断失稳时的弯曲方向，从而确定截面的中性轴以及相应的惯性矩。

此外，从式（11-1f）中不难发现，$C_2 = 0$。于是，由式（11-1g）得到微弯状态下的挠度方程：

$$\omega(x) = C_1 \sin kl \qquad (b)$$

这表明 $n=1$ 时，微弯曲线为一个正弦半波形状。因为 C_1 未定，故微弯状态的挠度值不能确定。

由于失稳过程伴随着由直线平衡形式到弯曲平衡形式的突然转变，因此，影响弯曲变形的因素也必然会影响压杆的临界力，支承条件便是影响因素之一。从以上推导欧拉公式中可以发现，支承的影响表现为确定待定常数 C_1、C_2 和 k 时所用的边界条件不同。因此，不同支承条件的压杆，其临界力公式各不相同。

应用与以上类似的方法，可以得到不同支承条件下的压杆临界力公式。

将几种常见约束下压杆的临界压力公式整理后，可以写成一个统一的形式：

$$F_\sigma = \frac{\pi^2 EI}{(\mu l)^2} \qquad (11-4)$$

其中
$$l_0 = \mu l$$

式中：EI 为压杆的抗弯刚度；μ 为长度折算因数，它反映了支承对压杆临界力的影响；l_0 为压杆的计算长度，它综合反映了压杆长度和支承情况对临界荷载的影响。

表 11-1 中对几种常见支承压杆的微弯曲线作了比较，给出了相应的 μ 值、l_0 值和 F_{cr} 值，以便查用。表中约束形式都是工程实际约束的简化，工程实际中的约束条件常常介于这些形式之间，在选取 μ 时，一般可偏大一些。

表 11-1　　　　　　　　　　　　　　杆端支承方式与相应临界荷载

支承情况	两端铰支	一端嵌固 一端自由	一端嵌固，一端可上、下移动（不能转动）	一端嵌固 一端铰支
弹性曲线形状				
临界力公式	$F_{cr} = \dfrac{\pi^2 EI}{l^2}$	$F_{cr} = \dfrac{\pi^2 EI}{(2l)^2}$	$F_{cr} = \dfrac{\pi^2 EI}{(0.5l)^2}$	$F_{cr} = \dfrac{\pi^2 EI}{(0.7l)^2}$
计算长度	l	$2l$	$0.5l$	$0.7l$
长度系数	$\mu = 1$	$\mu = 2$	$\mu = 0.5$	$\mu = 0.7$

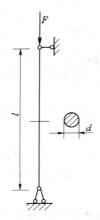

图 11-6

【例 11-1】　　两端铰支压杆受力如图 11-6 所示。杆的直径 $d = 40\text{mm}$，长度 $l = 2000\text{mm}$，材料为 Q235 钢，$E = 206\text{GPa}$。试求此压杆的临界力 F_{cr}。

解：根据欧拉公式：
$$F_{cr} = \frac{\pi^2 EI}{(\mu l)^2}$$

已知 $\mu = 1$，圆截面对各形心轴之惯性矩均相等，$I = \pi d^4 / 64$。代入欧拉公式得
$$F_{cr} = \frac{\pi^3 \times 206 \times 10^6 \times 40^4 \times 10^{-12}}{64 \times (1 \times 2000)^2 \times 10^{-6}} = 63.9\text{kN}$$

在这一临界压力作用下，压杆在直线平衡位置时横截面上的应力为 50.8MPa。此值远小于 Q235，钢材的比例极限 $\sigma_p = 200\text{MPa}$。这表明压杆仍处于线弹性范围内。

本例中若压杆长度 $l = 500\text{mm}$，这时能不能应用欧拉公式呢？这是一个有趣而且有意义的问题。

假设仍可用欧拉公式计算临界荷载，即有
$$F_{cr} = \frac{\pi^3 \times 206 \times 10^6 \times 40^4 \times 10^{-12}}{64 \times (1 \times 500)^2 \times 10^{-6}} = 1022.4\text{kN}$$

这时，压杆在直线平衡时横截面上的应力为 813MPa，它不仅超过了 Q235 钢的比例极限，而且超过屈服极限 $\sigma_s = 235$MPa。这表明压杆已进入非弹性状态，因而不能应用欧拉公式计算其临界荷载，$F_{cr} = 1022.4$kN 的结果是不正确的。

二、临界应力欧拉公式

工程设计中通常采用应力来计算，为了确定欧拉公式的适应范围并对稳定问题作进一步研究，下面引入临界应力和柔度的概念。

（一）临界应力

欧拉公式只有在弹性范围内才是适用的，这要求压杆在直线平衡位置时，横截面上的应力不大于材料的比例极限，即

$$\sigma_{cr} = \frac{F_{cr}}{A} \leqslant \sigma_p \tag{11-5}$$

式中：σ_{cr} 为临界应力；A 为压杆的横截面面积。

再将公式 $F_{cr} = \pi^2 EI/(\mu l)^2$ 代入式（11-5），得

$$\sigma_{cr} = \frac{F_{cr}}{A} = \frac{\pi^2 EI}{(\mu l)^2 A} \tag{11-6}$$

事实上，不是所有压杆都会满足式（11-5）的，［例 11-1］所揭示的问题便是一例。对于细长杆，将发生弹性失稳；对于短杆，则不可能发生失稳问题，而在压力的作用下发生屈服；介于二者之间有一种中长杆，也将发生失稳问题，但其临界应力已超过比例极限，局部区域已进入塑性。这三类不同的压杆需要采用不同的公式计算其临界应力。

（二）柔度

上面所提到的细长杆、中长杆，只涉及压杆的长度及截面尺寸，实际上，除此以外还应包含支承条件的影响。

令

$$\lambda = \frac{\mu l}{i} \tag{11-7}$$

其中

$$i = \sqrt{\frac{I}{A}} \tag{11-8}$$

式中：λ 为柔度；i 为截面对中性轴的惯性半径。

则压杆的临界应力的欧拉公式为

$$\sigma_{cr} = \frac{\pi^2 E}{\lambda^2} \tag{11-9}$$

柔度 λ 值愈大，杆愈细长，相应的临界应力 σ_{cr} 愈小，则压杆愈容易失稳；反之，λ 值愈小，杆愈短粗，相应的临界应力 σ_{cr} 愈大，则压杆愈不容易失稳。所以，柔度 λ 是压杆稳定问题中的一个重要物理量。根据柔度的大小将压杆分为以下几类：

1. 大柔度杆

根据式（11-6）和式（11-7），在弹性范围内，有

$$\sigma_{cr} = \frac{\pi^2 E}{\lambda^2} \leqslant \sigma_p$$

据此得到弹性屈曲时的柔度必须满足下式：

$$\lambda \geqslant \sqrt{\frac{\pi^2 E}{\sigma_p}} = \lambda_p \tag{11-10}$$

对于不同的材料，由于 E、σ_p 各不相同，λ_p 的数值亦不相同。一旦给定 E、σ_p 数值，即可算得 λ_p。例如，对于 Q235 钢，$E=206\text{GPa}$，$\sigma_p=200\text{MPa}$，于是由式（11-10）算得 $\lambda_p=101$。

满足式（11-10）的压杆称为大柔度杆或细长杆。这类压杆将发生弹性屈曲，其临界应力按式（11-9）计算。

2. 中度柔杆

柔度满足 $\lambda_s \leqslant \lambda \leqslant \lambda_p$ 的压杆称为中度柔杆或中长杆。这类压杆也会发生屈曲，但屈曲时其横截面上的应力已经超过比例极限，故为"弹-塑性屈曲"。这类压杆的临界荷载需按弹塑性稳定理论确定。目前设计中多采用经验公式，本章第二节将作详细介绍。

3. 小柔度杆

柔度满足 $\lambda < \lambda_s$ 的压杆称为小柔度杆或短杆。这类压杆一般不发生屈曲，而可能发生屈服（塑性材料）或破裂（脆性材料）。于是，其临界应力为

$$\sigma_{cr} = \sigma_u = \begin{cases} \sigma_s \text{（塑性材料）} \\ \sigma_b \text{（脆性材料）} \end{cases}$$

第二节　临界应力总图

以上导出的欧拉临界荷载或临界应力公式只在弹性阶段适用，临界应力不得超过材料的比例极限。工程实际中的压杆一般很难满足上述理想化的要求，实际压杆的稳定计算都是以经验公式为依据的，而经验公式又是以大量的试验建立的。

一、临界应力总图

在材料的压杆屈曲失效试验中，使压杆承受轴向压缩荷载，直至压杆失效。最后将参数 λ 和测得的临界应力 σ_{cr} 标在 σ_{cr}-λ 坐标系中，得到该种材料的 σ_{cr}-λ 曲线，又称为临界应力总图。对于不同的材料，得到的 σ_{cr}-λ 曲线是不同的。图 11-7 是钢制压杆屈曲失效试验所得的 σ_{cr}-λ 曲线。

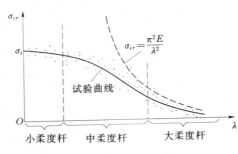

图 11-7　压杆的临界应力总图

由试验结果可知，压杆根据 λ 的大小可分为三类：细长杆（大柔度杆）、中长杆（中柔度杆）和短杆（小柔度杆）。三类压杆它们的失效情况也不同，而 σ_{cr}-λ 曲线也相应地分为三段（见图 11-7）：

（1）对于细长杆，试验曲线 σ_{cr}-λ 与欧拉公式得到的理论曲线（图 11-7 中虚线所示）比较接近，但不吻合。这类压杆的试验结果表明，临界应力 σ_{cr} 与试验压杆所用材料的弹性模量 E 有关，但与材料的屈服应力 σ_s 无关。

（2）对于短杆，σ_{cr}-λ 曲线近乎水平，主要发生屈服失效，因而有 $\sigma_{cr} = \sigma_s$。

（3）对于中长杆，试验结果表明，临界应力 σ_{cr} 既与材料的弹性模量 E 有关，也与材料的屈服应力 σ_s 有关。失效时材料已处于弹塑性阶段。对这类压杆，工程界通常根据试验数据和实践资料，经分析、归纳建立相应的经验公式。

二、临界应力的经验公式

本节介绍我国现行的有关规范所采用的几种常用建筑材料的临界应力经验计算公式。

（一）结构钢

（1）对于细长杆，临界应力的计算仍采用欧拉公式［式（11-9）］：

$$\sigma_{cr} = \frac{\pi^2 E}{\lambda^2} \quad (\lambda \geqslant \lambda_p)$$

（2）对于中长杆和短杆，临界应力的计算采用经验公式：

$$\sigma_{cr} = \sigma_s - k\lambda^2 \quad (\lambda \leqslant \lambda_p) \tag{11-11}$$

式中：k 为与材料有关的常数。

根据式（11-9）和式（11-11），作出相应的 σ_{cr}-λ 曲线如图 11-8 所示。图中 ACB 是一条双曲线，DCE 是一条抛物线，两曲线相交于 C 点。

为了确定 λ_p 和 k，一般可取两曲线交点 C 处的临界应力 $\sigma_{cr} = \sigma_s/2$，由此，利用式（11-9）和式（11-11）可求得

$$\lambda_p = \sqrt{\frac{2\pi^2 E}{\sigma_s}}, \quad k = \frac{\sigma_s}{2\lambda_p^2} = \frac{\sigma_s^2}{4\pi^2 E} \tag{11-12}$$

对于 Q235 钢，$\sigma_s = 235\text{MPa}$，$E = 206\text{GPa}$，故有 $\lambda_p = 132$，$k = 0.00679$，代入式（11-11）得计算公式：

$$\sigma_{cr} = (235 - 0.00679\lambda^2)\text{MPa} \quad (\lambda \leqslant 132)$$

对于 16Mn 钢，$\sigma_s = 343\text{MPa}$，$E = 206\text{GPa}$，故有 $\lambda_p = 109$，$k = 0.00161$，代入式（11-11）得计算公式：

$$\sigma_{cr} = (343 - 0.00161\lambda^2)\text{MPa} \quad (\lambda \leqslant 109)$$

（二）铝合金、木材

（1）对于细长杆，临界应力的计算仍采用欧拉公式［式（11-9）］：

$$\sigma_{cr} = \frac{\pi^2 E}{\lambda^2} \quad (\lambda \geqslant \lambda_p)$$

（2）对于中长杆，临界应力采用如下经验公式：

$$\sigma_{cr} = a - b\lambda \quad (\lambda_s \leqslant \lambda \leqslant \lambda_p) \tag{11-13}$$

式中：a、b 均为与材料有关的常数，对于铝合金，$a = 373\text{MPa}$，$b = 2.15\text{MPa}$；对于木材，$a = 28.7\text{MPa}$，$b = 0.19\text{MPa}$。

（3）对于短杆，临界应力为

$$\sigma_{cr} = \sigma_s \text{ 或 } \sigma_{cr} = \sigma_b \quad (\lambda \leqslant \lambda_s) \tag{11-14}$$

根据式（11-12）～式（11-14）作出的 σ_{cr}-λ 曲线如图 11-9 所示，与 λ_p、λ_s 对应的临界应力分别为比例极限 σ_p 和屈服极限 σ_s。由此可求出相应的 λ_p 和 λ_s。

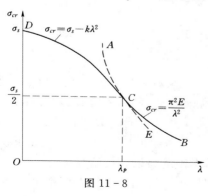

图 11-8

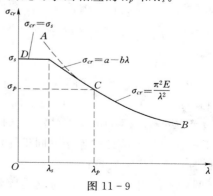

图 11-9

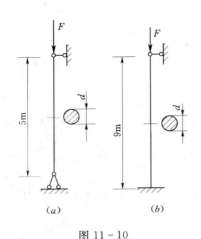

图 11-10

【例 11-2】 图 11-10（a）、（b）所示压杆，其直径均为 d，材料都是 Q235 钢，但两者的长度和约束各不相同。试求：

（1）分析哪一根杆的临界荷载较大。

（2）若 $d=160\text{mm}$，$E=205\text{GPa}$，计算两杆的临界荷载。

解： 1. 计算柔度并判断压杆临界力的大小

两者均为圆截面，且直径均为 d，故有

$$i=\sqrt{\frac{\frac{\pi d^4}{64}}{\frac{\pi d^2}{4}}}=\frac{d}{4} \tag{1}$$

但两者的长度和约束条件各不相同，因此，柔度不一定相等。对于图 11-10（a）中的压杆，因为两端铰支约束，故 $\mu=1$。于是有

$$\lambda=\frac{\mu l}{i}=\frac{20}{d} \tag{2}$$

对于图 11-10（b）中的压杆，因为两端固定约束，故有 $\mu=0.5$。于是有

$$\lambda=\frac{\mu l}{i}=\frac{18}{d} \tag{3}$$

比较上述结果式（2）与式（3），两端固定的压杆具有较高的临界压力。不难看出支承条件对压杆临界荷载的影响。

2. 计算给定参数下压杆的临界荷载

对于两端铰支的压杆，由式（2）有

$$\lambda=\frac{20}{160\times10^{-3}}=125>\lambda_p=101$$

属于大柔度杆，可用欧拉公式计算临界荷载，即

$$F_{cr}=\frac{\pi^2EI}{(\mu l)^2}=\sigma_{cr}A=\frac{\pi^2E}{\lambda^2}A=\frac{\pi^3\times205\times10^6\times160^2\times10^{-6}}{4\times125^2}=2604\text{kN}$$

对于两端固定的压杆，由式（3）有

$$\lambda=\frac{18}{160\times10^{-3}}=112.5$$

因为是 Q235 钢，所以也属于细长杆。由欧拉公式可得

$$F_{cr}=\frac{\pi^2E}{\lambda^2}A=\frac{\pi^3\times205\times10^6\times160^2\times10^{-6}}{4\times112.5^2}=3214\text{kN}$$

【例 11-3】 Q235 钢制成的矩形截面杆的受力及两端约束状况如图 11-11 所示，其中图 11-11（a）为正视图，图 11-11（b）为俯视图。在 A、B 两处用螺栓夹紧。已知 $l=2.3\text{m}$，$b=40\text{mm}$，$h=60\text{mm}$，材料的弹性模量 $E=205\text{GPa}$。试求此压杆的临界荷载。

解： 压杆在 A、B 两处的连接不同于球铰约束（各个方向约束相同）。在正视图 x-y 平面内失稳时，A、B 两处可以自由转动，相当于铰链约束。在俯视图 x-z 平面内失稳时，A、B 两处不能自由转动，可简化为固定端约束，可见，压杆在两个平面内失稳时，

其柔度不同。因此，为确定临界力，应先计算柔度并加以比较，判定压杆在哪一平面内容易失稳。

在正视图平面内，有

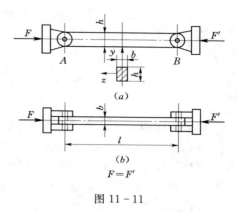

图 11-11

$$\mu = 1, \quad i_z = \sqrt{\frac{I_z}{A}} = \frac{h}{2\sqrt{3}}$$

则

$$\lambda_z = \frac{\mu l}{i_z} = \frac{1 \times 2.30 \times 10^3 \times 2\sqrt{3}}{60} = 132.8$$

在俯视图平面内，有

$$\mu = 0.5, \quad i_y = \sqrt{\frac{I_y}{A}} = \frac{b}{2\sqrt{3}}$$

则

$$\lambda_y = \frac{\mu l}{i_y} = \frac{0.5 \times 2.30 \times 10^3 \times 2\sqrt{3}}{40} = 99.6$$

比较上述结果可见，$\lambda_z > \lambda_y$，这表明压杆将在正视图平面内失稳，对于 Q235 钢，λ_z = 132.8，属于大柔度杆，故可用欧拉公式计算其临界荷载，即

$$F_{cr} = \frac{\pi^2 E}{\lambda^2} bh = \frac{\pi^2 \times 205 \times 10^6 \times 40 \times 60 \times 10^{-6}}{132.8^2} = 275 \text{kN}$$

第三节 压杆稳定计算

一、安全系数法

当压杆的应力达到其临界应力，压杆将丧失稳定，因此，正常工作的压杆，其横截面上的应力不得超过临界应力，即

$$\sigma \leqslant \sigma_{cr}$$

为保证压杆的直线平衡位置是稳定的，并具有一定的安全储备，必须使压杆横截面上的应力不超过压杆临界应力的容许值$[\sigma_{cr}]$，即

$$\sigma = \frac{N}{A} \leqslant [\sigma_{cr}] \tag{11-15}$$

其中

$$[\sigma_{cr}] = \frac{\sigma_{cr}}{n_{st}}$$

式中：$[\sigma_{cr}]$ 稳定容许应力；n_{st} 为稳定安全系数。

式（11-15）为压杆的稳定条件。由于压杆失稳大都具有突发性，危害性比较大，故通常规定的稳定安全系数都大于强度安全系数 n_s 或 n_b。对于钢材，取 $n_{st}=1.8\sim3.0$；对于铸铁，取 $n_{st}=5.0\sim5.5$；对于木材，取 $n_{st}=2.8\sim3.2$。由于细长杆丧失稳定的可能性比较大，为了保证充分的安全度，柔度较大的压杆稳定安全系数相应增大。

二、折减系数法

为了计算上的方便，将临界应力容许值$[\sigma_{cr}]$与材料的强度计算时的容许应力$[\sigma]$进行比较，并用 φ 表示它们的比值，即

$$\varphi = \frac{[\sigma_{cr}]}{[\sigma]} = \frac{\sigma_{cr}}{n_{st}[\sigma]}$$

式中：φ 为折减系数，或称为稳定因数。

将上式代入式（11-15），得

$$\sigma = \frac{N}{A} \leqslant \varphi[\sigma] \qquad (11-16)$$

或

$$\frac{N}{\varphi A} \leqslant [\sigma] \qquad (11-17)$$

式（11-16）和式（11-17）为压杆稳定条件的又一种形式。

由式（11-16）和式（11-17）不难看出，折减系数 φ 与材料性能及压杆柔度有关。我国《钢结构设计规范》（GB 50017—2003）根据国内常用构件的截面形式、尺寸和加工条件，规定了相应的残余应力变化规律，并考虑了 $l/1000$ 的初曲率，计算了 96 根压杆的稳定因数 φ 与柔度 λ 间的关系值，然后将承载力相近的截面归并为 a、b、c 三类，根据不同材料的屈服强度分别给出 a、b、c 三类截面在不同柔度 λ 下的 φ 值（对于 Q235 钢，a、b 类截面的稳定因数如表 11-2 和表 11-3 所示），以供压杆设计时参考。其中，a 类的残余应力影响较小，稳定性较好；c 类的残余应力影响较大；多数情况下可取 b 类。

表 11-2 　　　　　　　　Q235 钢 a 类截面中心受压直杆的稳定因数 φ

λ	0	1.0	2.0	3.0	4.0	5.0	6.0	7.0	8.0	9.0
0	1.000	1.000	1.000	1.000	0.999	0.999	0.998	0.998	0.997	0.996
10	0.995	0.994	0.993	0.992	0.991	0.989	0.988	0.986	0.985	0.983
20	0.981	0.979	0.977	0.976	0.974	0.972	0.970	0.968	0.966	0.964
30	0.963	0.961	0.959	0.957	0.955	0.952	0.950	0.948	0.946	0.944
40	0.941	0.939	0.937	0.934	0.932	0.929	0.927	0.924	0.921	0.919
50	0.916	0.913	0.910	0.907	0.904	0.900	0.897	0.894	0.890	0.886
60	0.883	0.879	0.875	0.871	0.867	0.863	0.858	0.851	0.849	0.844
70	0.830	0.834	0.829	0.824	0.818	0.813	0.807	0.801	0.795	0.789
80	0.788	0.776	0.770	0.763	0.757	0.750	0.743	0.736	0.728	0.721
90	0.714	0.706	0.699	0.691	0.684	0.676	0.668	0.661	0.653	0.645
100	0.638	0.630	0.622	0.615	0.607	0.600	0.592	0.585	0.577	0.570
110	0.563	0.555	0.548	0.541	0.534	0.527	0.520	0.514	0.507	0.500
120	0.494	0.488	0.481	0.475	0.469	0.463	0.457	0.451	0.445	0.440
130	0.434	0.429	0.423	0.418	0.412	0.407	0.402	0.397	0.392	0.387
140	0.383	0.378	0.373	0.369	0.364	0.360	0.356	0.351	0.347	0.343
150	0.339	0.335	0.331	0.327	0.323	0.320	0.316	0.312	0.309	0.305
160	0.302	0.298	0.295	0.292	0.289	0.285	0.282	0.279	0.276	0.273
170	0.270	0.267	0.264	0.262	0.259	0.256	0.253	0.251	0.248	0.246
180	0.243	0.241	0.238	0.236	0.233	0.231	0.229	0.226	0.224	0.222
190	0.220	0.218	0.215	0.213	0.211	0.209	0.207	0.205	0.203	0.201
200	0.199	0.198	0.196	0.194	0.192	0.190	0.189	0.187	0.185	0.183
210	0.182	0.180	0.179	0.177	0.175	0.174	0.172	0.171	0.169	0.168
220	0.166	0.165	0.164	1.162	0.161	0.159	0.158	0.157	0.155	0.154
230	0.150	0.152	0.150	0.149	0.148	0.147	0.146	0.144	0.143	0.142
240	0.141	0.140	0.139	0.138	0.136	0.135	0.134	0.133	0.132	0.131
250	0.130									

表 11-3　　　　　　　　　　**Q235 钢 b 类截面中心受压直杆的稳定因数 φ**

λ	0	1.0	2.0	3.0	4.0	5.0	6.0	7.0	8.0	9.0
0	1.000	1.000	1.000	0.999	0.999	0.998	0.997	0.996	0.995	0.994
10	0.992	0.991	0.989	0.987	0.985	0.983	0.981	0.978	0.976	0.973
20	0.970	0.967	0.963	0.960	0.957	0.953	0.950	0.946	0.943	0.939
30	0.936	0.932	0.929	0.925	0.922	0.918	0.914	0.910	0.906	0.903
40	0.899	0.895	0.891	0.887	0.882	0.878	0.874	0.870	0.865	0.861
50	0.856	0.852	0.847	0.842	0.838	0.833	0.828	0.823	0.818	0.813
60	0.807	0.802	0.797	0.791	0.786	0.780	0.774	0.769	0.763	0.757
70	0.751	0.745	0.739	0.732	0.726	0.720	0.714	0.707	0.701	0.694
80	0.688	0.681	0.675	0.668	0.661	0.655	0.648	0.641	0.635	0.628
90	0.621	0.614	0.608	0.601	0.594	0.588	0.581	0.575	0.568	0.561
100	0.555	0.549	0.542	0.536	0.529	0.523	0.517	0.511	0.505	0.499
110	0.493	0.487	0.481	0.475	0.470	0.464	0.458	0.453	0.447	0.442
120	0.437	0.432	0.426	0.421	0.416	0.411	0.406	0.402	0.397	0.392
130	0.387	0.383	0.378	0.374	0.370	0.365	0.361	0.357	0.353	0.349
140	0.345	0.341	0.337	0.333	0.329	0.326	0.322	0.318	0.315	0.311
150	0.308	0.304	0.301	0.298	0.265	0.291	0.288	0.285	0.282	0.279
160	0.276	0.273	0.270	0.267	0.265	0.262	0.259	0.256	0.254	0.251
170	0.249	0.246	0.244	0.241	0.239	0.236	0.234	0.232	0.229	0.227
180	0.225	0.223	0.220	0.218	0.216	0.214	0.212	0.210	0.208	0.206
190	0.204	0.202	0.200	0.198	0.197	0.195	0.193	0.191	0.190	0.188
200	0.186	0.184	0.183	0.181	0.180	0.178	0.176	0.175	0.173	0.172
210	0.170	0.169	0.167	0.166	0.165	0.163	0.162	0.160	0.159	0.158
220	0.156	0.155	0.154	0.153	0.151	0.150	0.149	0.148	0.146	0.145
230	0.144	0.143	0.142	0.141	0.140	0.138	0.137	0.136	0.135	0.134
240	0.133	0.132	0.131	0.130	0.129	0.128	0.127	0.126	0.125	0.124
250	0.123									

对于木制压杆的稳定因数 φ 值，我国《木结构设计规范》（GB 50005—2003）按照树种的强度等级分别给出了两组计算公式：

（1）树种强度等级为 TC17、TC15 及 TB20 时，有

$$\varphi = \frac{1}{1 + \left(\dfrac{\lambda}{80}\right)^2} \quad (\lambda \leqslant 75)$$

$$\varphi = \frac{3000}{\lambda^2} \quad (\lambda > 75)$$

（2）树种强度等级为 TC13、TC11、TB17 及 TB15 时，有

$$\varphi = \frac{1}{1 + \left(\dfrac{\lambda}{65}\right)^2} \quad (\lambda \leqslant 91)$$

$$\varphi = \frac{2800}{\lambda^2} \quad (\lambda > 91)$$

式中：λ 为压杆的柔度。

关于树种的强度等级，TC17 有柏木、东北落叶松等；TC15 有红杉、云杉等；TC13

有红松、马尾松等；TC11 有西北云杉、冷杉等；TB20 有栎木、桐木等；TB17 有水曲柳等；TB15 有栲木、桦木等。代号后的数字为树种的弯曲强度（单位为 MPa）。

在稳定计算中，压杆的横截面面积均采用"毛面积"，即在横截面有局部削弱的情况下，仍采用未削弱的面积，这是因为压杆的稳定性取决于整个杆的弯曲刚度，局部截面的削弱对整体刚度的影响很小，可不考虑。

三、压杆的稳定性计算

与强度计算类似，压杆的稳定计算一般也有三类，即稳定校核、截面设计和确定容许荷载。

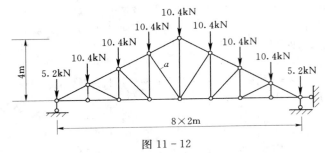

图 11-12

【例 11-4】 如图 11-12 所示木屋架，已知 a 杆长 $l=3.6\text{m}$，两端均视为铰接，为东北落叶松木，平均直径 $d=120\text{mm}$，容许压应力 $[\sigma]^-=9\text{MPa}$，$\lambda_P=80$，杆件 a 所受的轴力为 $N_a=18.72\text{kN}$。试对 a 杆进行稳定校核。

解： a 杆两端铰接，故 $\mu=1$，则

$$A=\frac{\pi d^2}{4}=\frac{\pi \times (120 \times 10^{-3})^2}{4}=11.3 \times 10^{-3}\text{m}^2$$

$$i=\frac{d}{4}=\frac{120 \times 10^{-3}}{4}=30 \times 10^{-3}\text{m}$$

$$\lambda=\frac{\mu l}{i}=\frac{1 \times 3.6}{30 \times 10^{-3}}=120 > \lambda_P=80$$

故为细长压杆，又由 $\lambda > 75$，得

$$\varphi=\frac{3000}{\lambda^2}=\frac{3000}{120^2}=0.208$$

$$\frac{N_a}{\varphi A}=\frac{18.72 \times 10^3}{0.208 \times 11.3 \times 10^{-3}}=7.96 \times 10^6\text{Pa}=7.96\text{MPa} < [\sigma]^-$$

所以 a 杆满足稳定条件。

【例 11-5】 如图 11-13 所示承载结构，BD 杆为正方形截面的东北落叶松木杆，已知 $l=2\text{m}$，$a=0.1\text{m}$，木材的容许应力为 $[\sigma]=10\text{MPa}$。试从 BD 杆的稳定考虑，计算该结构所能承受的最大荷载 F_{max}。

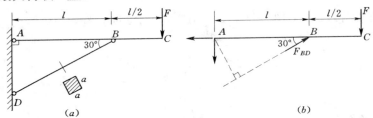

图 11-13

解：以 AC 杆为研究对象，列平衡方程：

$$\sum M_A = 0: \qquad F_{BD}\frac{l}{2} - F\frac{3}{2}l = 0 \Rightarrow F_{BD} = 3F$$

BD 杆两端铰接，故 $\mu = 1$，$l_{BD} = 2.31\text{m}$，则

$$i = \sqrt{\frac{I}{A}} = a\sqrt{\frac{1}{12}} = 0.1 \times 0.289 = 0.0289\text{m}$$

$$\lambda = \frac{\mu l}{i} = \frac{1 \times 2.31}{0.0289} = 80 > 75$$

于是得

$$\varphi = \frac{3000}{80^2} = 0.470$$

由 $N/\varphi A \leqslant [\sigma]$ 得

$$F_{BD} \leqslant \varphi A [\sigma]$$

即

$$3F \leqslant \varphi A [\sigma] = 0.470 \times 0.1 \times 0.1 \times 10 \times 10^3 = 47\text{kN}$$

$$F \leqslant 15.7\text{kN}$$

故

$$F_{max} = 15.7\text{kN}$$

【例 11-6】　图 11-14 所示结构中，梁 AB 为 14 号普通热轧工字钢，支承柱 CD 的直径 $d = 20\text{mm}$，两者的材料均为 Q235 钢。结构受力如图所示，A、B、C 三处均为球铰约束。已知 $F = 25\text{kN}$，$l_1 = 1.25\text{m}$，$l_2 = 0.55\text{m}$，

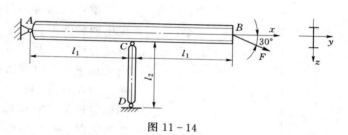

图 11-14

$E = 206\text{GPa}$，梁的许用应力 $[\sigma] = 160\text{MPa}$。试校核此结构是否安全。

解：此结构中梁 AB 承受拉伸与弯曲的组合作用，属于强度问题；支承柱 CD 承受压力，属于稳定问题，现分别校核之。

1. 梁 AB 的强度校核

梁 AB 在 C 处弯矩最大，故为危险截面，其上之弯矩和轴向力分别为

$$M_{ymax} = (F\sin 30°)l_1 = 25 \times 0.5 \times 1.25 = 15.63\text{kN} \cdot \text{m}$$

$$N = F\cos 30° = 25 \times 0.866 = 21.65\text{kN}$$

由型钢表查得 14 号普通热轧工字钢的几何性质如下：

$$W_y = 102 \times 10^{-6}\text{m}^3, A = 21.5 \times 10^{-4}\text{m}^2$$

于是可算得

$$\sigma_{max} = \frac{M_{ymax}}{W_y} + \frac{N}{A} = \frac{15.63}{102 \times 10^{-6}} + \frac{21.65}{21.5 \times 10^{-4}} = 1.632 \times 10^5\text{kPa} = 163.2\text{MPa} > [\sigma]$$

$$\frac{\sigma_{max} - [\sigma]}{[\sigma]} = \frac{163.2 - 160}{160} \times 100\% = 2\% < 5\%$$

所以，仍认为梁是安全的。

2. 压杆 CD 的稳定校核

由平衡条件 $\sum M_A = 0$，得 CD 柱的受力为

$$N_{CD} = 2F\sin 30° = F = 25\text{kN}$$

因为是圆截面，所以有

$$i_y = \sqrt{\frac{I_y}{A}} = \frac{d}{4} = \frac{20}{4} = 5\text{mm}$$

又因为两端为球铰约束，$\mu = 1$，所以有

$$\lambda = \frac{\mu l}{i_y} = \frac{1 \times 0.55}{5 \times 10^{-3}} = 110$$

查表 11-3，得 $\varphi = 0.493$，则

$$\frac{N_{CD}}{\varphi A} = \frac{25 \times 10^3}{0.493 \times 21.5 \times 10^{-4}} = 23.59 \times 10^6 \text{N/m}^2 = 23.59\text{MPa} < [\sigma]$$

故支承柱 CD 的稳定性是安全的。

【例 11-7】 图 11-15 所示压杆，两端为球铰约束，杆长 $l = 2.4\text{m}$，杆由两根 $125 \times 125 \times 12$ 的等边角钢铆接而成。铆钉孔直径为 23mm。若压杆承受轴向压力 $F = 750\text{kN}$，材料为 Q235 钢，$[\sigma] = 160\text{MPa}$。试校核此压杆是否安全。

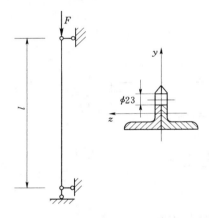

图 11-15

解： 因为铆接时在角钢上开孔，所以此压杆可能发生两种情形：一是失稳，局部截面的削弱影响不大，故不考虑铆钉孔对压杆截面的削弱，即在稳定计算中仍采用未开孔时的横截面（称为毛面积）；二是强度问题，即在开有铆钉孔的横截面上，压应力由于面积的削弱将增加，有可能超过许用应力值，所以在进行强度计算时，要用削弱后的面积（称为净面积）。现分别就这两类问题校核如下。

1. 稳定校核

因为压杆的两端为球铰，各个方向的约束均相同，所以 $\mu = 1$，又因为两根角钢铆接在一起，失稳时两者形成一整体而挠曲，其横截面将绕惯性矩最小的轴（图 11-13 中之 y 轴）转动，所以临界应力公式中的各项分别为

$$I_y = 2I'_y, \quad A = 2A', \quad i_y = \sqrt{\frac{I_y}{A}} = \sqrt{\frac{I'_y}{A'}} = i'_y$$

式中：I'_y、i'_y 分别为每根角钢横截面对于 y 轴的惯性矩、惯性半径；A' 为横截面面积，均可由型钢表查得。

对于 $125 \times 125 \times 12$ 等边角钢，型钢表中给出

$$i'_y = 38.3\text{mm}, \quad A' = 28.9 \times 10^2 \text{mm}^2$$

于是，压杆的柔度为

$$\lambda = \frac{\mu l}{i_g} = \frac{1 \times 2.4 \times 10^2}{38.3} = 62.66$$

据此，查表 11-3 得

$$\varphi = 0.791$$

于是稳定的许用应力为

$$[\sigma]_{st} = 0.791 \times 160 = 127\mathrm{MPa}$$

在外力的作用下，压杆的工作应力为

$$\sigma = \frac{F}{A} = \frac{750 \times 10^{-3}}{2 \times 28.9 \times 10^{-4}} = 130\mathrm{MPa}$$

于是有

$$\frac{\sigma - [\sigma]_{st}}{[\sigma]_{st}} < 5/100$$

所以，压杆的稳定性是安全的。

2. 强度校核

在开有铆钉孔的压杆横截面上，正应力为

$$\sigma = \frac{F}{A - 2 \times 23 \times 12} = \frac{750 \times 10^3}{(2 \times 28.9 - 5.52) \times 10^{-4}} = 143 \times 10^6 \mathrm{Pa} = 143\mathrm{MPa} < [\sigma]$$

所以，压杆的强度也是安全的。

以上分析表明，稳定安全条件 $\sigma \leqslant \varphi[\sigma]$ 和强度条件 $\sigma \leqslant [\sigma]$ 形式上相似，而实质上是根本不同的。前者反映压杆的整体承载能力，不完全是各个截面上的真正应力，它是为了计算方便，从 $F \leqslant F_{cr}/n_{st}$ 演变过来的。而强度条件却反映了杆件某个确定截面上的真实受力情况。

此外，以上讨论的是两根角钢连成一体的情形。如果两根角钢只在两端连接在一起，这时，上述稳定计算与强度计算是否仍然有效？这个问题请读者结合稳定问题的基本概念加以思考并作出解答。

第四节　提高压杆承载能力的措施

为提高压杆承载能力，必须综合考虑杆长、支承、截面的合理性以及材料性能等因素的影响。

一、尽量减小压杆杆长

对于细长杆，其临界力与杆长的平方成反比，因此，减小杆长可以显著提高杆的承载能力。在某些情况下，通过改变结构或增加支点可以达到减小杆长的目的。例如，对于图 11-16（a）、（b）所示之两种桁架，不难分析，其中的 1、4 均为压杆，但图 11-16（b）中压杆的承载能力要远远高于图 11-16（a）中的压杆。

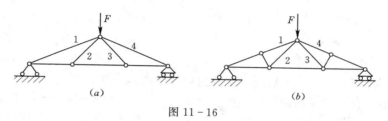

图 11-16

二、增强支承的刚性

支承的刚性越大，压杆的长度折算系数 μ 值越低，临界力越大，例如，将两端铰支的细长杆变成两端固定约束时，临界力将成倍数地增加。

三、合理选择截面形状

当压杆两端在各个方向的挠曲平面内具有相同的约束条件时，压杆将在刚度最小的主轴平面内失稳。这时，如果只增加截面某个方向的惯性矩（如增加矩形截面高度），并不能提高压杆的承载能力。最经济的办法是将截面设计成中空的，且 $I_y < I_z$，从而加大截面的惯性矩，并使截面对各个方向的轴的惯性矩均相同。在这种情形下，对于一定的横截面面积，正方形截面或圆形截面比矩形截面好，空心的正方形或圆形截面比实心截面好。

当压杆端部在不同的平面内具有不同的约束条件时，应采用最大与最小主惯性矩不等的截面（如矩形截面），并使主惯性矩较小的平面内具有刚性较大的约束，尽量使两主惯性矩平面内的压杆的柔度 λ 相接近。

四、合理选用材料

在其他条件相同的情形下，选用弹性模量 E 较大的材料可以提高大柔度压杆的承载能力。例如钢杆的临界力大于钢、铸铁或铝制压杆的临界力。但是，普通碳素钢、合金钢以及高强钢的弹性模量相差不大，因此对于细长杆，选用高强钢对压杆的临界力影响甚微，意义不大，反而造成材料的浪费。对于短杆或中长杆，其临界力与材料的比例极限（σ_p）和屈服极限（σ_s）有关，这时选用高强钢会使临界力有所提高。

习　题

11-1　图示三根压杆的材料及横截面（直径为 d 的圆截面）均相同。试判断哪一根最容易失稳，哪一根最不容易失稳。

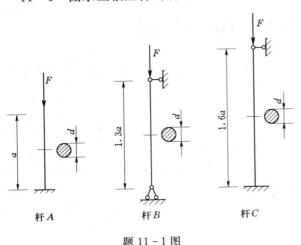

题 11-1 图

11-2　两端铰支的压杆，截面为 22a 号工字钢，长 $l=5\text{m}$，弹性模量 $E=2.0\times10^5\text{MPa}$。试用欧拉公式求压杆的临界荷载。

11-3　三根圆截面压杆的直径均为 $d=160\text{mm}$，材料均为 Q235 钢，$E=200\text{GPa}$，$\sigma_s=240\text{MPa}$。已知杆的两端均为铰支，长度分别为 l_1、l_2 及 l_3 且 $l_1=2l_2=4l_3=5\text{m}$。试求各杆的临界荷载。

11-4　图示压杆横截面为矩形，$h=80\text{mm}$，$b=40\text{mm}$，杆长 $l=2\text{m}$，材料为 Q235 钢，$E=2.1\times10^5\text{MPa}$，支端约束如图所示。在正视图（$a$）的平面内为两端铰支；在俯视图（$b$）的平面内为两端弹性固定，采用 $\mu=0.8$。试求此杆的临界荷载。

11-5　图示托架中 AB 杆的直径 $d=40\text{mm}$，长度 $l=800\text{mm}$，两端可视为铰支，材料为 Q235 钢，$\sigma_s=235\text{MPa}$。试求：

（1）试求托架的临界荷载 F_{σ}。

（2）若已知 $F=70$kN，AB 杆的稳定安全系数规定为 2.0，而 CD 梁确保安全，试问此托架是否安全？

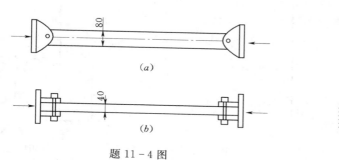

题 11-4 图

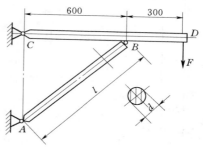

题 11-5 图

11-6　图示结构为正方形，由五根圆钢杆组成，各杆直径均为 $d=40$mm，$a=1$m，材料均为 Q235 钢，$[\sigma]=160$MPa，连接处均为铰链。试求：

（1）试求结构的许可荷载 $[F]$。

（2）若力 F 的方向改为向外，试问许可荷载是否改变？若有改变，应为多少？

11-7　图示三角架，BC 为圆截面钢杆，已知 $F=12$kN，$a=1$m，$d=40$mm，容许应力 $[\sigma]=170$MPa。试求：

（1）校核 BC 杆的稳定性。

（2）若从 BC 杆的稳定考虑，求此三角架所能承受的最大荷载 F_{max}。

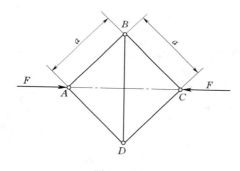

题 11-6 图

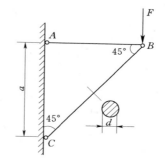

题 11-7 图

11-8　如图所示立柱一端固定、一端铰支，顶部受轴向压力 $F=260$kN 作用。立柱用工字钢制成，材料为 Q235，许用应力 $[\sigma]=172$MPa。在立柱中，点 C 截面上因构造需要开一直径为 $d=40$mm 的圆孔。试选择工字钢的型号。

11-9　图示托杆，其撑杆 AB 为圆木杆，$q=50$kN/m，AB 杆两端为柱形铰，$[\sigma]=11$MPa。试求 AB 杆的直径 d。

11-10　如图所示由 Q235 钢制成的一圆截面钢杆，长 $a=800$mm，下端固定，上端自由，承受轴压力 $F=100$kN，$[\sigma]=170$MPa。试求杆的直径 d。

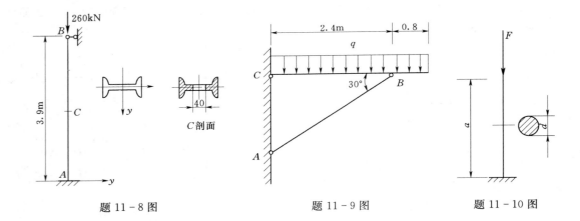

题 11-8 图   题 11-9 图   题 11-10 图

附录 I

平面图形的几何性质

　　构件在外力作用下的应力和变形，不仅与构件的内力、材料的弹性模量有关，还取决于构件横截面的形状、尺寸。例如，在计算拉伸（压缩）杆件时用到的横截面面积 A，计算受扭转杆件时用到的横截面极惯性矩 I_p 和抗扭截面系数 W_p 等，都是只与横截面平面图形的形状、尺寸有关的几何量，统称为"平面图形的几何性质"。

　　工程实践和力学理论都已证明，构件横截面平面图形的几何性质是影响构件承载能力的重要因素。例如，在圆轴扭转计算中（参见本书第七章），我们已知

$$\tau_p = \frac{M_x \rho}{I_p}, \quad \tau_{\max} = \frac{M_x}{W_p}, \quad \theta = \frac{M_x}{G I_p}$$

由上面公式可以看出，横截面上的极惯性矩 I_p 和抗扭截面模量 W_p 直接影响横截面上的剪应力 τ_ρ 和 $\tau_{\max}$ 以及单位扭转角 θ 的数值，都必须掌握构件横截面平面图形几何量（如 I_p、W_p 等）的计算。

第一节　静　矩　与　形　心

一、静矩

　　面积为 A 的任意平面图形如图 I-1 所示，设定平面坐标系 yOz。取微面积 $\mathrm{d}A$，其坐标为 (y, z)。则 $z\mathrm{d}A$ 和 $y\mathrm{d}A$ 分别称为微面积 $\mathrm{d}A$ 对 y 轴和 z 轴的**静矩**。

$$S_y = \int_A z\,\mathrm{d}A, \quad S_z = \int_A y\,\mathrm{d}A \qquad （\text{I}-1）$$

式中：S_y 和 S_z 分别为图形对 y 轴和 z 轴的静矩，也称为图形对 y 轴和 z 轴的静面矩或面积矩。

　　静矩的量纲是 L^3。同一图形对不同的坐标轴的静矩不同，静矩可能为正值、负值或零。

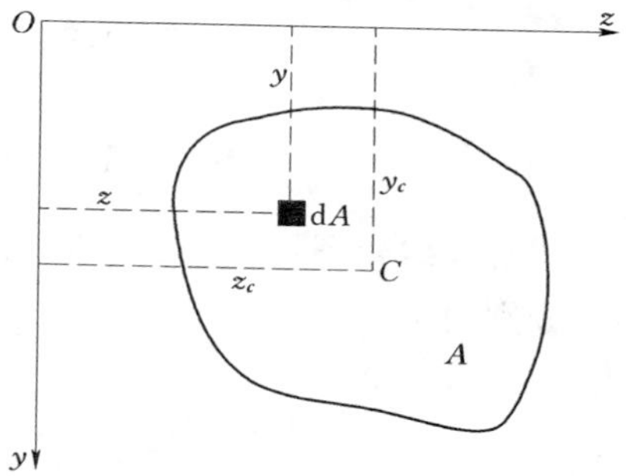

图 I-1

二、形心

　　平面图形面积的几何中心称为形心。在图 I-1 中，设图形的形心点 C，其坐标为 (y_c, z_c)，静矩可写为

$$S_y = \int_A z\,\mathrm{d}A = A z_c, \quad S_z = \int_A y\,\mathrm{d}A = A y_c \qquad （\text{I}-2）$$

式（I-2）表明，平面图形对 y 轴和 z 轴的静矩分别等于图形面积 A 乘以形心的坐标 z_c 和 y_c。

由式（I-2）可得图形形心位置的坐标为

$$y_c = \frac{\int_A y\,dA}{A}, \quad z_c = \frac{\int_A z\,dA}{A} \qquad (I-3)$$

或

$$y_c = \frac{S_z}{A}, \quad z_c = \frac{S_y}{A} \qquad (I-4)$$

由式（I-2）可知：①图形对通过其形心的轴（即 y_c 或 z_c 为零）的静矩等于零；②如果图形对某轴的静矩等于零（即 S_y 或 S_z 为零），则该轴必通过图形的形心。

根据形心的定义，显然形心在图形的对称轴上。凡是平面图形具有两根或两根以上对称轴，如图I-2（a）、（b）、（c）所示，则形心 C 必在对称轴的交点上。如果平面图形具有一根对称轴，如图I-2（d）、（e）、（f）所示，则形心 C 必在该对称轴上。

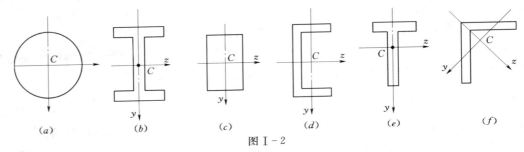

图I-2

工程实际中，经常遇到比较复杂的平面图形，它是由若干个简单图形（如矩形、三角形或圆形等）组成，这种图形称为组合图形。组合图形中各个部分简单图形的面积 A_i 和它的形心 C_i 在给定坐标系统 y、z 中的坐标 y_{c_i}、z_{c_i} 都是很容易求得的。因此，由式（I-2）可知组合图形对 y 轴和 z 轴的面积矩分别为

$$\left. \begin{aligned} S_y &= A_1 z_{c_1} + A_2 z_{c_2} + \cdots + A_n z_{c_n} = \sum_{i=1}^{n} A_i z_{c_i} \\ S_z &= A_n y_{c_1} + A_2 y_{c_2} + \cdots + A_n y_{c_n} = \sum_{i=1}^{n} A_i y_{c_i} \end{aligned} \right\} \qquad (I-5)$$

同时，组合图形的形心 C 在给定坐标系统 y、z 中的坐标 y_c 和 z_c 可由式（I-4）知道，分别由下面公式求得

$$\left. \begin{aligned} y_c &= \frac{S_z}{A} = \frac{A_1 y_{c_1} + A_2 y_{c_2} + \cdots + A_n y_{c_n}}{A_1 + A_2 + \cdots + A_n} = \frac{\sum_{i=1}^{n} A_i y_{c_i}}{\sum_{i=1}^{n} A_i} \\ z_c &= \frac{S_y}{A} = \frac{A_1 z_{c_1} + A_2 z_{c_2} + \cdots + A_n z_{c_n}}{A_1 + A_2 + \cdots + A_n} = \frac{\sum_{i=1}^{n} A_i z_{c_i}}{\sum_{i=1}^{n} A_i} \end{aligned} \right\} \qquad (I-6)$$

式中：A_1、A_2、$\cdots$、A_n 分别为组合图形中各个部分简单图形的面积；y_{c_1}、z_{c_1}，y_{c_2}、

z_{c_2}，$\cdots$，y_{c_n}、z_{c_n} 分别为各个部分简单图形的形心坐标。

【例Ⅰ-1】 试计算图Ⅰ-3所示等腰三角形 ABD 对 z 轴（过 BD 边）和 y 轴（对称轴）的静矩，并确定形心 C 的位置。

解：1. 计算 S_z

取与 z 轴平行的微面积 $dA = b_y dy$，由三角形相似关系 $b_y/b = (h-y)/h$ 知道 $b_y = b(h-y)/h$。根据式（Ⅰ-2）可求得

$$S_z = \int_A y\,dA = \int_0^h y\,\frac{b}{h}(h-y)\,dy = \frac{bh^2}{6} \quad (1)$$

2. 计算 S_y

利用图形的对称性，将图形分为Ⅰ和Ⅱ两部分如图Ⅰ-3所示，它们的面积分别为 A_1 和 A_2。根据式（Ⅰ-2），考虑到在Ⅰ部分各点的坐标 z_1 恒为负，在Ⅱ部分各点的坐标 z_2 恒为正，并利用式（1），可求得

$$S_y = \int_A z\,dA = \int_{A_1} z_1\,dA + \int_{A_2} z_2\,dA$$

$$= -\frac{h\left(\dfrac{b}{2}\right)^2}{6} + \frac{h\left(\dfrac{b}{2}\right)^2}{6} = 0 \quad (2)$$

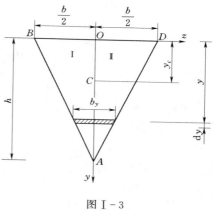

图Ⅰ-3

由式（2）可知图形对于对称轴的静矩为零。

3. 确定形心 C 的位置

由于 $S_y = 0$，从式（Ⅰ-4）知道 $z_c = 0$，说明形心 C 必在 y 轴上，即对称轴上。形心 C 的另一个坐标 y_c 由式（Ⅰ-4）可得

$$y_c = \frac{S_z}{A} = \frac{\dfrac{bh^2}{6}}{\dfrac{bh}{2}} = \frac{h}{3} \quad (3)$$

【例Ⅰ-2】 图Ⅰ-4为工程结构中常见的 T 形截面梁的横截面图形，试确定其形心的位置。

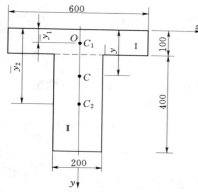

图Ⅰ-4

解：取坐标轴 y、z 如图Ⅰ-4所示。由于图形对 y 轴对称，形心必在 y 轴上，即

$$z = 0$$

将 T 形截面图形分为Ⅰ和Ⅱ两个矩形，利用组合图形求形心坐标的式（Ⅰ-6）可求得形心坐标 y_c 为

$$y_c = \frac{S_z}{A} = \frac{A_1 y_{c1} + A_2 y_{c2}}{A_1 + A_2}$$

$$= \frac{600 \times 100 \times 50 + 400 \times 200 \times 300}{600 \times 100 + 400 \times 200}$$

$$= 193\text{mm}$$

第二节 惯性矩、惯性积和惯性半径

一、惯性矩

（一）惯性矩

面积为 A 的任意平面图形如图 I-5 所示，y 轴和 z 轴是图形平面内任意给定的坐标

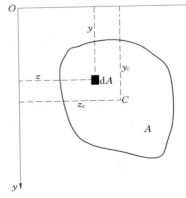

图 I-5

轴。任意点处坐标为 y、z。取微面积 dA，将 $z^2 dA$ 和 $y^2 dA$ 分别定义为微面积 dA 对 y 轴和 z 轴的惯性矩。在整个平面图形上进行积分，便可得到平面图形分别对 y 轴和 z 轴的惯性矩 I_y 和 I_z，即

$$\left. \begin{array}{l} I_y = \int_A z^2 \, dA \\ I_z = \int_A y^2 \, dA \end{array} \right\} \qquad (I-7)$$

惯性矩的量纲为 L^4。由式（I-7）可知惯性矩恒为正值。

由若干个简单图形组成的组合图形分别对 y 轴和 z 轴的惯性矩等于各简单图形对同一轴惯性矩之和，可由下式计算

$$I_y = \sum I_{yi}, \quad I_z = \sum I_{zi} \qquad (I-8)$$

式中：I_{yi} 和 I_{zi} 分别为每一个简单图形对同一对轴 y 和 z 的惯性矩。

（二）极惯性矩

任意平面图形如图 I-5 所示，定义平面图形对平面内点 O 的极惯性矩 I_p 为

$$I_p = \int_A \rho^2 \, dA \qquad (I-9)$$

极惯性矩的量纲也是 L^4。由式（I-9）可知极惯性矩恒为正值。由公式 $\tau_\rho = T\rho / I_p$ 和 $\theta = T/GI_p$ 知道，极惯性矩 I_p 是反映圆截面抗扭特性的一个重要几何量。

由于 $\rho^2 = z^2 + y^2$，因此有

$$I_p = \int_A \rho^2 \, dA = \int_A (z^2 + y^2) \, dA = \int_A z^2 \, dA + \int_A y^2 \, dA$$

可见，极惯性矩和惯性矩的关系为

$$I_p = I_y + I_z \qquad (I-10)$$

即极惯性矩 I_p 可以理解为横截面的平面图形对与横截面相垂直的 x 轴的惯性矩。

二、惯性积

任意平面图形如图 I-5 所示，定义平面图形对两个正交坐标 y、z 的惯性积 I_{yz} 为

$$I_{yz} = \int_A yz \, dA \qquad (I-11)$$

惯性积的量纲为 L^4。由式（I-11）可知，惯性积可能为正值、负值或零。

由若干个简单图形组成的组合图形对两个正交坐标轴 y、z 的惯性积等于各简单图形对同一对正交轴 y、z 惯性积之和，可由下式计算：

$$I_{yz} = \sum I_{yzi} \qquad (\text{I}-12)$$

式中：I_{yz} 为每一个简单图形对同一对正交坐标 y、z 的惯性积。

具有对称性的平面图形对两个正交轴 y、z 求惯性积时，只要这两个轴中有一个轴是对称轴，则惯性积为零。例如，如图 I-6 所示的对称平面图形，y 轴是对称轴。将图形划分为 I 和 II 两个对称的部分，面积 $A_1 = A_2$，$A_1 = A_2$。显然，在 I 部分 $I_{yz1} = \int_{A_1} yz\,\mathrm{d}A$ 恒为负值，在 II 部分 $I_{yz2} = \int_{A_2} yz\,\mathrm{d}A$ 恒为正值，$I_{yz1} = -I_{yz2}$，因此有

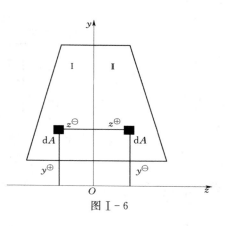

图 I-6

$$I_{yz} = I_{yz1} + I_{yz2} = -I_{yz2} + I_{yz2} = 0$$

三、惯性半径

任意平面图形（见图 I-5）对坐标轴 y 和 z 的惯性矩 I_y、I_z 被面积 A 相除后，商的平方根分别定义为图形相对于 y 轴和 z 轴的惯性半径 i_y 和 i_z，即

$$i_y = \sqrt{\frac{I_y}{A}}, \quad i_z = \sqrt{\frac{I_z}{A}} \qquad (\text{I}-13)$$

由上式可知，也可将惯性矩 I_y 和 I_z 改写为

$$I_y = Ai_y^2, \quad I_z = Ai_z^2 \qquad (\text{I}-14)$$

惯性半径的量纲为 L。由式（I-13）可知，惯性半径恒为正值。在力学计算中，当需要同时引入平面图形惯性矩和面积这两种几何量时，有时采用惯性半径十分方便和反映实际，这在压杆稳定计算中将反映得十分突出。

【例 I-3】 试计算图 I-7 所示矩形对 z 轴、y 轴和 z_1 轴的惯性矩 I_z、I_y 和 I_{z_1}。

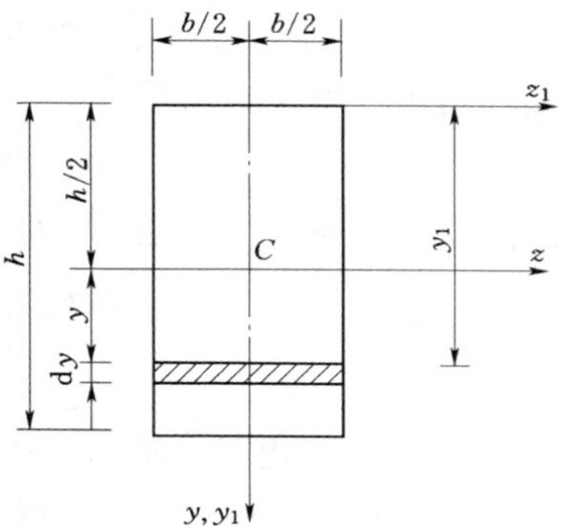

解： 根据式（I-7）计算惯性矩，取平行于 z 轴的条形微面积 $\mathrm{d}A = b\mathrm{d}y$，因此矩形对 z 轴惯性矩 I_z 为

$$I_z = \int_A y^2\,\mathrm{d}A = \int_{-h/2}^{h/2} y^2 b\,\mathrm{d}y = \frac{bh^3}{12} \qquad (1)$$

显然，如果取平行于 y 轴的条形微面积 $\mathrm{d}A = h\mathrm{d}z$ 并作与计算 I_z 相类似的运算，对比式（1）可得

$$I_y = \frac{hb^3}{12} \qquad (2)$$

与式（1）同理，矩形对 z_1 轴的惯性矩 I_{z_1} 为

$$I_{z_1} = \int_A y_1^2\,\mathrm{d}A = \int_0^h y_1^2 b\,\mathrm{d}y = \frac{bh^3}{3} \qquad (3)$$

图 I-7

【例 I-4】 试计算图 I-8（a）所示工字形平面图形分别对通过形心的轴 z_0 和轴 y_0 的惯性矩 I_{z_0} 和 I_{y_0}。

解： 1. 求惯性矩 I_{z_0}

将图 I-8（a）所示的工字形平面图形视为如图 I-8（b）所示的，由面积为 $B \times H$

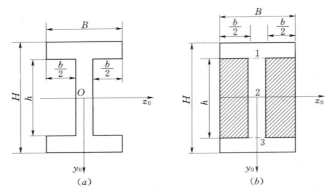

图 I-8

的大矩形减去两个面积都为 $b/2 \times h$ 的小矩形（图中阴影部分）组成。根据组合图形计算惯性矩公式（I-8）和〔例 I-3〕中计算矩形截面惯性矩公式（1），可求得 I_{z_0} 为

$$I_{z_0} = \frac{BH^3}{12} - 2 \times \frac{\dfrac{b}{2} \times h^3}{12} = \frac{1}{12}(BH^3 - bh^3)$$

2. 求惯性矩 I_{y_0}

将工字形平面图形视为由 1、2、3 三个矩形组成〔见图 I-8（b）〕。根据式（I-8）和〔例 I-3〕中的式（2），可求得 I_{y_0} 为

$$I_{y_0} = \frac{h(B-b)^3}{12} + 2 \times \frac{\dfrac{H-h}{2}B^3}{12} = \frac{1}{12}\left[h(B-b)^3 + (H-h)B^3\right]$$

【例 I-5】　试计算图 I-9 所示圆形平面图形对圆心 O 的极惯性矩 I_p，对形心轴 y、z 的惯性矩 I_y、I_z 和惯性积 I_{yz}。

解：1. 求对圆心的极惯性矩 I_p

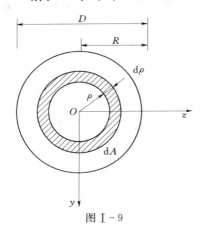

取环形微面积，设圆环到圆心的距离为 ρ，圆环宽度为 $\mathrm{d}\rho$，则微面积为 $\mathrm{d}A = 2\pi\rho\mathrm{d}\rho$。整个圆形图形对圆心的极惯性矩为

$$I_p = \int_A \rho^2 \mathrm{d}A = \int_0^R \rho^2 2\pi\rho\mathrm{d}\rho = 2\pi\int_0^R \rho^3 \mathrm{d}\rho = \frac{\pi R^4}{2} = \frac{\pi D^4}{32} \tag{1}$$

2. 求惯性矩 I_y 和 I_z

由式（I-10）知道 $I_p = I_y + I_z$，由于 y 轴和 z 轴都是通过圆心的对称轴，因此有 $I_y = I_z$，即 $I_p = 2I_y$ 或 $I_p = 2I_z$，可求得 I_y 和 I_z 为

$$I_y = I_z = \frac{I_p}{2} = \frac{\pi D^4}{64} \tag{2}$$

图 I-9

3. 求惯性积 I_{yz}

由于 y 轴和 z 轴都是通过形心的对称轴，因此对这一对轴的惯性积为零，即

$$I_{yz} = 0 \tag{3}$$

第 三 节 平 行 移 轴 公 式

如图Ⅰ-10 所示任意平面图形，如果已知图形对于任意 y_0、z_0 轴的惯性矩分别为 I_{y0} 和 I_{z0} 另有一对与 y_0、z_0 轴平行的坐标轴 y、z 与 y_0、z_0 轴的垂直距离分别为 a 和 b。探讨 I_y、I_z 与 I_{y0}、I_{z0} 的关系。由图Ⅰ-10 可见，微面积 $\mathrm{d}A$ 到 y 轴的距离 z 和到 z 轴距离 y 分别为

$$z = z_0 + a, \quad y = y_0 + b$$

因而有

$$I_y = \int_A z^2 \mathrm{d}A = \int_A (z_0 + a)^2 \mathrm{d}A = \int_A (z_0^2 + 2aZ_0 + a^2)\mathrm{d}A = \int_A z_0^2 \mathrm{d}A + 2a \int_A z_0 \mathrm{d}A + a^2 \int_A \mathrm{d}A$$

于是可得

$$\left. \begin{aligned} I_y &= I_{y_0} + 2as_{y_0} + a^2 A \\ I_z &= I_{z_0} + 2bS_{z_0} + b^2 A \end{aligned} \right\} \qquad (Ⅰ-15)$$

式中：S_{y_0}、S_{z_0} 分别为平面图形对 y_0、z_0 轴的静矩。

式（Ⅰ-15）称为**惯性矩的平行移轴公式**。由该公式可知，由已知的图形对一个轴的惯性矩可求出对另一个与之平行的轴的惯性矩。

如果 y_0、z_0 是通过平面图形形心的一对形心轴，并用 y_c、z_c 表示。已知平面图形对形心轴的静矩等于零，即

$$S_{yc} = S_{zc} = 0$$

设对形心轴 y_c、z_c 的惯性矩 I_{y_c}、I_{z_c} 已知，则可由式（Ⅰ-15）将惯性矩平行移轴公式简化为

$$\left. \begin{aligned} I_y &= I_{y_c} + a^2 A \\ I_z &= I_{z_c} + b^2 A \end{aligned} \right\} \qquad (Ⅰ-16)$$

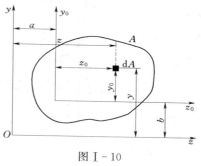

图 Ⅰ-10

由式（Ⅰ-16）可以看出，在所有互相平行的坐标轴中，平面图形对形心轴的惯性矩为最小。

利用惯性矩的平行移轴公式可以使复杂的组合图形惯性矩的计算大为简化。

如果已知平面图形对形心轴 y_c、z_c 的惯性积 $I_{y_c z_c}$，则通过 $z = z_c + a$ 和 $y = y_c + b$ 可求得对平行于 y_c、z_c 的坐标轴 y、z 的惯性积 I_{yz}，即

$$\begin{aligned} I_{yz} &= \int_A yz \mathrm{d}A = \int_A (y_c + b)(z_c + a)\mathrm{d}A \\ &= \int_A y_c z_c \mathrm{d}A + a \int_A y_c \mathrm{d}A + b \int_A z_c \mathrm{d}A + ab \int_A \mathrm{d}A \\ &= I_{y_c z_c} + 0 + 0 + abA \\ &= I_{y_c z_c} + abA \end{aligned} \qquad (Ⅰ-17)$$

式（Ⅰ-17）称为**惯性积的平行移轴公式**。

【**例Ⅰ-6**】　图Ⅰ-11 所示为一工字形截面图形心，C 点是图形的形心。试求图形对形心轴 y 和 z 的惯性矩 I_y 和 I_z。

解：由计算组合图形惯性矩公式（Ⅰ-8）可求得

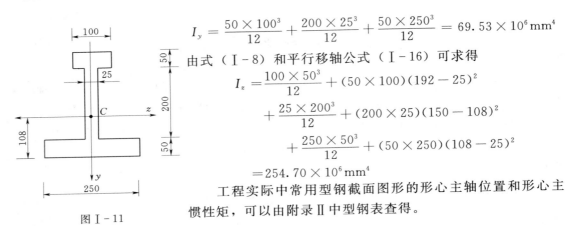

$$I_y = \frac{50 \times 100^3}{12} + \frac{200 \times 25^3}{12} + \frac{50 \times 250^3}{12} = 69.53 \times 10^6 \, \text{mm}^4$$

由式（Ⅰ-8）和平行移轴公式（Ⅰ-16）可求得

$$I_z = \frac{100 \times 50^3}{12} + (50 \times 100)(192 - 25)^2$$

$$+ \frac{25 \times 200^3}{12} + (200 \times 25)(150 - 108)^2$$

$$+ \frac{250 \times 50^3}{12} + (50 \times 250)(108 - 25)^2$$

$$= 254.70 \times 10^6 \, \text{mm}^4$$

工程实际中常用型钢截面图形的形心主轴位置和形心主惯性矩，可以由附录Ⅱ中型钢表查得。

图Ⅰ-11

表Ⅰ-1   **常用截面图形的几何性质**

编 号	截 面 图 形	截 面 几 何 性 质
1		$A = bh$ $y_1 = \dfrac{h}{2}$, $z_1 = \dfrac{b}{2}$ $I_{y_0} = \dfrac{hb^3}{12}$, $I_{z_0} = \dfrac{bh^3}{12}$, $I_z = \dfrac{bh^3}{3}$ $W_{y_0} = \dfrac{hb^2}{6}$, $W_{z_0} = \dfrac{hb^2}{6}$
2		$A = bh - b_1 h_1$ $y_1 = \dfrac{h}{2}$, $z_1 = \dfrac{b}{2}$ $I_{y_0} = \dfrac{hb^3 - h_1 b_1^3}{12}$, $I_{z_0} = \dfrac{bh^3 - b_1 h_1^3}{12}$ $W_{y_0} = \dfrac{hb^3 - h_1 b_1^3}{6b}$, $W_{z_0} = \dfrac{bh^3 - b_1 h_1^3}{6h}$
3		$A = \dfrac{\pi D^2}{4} = 0.785 D^2$ 或 $A = \pi r^2 = 3.142 r^2$ $y_l = \dfrac{D}{2} = r$, $z_1 = \dfrac{D}{2} = r$ $I_{y_0} = I_{z_0} = \dfrac{\pi D^4}{64}$ $W_{y_0} = W_{z_0} = \dfrac{\pi D^3}{32}$
4		$A = \dfrac{\pi (D^2 - D_1^2)}{4}$ $y_l = \dfrac{D}{2}$, $z_1 = \dfrac{D}{2}$ $I_{y_0} = I_{z_0} = \dfrac{\pi (D^4 - D_1^4)}{64}$ $W_{y_0} = W_{z_0} = \dfrac{\pi (D^4 - D_1^4)}{32}$
5		$A = Bd + ht$ $y_1 = \dfrac{1}{2} \dfrac{tH^2 + d^2 (B - t)}{Bd + ht}$, $y_2 = H - y_1$ $z_1 = \dfrac{B}{2}$ $I_{z_0} = \dfrac{1}{3} \left[ty_2^3 + By_1^3 - (B - t)(y_1 - d)^3 \right]$ $W_{z_0 \, \text{max}} = \dfrac{I_{z_0}}{y_l}$, $W_{z_0 \, \text{min}} = \dfrac{I_{z_0}}{y_2}$

续表

编 号	截 面 图 形	截 面 几 何 性 质
6		$A = ht + 2Bd$ $y_1 = \dfrac{H}{2}, \quad z_1 = \dfrac{B}{2}$ $I_{z_0} = \dfrac{1}{12}\left[BH^3 - (B-t)\,h^3\right]$ $W_{z_0} = \dfrac{BH^3 - (B-t)\,h^3}{6H}$
7		$A = \dfrac{bh}{2}$ $y_1 = \dfrac{h}{3}, \quad z_1 = \dfrac{2b}{3}$ $I_{y_0} = \dfrac{hb^3}{36}, \quad I_{z_0} = \dfrac{bh^3}{36}$
8		$A = \pi ab$ $y_1 = b, \quad z_l = a$ $I_{y_0} = \dfrac{\pi ba^3}{4}, \quad I_{z_0} = \dfrac{\pi ab^3}{4}$
9		抛物线方程：$y = f(z) = h\left(1 - \dfrac{z^2}{b^2}\right)$ $A = \dfrac{2bh}{3}$ $y_1 = \dfrac{2h}{5}, \quad z_1 = \dfrac{3b}{8}$
10		抛物线方程：$y = f(z) = \dfrac{hz^2}{b^2}$ $A = \dfrac{bh}{3}$ $y_1 = \dfrac{3h}{10}, \quad z_1 = \dfrac{3b}{4}$

注 表中符号代表的意义如下：A 为截面图形的面积；C 为截面图形的形心；y_1、y_2、z_1 分别为截面图形形心相对于图形边缘的位置；I_{y_0}、I_{z_0} 分别为截面图形对形心轴 y_0 轴、z_0 轴的惯性矩；W_{y_0}、W_{z_0} 分别为截面图形对 y_0 轴、z_0 轴的抗弯截面模量。

习　　题

I-1 试确定图示平面图形的形心位置。

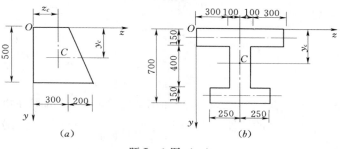

(a)   (b)

题 I-1 图（一）

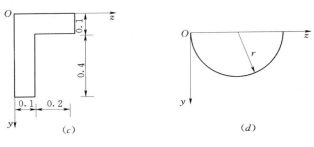

题 I-1 图（二）

I-2 试求图示平面图形对通过其形心的二对称轴的惯性矩。

I-3 试求图示矩形（$b=0.15$m，$h=0.3$m）对 z_0 轴的惯性矩。如果按照图中虚线所示，将矩形的中间部分移到两边拼成工字形，试求工字形对 z_0 轴的惯性矩。

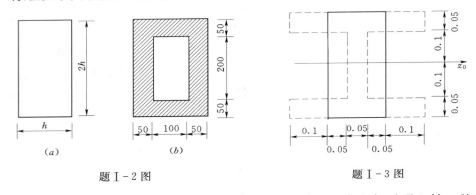

题 I-2 图   题 I-3 图

I-4 图示矩形、箱形和工字形的图形面积 A 相同，试求它们对形心轴 z 的惯性矩之比。

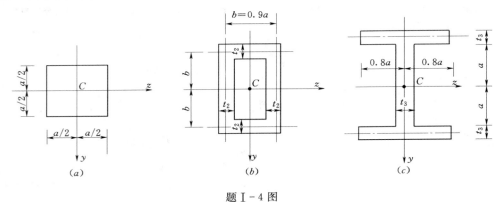

题 I-4 图

I-5 试求图示半圆环图形的形心位置和图形对形心轴 z_0 的惯性矩。

I-6 已知图形对 y_1 轴的惯性矩 $I_{y_1}=2.67\times10^8$mm。试用平行移公式计算图形对 y_2 轴的惯性矩 I_{y_2}。

I-7 试求图示各图形对形心轴的惯性矩。

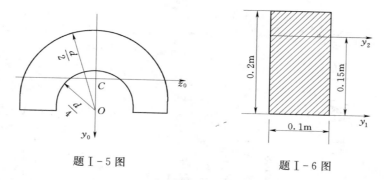

题 I-5 图　　　　　　　　　　　题 I-6 图

I-8　试求图示组合图形的形心轴 z_0 的位置和图形对 z_0 轴的惯性矩。

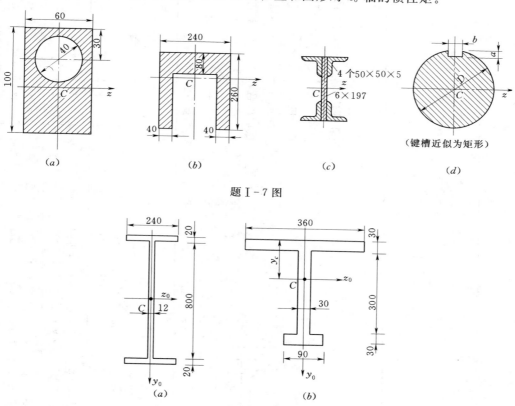

题 I-7 图

题 I-8 图

附录 II

型 钢 规 格 表

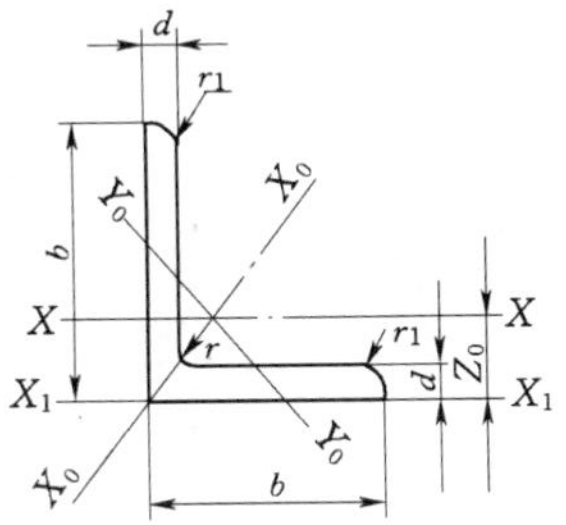

一、热轧等边角钢（GB/T 706—2008）

b——边宽度；　　　　r——内圆弧半径；
d——边厚度；　　　　r₁——边端圆弧半径；
I——惯性矩；　　　　i——惯性半径；
W——截面模数；　　　Z₀——重心距离

热轧等边角钢截面尺寸、截面面积、理论重量及截面特性

表 II-1

型号	截面尺寸 (mm)			截面面积 (cm²)	理论重量 (kg/m)	外表面积 (m²/m)	$X-X$			X_0-X_0			Y_0-Y_0			X_1-X_1	Z_0 (cm)
	b	d	r				I_X (cm⁴)	i_X (cm)	W_X (cm³)	I_{X0} (cm⁴)	i_{X0} (cm)	W_{X0} (cm³)	I_{Y0} (cm⁴)	i_{Y0} (cm)	W_{Y0} (cm³)	I_{X1} (cm⁴)	
2	20	3	3.5	1.132	0.889	0.078	0.40	0.59	0.29	0.63	0.75	0.45	0.17	0.39	0.20	0.81	0.60
		4		1.459	1.145	0.077	0.50	0.58	0.36	0.78	0.73	0.55	0.22	0.38	0.24	1.09	0.64
2.5	25	3	3.5	1.432	1.124	0.098	0.82	0.76	0.46	1.29	0.95	0.73	0.34	0.49	0.33	1.57	0.73
		4		1.859	1.459	0.097	1.03	0.74	0.59	1.62	0.93	0.92	0.43	0.48	0.40	2.11	0.76

附录Ⅱ 型钢规格表 243

续表

型号	截面尺寸 (mm)			截面面积 (cm²)	理论重量 (kg/m)	外表面积 (m²/m)	参考数值											
							X−X			X₀−X₀			Y₀−Y₀			X₁−X₁	Z₀ (cm)
	b	d	r				I_x (cm⁴)	i_x (cm)	W_x (cm³)	I_{x0} (cm⁴)	i_{x0} (cm)	W_{x0} (cm³)	I_{y0} (cm⁴)	i_{y0} (cm)	W_{y0} (cm³)	I_{x1} (cm⁴)	
3.0	30	3	4.5	1.749	1.373	0.117	1.46	0.91	0.68	2.31	1.15	1.09	0.61	0.59	0.51	2.71	0.85
		4		2.276	1.786	0.117	1.84	0.90	0.87	2.92	1.13	1.37	0.77	0.58	0.62	3.63	0.89
3.6	36	3	4.5	2.109	1.656	0.141	2.58	1.11	0.99	4.09	1.39	1.61	1.07	0.71	0.76	4.68	1.00
		4		2.756	2.163	0.141	3.29	1.09	1.28	5.22	1.38	2.05	1.37	0.70	0.93	6.25	1.04
		5		3.382	2.654	0.141	3.95	1.08	1.56	6.24	1.36	2.45	1.65	0.70	1.09	7.84	1.07
4	40	3	5	2.359	1.852	0.157	3.59	1.23	1.23	5.69	1.55	2.01	1.49	0.79	0.96	6.41	1.09
		4		3.086	2.422	0.157	4.60	1.22	1.60	7.29	1.54	2.58	1.91	0.79	1.19	8.56	1.13
		5		3.791	2.976	0.156	5.53	1.21	1.96	8.76	1.52	3.10	2.30	0.78	1.39	10.74	1.17
4.5	45	3	5	2.659	2.088	0.177	5.17	1.40	1.58	8.20	1.76	2.58	2.14	0.89	1.24	9.12	1.22
		4		3.486	2.736	0.177	6.65	1.38	2.05	10.56	1.74	3.32	2.75	0.89	1.54	12.18	1.26
		5		4.292	3.369	0.176	8.04	1.37	2.51	12.74	1.72	4.00	3.33	0.88	1.81	15.2	1.30
		6		5.076	3.985	0.176	9.33	1.36	2.95	14.76	1.70	4.64	3.89	0.80	2.06	18.36	1.33
5	50	3	5.5	2.971	2.332	0.197	7.18	1.55	1.96	11.37	1.96	3.22	2.98	1.00	1.57	12.50	1.34
		4		3.897	3.059	0.197	9.26	1.54	2.56	14.70	1.94	4.16	3.82	0.99	1.96	16.69	1.38
		5		4.803	3.770	0.196	11.21	1.53	3.13	17.79	1.92	5.03	4.64	0.98	2.31	20.90	1.42
		6		5.688	4.465	0.196	13.05	1.52	3.68	20.68	1.91	5.85	5.42	0.98	2.63	25.14	1.46
5.6	56	3	6	3.343	2.624	0.221	10.19	1.75	2.48	16.14	2.20	4.08	4.24	1.13	2.02	17.56	1.48
		4		4.390	3.446	0.220	13.18	1.73	3.24	20.92	2.18	5.28	5.46	1.11	2.52	23.43	1.53
		5		5.415	4.251	0.220	16.02	1.72	3.97	25.42	2.17	6.42	6.61	1.10	2.98	29.33	1.57
		8		8.367	6.568	0.219	23.63	1.68	6.03	37.37	2.11	9.44	9.89	1.09	4.16	47.24	1.68
6.3	63	4	7	4.978	3.907	0.248	19.03	1.96	4.13	30.17	2.46	6.78	7.89	1.26	3.29	33.35	1.70
		5		6.143	4.822	0.248	23.17	1.94	5.08	36.77	2.45	8.25	9.57	1.25	3.90	41.73	1.74
		6		7.288	5.721	0.247	27.12	1.93	6.00	43.03	2.43	9.66	11.20	1.24	4.46	50.14	1.78
		8		9.515	7.469	0.247	34.46	1.90	7.75	54.56	2.40	12.25	14.33	1.23	5.47	67.11	1.85
		10		11.657	9.151	0.246	41.09	1.88	9.39	64.85	2.36	14.56	17.33	1.22	6.36	84.31	1.93

续表

型号	截面尺寸 (mm)			截面面积 (cm²)	理论重量 (kg/m)	外表面积 (m²/m)	X—X			X₀—X₀			Y₀—Y₀			X₁—X₁	Z₀ (cm)
	b	d	r				I_X (cm⁴)	i_X (cm)	W_X (cm³)	I_{X0} (cm⁴)	i_{X0} (cm)	W_{X0} (cm³)	I_{Y0} (cm⁴)	i_{Y0} (cm)	W_{Y0} (cm³)	I_{X1} (cm⁴)	
7	70	4	8	5.570	4.372	0.275	26.39	2.18	5.14	41.80	2.74	8.44	10.99	1.40	4.17	45.74	1.86
		5		6.875	5.397	0.275	32.21	2.16	6.32	51.08	2.73	10.32	13.31	1.39	4.95	57.21	1.91
		6		8.160	6.406	0.275	37.77	2.15	7.48	59.93	2.71	12.11	15.61	1.38	5.67	68.73	1.95
		7		9.424	7.398	0.275	43.09	2.14	8.59	68.35	2.69	13.81	17.82	1.38	6.34	80.29	1.99
		8		10.667	8.373	0.274	48.17	2.12	9.68	76.37	2.68	15.43	19.98	1.37	6.98	91.92	2.03
7.5	75	5	9	7.412	5.818	0.295	39.97	2.33	7.32	63.30	2.92	11.94	16.63	1.50	5.77	70.56	2.04
		6		8.797	6.905	0.294	46.95	2.31	8.64	74.38	2.90	14.02	19.51	1.49	6.67	84.55	2.07
		7		10.160	7.976	0.294	53.57	2.30	9.93	84.96	2.89	16.02	22.18	1.48	7.44	98.71	2.11
		8		11.503	9.030	0.294	59.96	2.28	11.20	95.07	2.88	17.93	24.86	1.47	8.19	112.97	2.15
		10		14.126	11.089	0.293	71.98	2.26	13.64	113.92	2.84	21.48	30.05	1.46	9.56	141.71	2.22
8	80	5	9	7.912	6.211	0.315	48.79	2.48	8.34	77.33	3.13	13.67	20.25	1.60	6.66	85.36	2.15
		6		9.397	7.376	0.314	57.35	2.47	9.87	90.98	3.11	16.08	23.72	1.59	7.65	102.50	2.19
		7		10.860	8.525	0.314	65.58	2.46	11.37	104.07	3.10	18.40	27.09	1.58	8.58	119.70	2.23
		8		12.303	9.658	0.314	73.49	2.44	12.83	116.60	3.08	20.61	30.39	1.57	9.46	136.97	2.27
		10		15.126	11.874	0.313	88.43	2.42	15.64	140.09	3.04	24.76	36.77	1.56	11.08	171.74	2.35
9	90	6	10	10.637	8.350	0.354	82.77	2.79	12.61	131.26	3.51	20.63	34.28	1.80	9.95	145.87	2.44
		7		12.301	9.656	0.354	94.83	2.78	14.54	150.47	3.50	23.64	39.18	1.78	11.19	170.30	2.48
		8		13.944	10.946	0.353	106.47	2.76	16.42	168.97	3.48	26.55	43.97	1.78	12.35	194.80	2.52
		10		17.167	13.476	0.353	128.58	2.74	20.07	203.90	3.45	32.04	53.26	1.76	14.52	244.07	2.59
		12		20.306	15.940	0.352	149.22	2.71	23.57	236.21	3.41	37.12	62.22	1.75	16.49	293.76	2.67
10	100	6	12	11.932	9.366	0.393	114.95	3.10	15.68	181.98	3.90	25.74	47.92	2.00	12.69	200.07	2.67
		7		13.796	10.830	0.393	131.86	3.09	18.10	208.97	3.89	29.55	54.74	1.99	14.26	233.54	2.71
		8		15.638	12.276	0.393	148.24	3.08	20.47	235.07	3.88	33.24	61.41	1.98	15.75	267.09	2.76
		10		19.261	15.120	0.392	179.51	3.05	25.06	284.68	3.84	40.26	74.35	1.96	18.54	334.48	2.84
		12		22.800	17.898	0.391	208.90	3.03	29.48	330.95	3.81	46.80	86.84	1.95	21.08	402.34	2.91
		14		26.256	20.611	0.391	236.53	3.00	33.73	374.06	3.77	52.90	99.00	1.94	23.44	470.75	2.99
		16		29.627	23.257	0.390	262.53	2.98	37.82	414.16	3.74	58.57	110.89	1.94	25.63	539.80	3.06

续表

型号	截面尺寸 (mm)			截面面积 (cm²)	理论重量 (kg/m)	外表面积 (m²/m)	参考数值											
							X—X			X₀—X₀			Y₀—Y₀			X₁—X₁	Z₀ (cm)
	b	d	r				I_x (cm⁴)	i_x (cm)	W_x (cm³)	I_{x0} (cm⁴)	i_{x0} (cm)	W_{x0} (cm³)	I_{Y0} (cm⁴)	i_{Y0} (cm)	W_{Y0} (cm³)	I_{X1} (cm⁴)	
11	110	7	12	15.196	11.928	0.433	177.16	3.41	22.05	280.94	4.30	36.12	73.38	2.20	17.51	310.64	2.96
		8		17.238	13.532	0.433	199.46	3.40	24.95	316.49	4.28	40.69	82.42	2.19	19.39	355.20	3.01
		10		21.261	16.690	0.432	242.19	3.38	30.60	384.39	4.25	49.42	99.98	2.17	22.91	444.65	3.09
		12		25.200	19.782	0.431	282.55	3.35	36.05	448.17	4.22	57.62	116.93	2.15	26.15	534.60	3.16
		14		29.056	22.809	0.431	320.71	3.32	41.31	508.01	4.18	65.31	133.40	2.14	29.14	625.16	3.24
12.5	125	8	14	19.750	15.504	0.492	297.03	3.88	32.52	470.89	4.88	53.28	123.16	2.50	25.86	521.01	3.37
		10		24.373	19.133	0.491	361.67	3.85	39.97	573.89	4.85	64.93	149.46	2.48	30.62	651.93	3.45
		12		28.912	22.696	0.491	423.16	3.83	41.17	671.44	4.82	75.96	174.88	2.46	35.03	783.42	3.53
		14		33.367	26.193	0.490	481.65	3.80	54.16	763.73	4.78	86.41	199.57	2.45	39.13	915.61	3.61
14	140	10	14	27.373	21.488	0.551	514.65	4.34	50.58	817.27	5.46	82.56	212.04	2.78	39.20	915.11	3.82
		12		32.512	25.522	0.551	603.68	4.31	59.80	958.79	5.43	96.85	248.57	2.76	45.02	1099.28	3.90
		14		37.567	29.490	0.550	688.81	4.28	68.75	1093.56	5.40	110.47	284.06	2.75	50.45	1284.22	3.98
		16		42.539	33.393	0.549	770.24	4.26	77.46	1221.81	5.36	123.42	318.67	2.74	55.55	1470.07	4.06
16	160	10	16	31.502	24.729	0.630	779.53	4.98	66.70	1237.30	6.27	109.36	321.76	3.20	52.76	1365.33	4.31
		12		37.441	29.391	0.630	916.58	4.95	78.98	1455.68	6.24	128.67	377.49	3.18	60.74	1639.57	4.39
		14		43.296	33.987	0.629	1048.36	4.92	90.95	1665.02	6.20	147.17	431.70	3.16	68.24	1914.68	4.47
		16		49.067	38.518	0.629	1175.08	4.89	102.63	1865.57	6.17	164.89	484.59	3.14	75.31	2190.82	4.55
18	180	12	16	42.241	33.159	0.710	1321.35	5.59	100.82	2100.10	7.05	165.00	542.61	3.58	78.41	2332.80	4.89
		14		48.896	38.383	0.709	1514.48	5.56	116.25	2407.42	7.02	189.14	621.53	3.56	88.38	2723.48	4.97
		16		55.467	43.542	0.709	1700.99	5.54	131.13	2703.37	6.98	212.40	698.60	3.55	97.83	3115.29	5.05
		18		61.055	48.634	0.708	1875.12	5.50	145.64	2988.24	6.94	234.78	762.01	3.51	105.14	3502.43	5.13
20	200	14	18	54.642	42.894	0.788	2103.55	6.20	144.70	3343.26	7.82	236.40	863.83	3.98	111.82	3734.10	5.46
		16		62.013	48.680	0.788	2366.15	6.18	163.65	3760.89	7.79	265.93	971.41	3.96	123.96	4270.39	5.54
		18		69.301	54.401	0.787	2620.64	6.15	182.22	4164.54	7.75	294.48	1076.74	3.94	135.52	4808.13	5.62
		20		76.505	60.056	0.787	2867.30	6.12	200.42	4554.55	7.72	322.06	1180.04	3.93	146.55	5347.51	5.69
		24		90.661	71.168	0.785	3338.25	6.07	236.17	5294.97	7.64	374.41	1381.53	3.90	166.65	6457.16	5.87

注: 1. 截面图中的 $r_1=1/3d$ 及表中 r 的数据用于孔型设计,不做交货条件。

2. 角钢长度

型号	长度
2~9号	4~12m
10~14号	4~19m
16~20号	6~19m

二、热轧不等边角钢（GB/T 706—2008）

B——长边宽度；
b——短边宽度；
d——边厚度；
r——内圆弧半径；
r_1——边端内圆弧半径；
X_0——重心距离；
Y_0——重心距离；
I——惯性矩；
i——惯性半径；
W——截面模数；

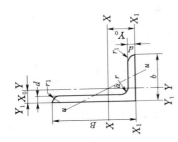

表 II-2　热轧不等边角钢截面尺寸、截面面积、理论重量及截面特性

型号	截面尺寸 (mm)				截面面积 (cm²)	理论重量 (kg/m)	外表面积 (m²/m)	参考数值														
	B	b	d	r				X—X			Y—Y			X_1—X_1		Y_1—Y_1		u—u			
								I_X (cm⁴)	i_x (cm)	W_X (cm³)	I_Y (cm⁴)	i_y (cm)	W_Y (cm³)	I_{X1} (cm⁴)	Y_0 (cm)	I_{Y1} (cm⁴)	X_0 (cm)	I_u (cm⁴)	i_u (cm)	W_u (cm³)	$\tan\alpha$
2.5/1.6	25	16	3	3.5	1.162	0.912	0.080	0.70	0.78	0.43	0.22	0.44	0.19	1.56	0.86	0.43	0.42	0.14	0.34	0.16	0.392
			4		1.499	1.176	0.079	0.88	0.77	0.55	0.27	0.43	0.24	2.09	1.86	0.59	0.46	0.17	0.34	0.20	0.381
3.2/2	32	20	3	3.5	1.492	1.171	0.102	1.53	1.01	0.72	0.46	0.55	0.30	3.27	0.90	0.82	0.49	0.28	0.43	0.25	0.382
			4		1.939	1.522	0.101	1.93	1.00	0.93	0.57	0.54	0.39	4.37	1.08	1.12	0.53	0.35	0.42	0.32	0.374
4/2.5	40	25	3	4	1.890	1.484	0.127	3.08	1.28	1.15	0.93	0.70	0.49	5.39	1.12	1.59	0.59	0.56	0.54	0.40	0.385
			4		2.467	1.936	0.127	3.93	1.36	1.49	1.18	0.69	0.63	8.53	1.32	2.14	0.63	0.71	0.54	0.52	0.381
4.5/2.8	45	28	3	5	2.149	1.687	0.143	4.45	1.44	1.47	1.34	0.79	0.62	9.10	1.37	2.23	0.64	0.80	0.61	0.51	0.383
			4		2.806	2.203	0.143	5.69	1.42	1.91	1.70	0.78	0.80	12.13	1.47	3.00	0.68	1.02	0.60	0.66	0.380
5/3.2	50	32	3	5.5	2.431	1.908	0.161	6.24	1.60	1.84	2.02	0.91	0.82	12.49	1.51	3.31	0.73	1.20	0.70	0.68	0.404
			4		3.177	2.494	0.160	8.02	1.59	2.39	2.58	0.90	1.06	16.65	1.60	4.45	0.77	1.53	0.69	0.87	0.402
5.6/3.6	56	36	3	6	2.734	2.153	0.181	8.88	1.80	2.32	2.92	1.03	1.05	17.54	1.65	4.70	0.80	1.73	0.79	0.87	0.408
			4		3.590	2.818	0.180	11.45	1.79	3.03	3.76	1.02	1.37	23.39	1.78	6.33	0.85	2.23	0.79	1.13	0.408
			5		4.415	3.466	0.180	13.86	1.77	3.71	4.49	1.01	1.65	29.25	1.82	7.94	0.88	2.67	0.78	1.36	0.404

续表

型号	截面尺寸 (mm) B	b	d	r	截面面积 (cm²)	理论重量 (kg/m)	外表面积 (m²/m)	X-X I_X (cm⁴)	i_x (cm)	W_X (cm³)	Y-Y I_Y (cm⁴)	i_y (cm)	W_Y (cm³)	X1-X1 I_{X1} (cm⁴)	Y_0 (cm)	Y1-Y1 I_{Y1} (cm⁴)	X_0 (cm)	u-u I_u (cm⁴)	i_u (cm)	W_u (cm³)	tanα
6.3/4	63	40	4	7	4.058	3.185	0.202	16.49	2.02	3.87	5.23	1.14	1.70	33.30	1.87	8.63	0.92	3.12	0.88	1.40	0.398
			5		4.993	3.920	0.202	20.02	2.00	4.74	6.31	1.12	2.07	41.63	2.04	10.86	0.95	3.76	0.87	1.71	0.396
			6		5.908	4.638	0.201	23.36	1.96	5.59	7.29	1.11	2.43	49.98	2.08	13.12	0.99	4.34	0.86	1.99	0.393
			7		6.802	5.339	0.201	26.53	1.98	6.40	8.24	1.10	2.78	58.07	2.12	15.47	1.03	4.97	0.86	2.29	0.389
7/4.5	70	45	4	7.5	4.547	3.570	0.226	23.17	2.26	4.86	7.55	1.29	2.17	45.92	2.15	12.26	1.02	4.40	0.98	1.77	0.410
			5		5.609	4.403	0.225	27.95	2.23	5.92	9.13	1.28	2.65	57.10	2.24	15.39	1.06	5.40	0.98	2.19	0.407
			6		6.647	5.218	0.225	32.54	2.21	6.95	10.62	1.26	3.12	68.35	2.28	18.58	1.09	6.35	0.98	2.59	0.404
			7		7.657	6.011	0.225	37.22	2.20	8.03	12.01	1.25	3.57	79.99	2.32	21.84	1.13	7.16	0.97	2.94	0.402
7.5/5	75	50	5	8	6.125	4.808	0.245	34.86	2.39	6.83	12.61	1.44	3.30	70.00	2.36	21.04	1.17	7.41	1.10	2.74	0.435
			6		7.260	5.699	0.245	41.12	2.38	8.12	14.70	1.42	3.88	84.30	2.40	25.37	1.21	8.54	1.08	3.19	0.435
			8		9.467	7.431	0.244	52.39	2.35	10.52	18.53	1.40	4.99	112.50	2.44	34.33	1.29	10.87	1.07	4.10	0.429
			10		11.590	9.098	0.244	62.71	2.33	12.79	21.96	1.38	6.04	140.80	2.52	43.43	1.36	13.10	1.06	4.99	0.423
8/5	80	50	5	8	6.375	5.005	0.255	41.96	2.56	7.78	12.82	1.42	3.32	85.21	2.60	21.06	1.14	7.66	1.10	2.74	0.388
			6		7.560	5.935	0.255	49.49	2.56	9.25	14.95	1.41	3.91	102.53	2.65	25.41	1.18	8.85	1.08	3.20	0.387
			7		8.724	6.848	0.255	56.16	2.54	10.58	16.96	1.39	4.48	119.33	2.69	29.82	1.21	10.18	1.08	3.70	0.384
			8		9.867	7.745	0.254	62.83	2.52	11.92	18.85	1.38	5.03	136.41	2.73	34.32	1.25	11.38	1.07	4.16	0.381
9/5.6	90	56	5	9	7.212	5.661	0.287	60.45	2.90	9.92	18.32	1.59	4.21	121.32	2.91	29.53	1.25	10.98	1.23	3.49	0.385
			6		8.557	6.717	0.286	71.03	2.88	11.74	21.42	1.58	4.96	145.59	2.95	35.58	1.29	12.90	1.23	4.13	0.384
			7		9.880	7.756	0.286	81.01	2.86	13.49	24.36	1.57	5.70	169.60	3.00	41.71	1.33	14.67	1.22	4.72	0.382
			8		11.183	8.779	0.286	91.03	2.85	15.27	27.15	1.56	6.41	194.17	3.04	47.93	1.36	16.34	1.21	5.29	0.380
10/6.3	100	63	6	10	9.167	7.550	0.320	99.06	3.21	14.64	30.94	1.79	6.35	199.71	3.24	50.50	1.43	18.42	1.38	5.25	0.394
			7		11.111	8.722	0.320	113.45	3.20	16.88	35.26	1.78	7.29	233.00	3.28	59.14	1.47	21.00	1.38	6.02	0.394
			8		12.534	9.878	0.319	127.37	3.18	19.08	39.39	1.77	8.21	266.32	3.32	67.88	1.50	23.50	1.37	6.78	0.391
			10		15.467	12.142	0.319	153.81	3.15	23.32	47.12	1.74	9.98	333.06	3.40	85.73	1.58	28.33	1.35	8.24	0.387
10/8	100	80	6	10	10.637	8.350	0.354	107.04	3.17	15.19	61.24	2.40	10.16	199.83	2.95	102.68	1.97	31.65	1.72	8.37	0.627
			7		12.301	9.656	0.354	122.73	3.16	17.52	70.08	2.39	11.71	233.20	3.00	119.98	2.01	36.17	1.72	9.60	0.626
			8		13.944	10.946	0.353	137.92	3.14	19.81	78.58	2.37	13.21	266.61	3.04	137.37	2.05	40.58	1.71	10.80	0.625
			10		17.167	13.476	0.353	166.87	3.12	24.24	94.65	2.35	16.12	333.63	3.12	172.48	2.13	49.10	1.69	13.12	0.622

参考数值

续表

型号	截面尺寸 (mm)				截面面积 (cm²)	理论重量 (kg/m)	外表面积 (m²/m)	参 考 数 值														
								X—X			Y—Y			X₁—X₁		Y₁—Y₁		u—u			
	B	b	d	r				I_x (cm⁴)	i_x (cm)	W_x (cm³)	I_Y (cm⁴)	i_Y (cm)	W_Y (cm³)	I_{X1} (cm⁴)	Y_0 (cm)	I_{Y1} (cm⁴)	X_0 (cm)	I_u (cm⁴)	i_u (cm)	W_u (cm³)	tgα
11/7	110	70	6	10	10.637	8.350	0.354	133.37	3.54	17.85	42.92	2.01	7.90	265.78	3.53	69.08	1.57	25.36	1.54	6.53	0.403
			7		12.301	9.656	0.354	153.00	3.53	20.60	49.01	2.00	9.09	310.07	3.57	80.82	1.61	28.95	1.53	7.50	0.402
			8		13.944	10.946	0.353	172.04	3.51	23.30	54.87	1.98	10.25	354.39	3.62	92.70	1.65	32.45	1.53	8.45	0.401
			10		17.167	13.476	0.353	208.39	3.48	28.54	65.88	1.96	12.48	443.13	3.70	116.83	1.72	39.20	1.51	10.29	0.397
12.5/8	125	80	7	11	14.096	11.066	0.403	227.98	4.02	26.86	74.42	2.30	12.01	454.99	4.01	120.32	1.80	43.81	1.76	9.92	0.408
			8		15.989	12.551	0.403	256.77	4.01	30.41	83.49	2.28	13.56	519.99	4.06	137.85	1.84	49.15	1.75	11.18	0.407
			10		19.712	15.474	0.402	312.04	3.98	37.33	100.67	2.26	16.56	650.09	4.14	173.40	1.92	59.45	1.74	13.64	0.404
			12		23.351	18.330	0.402	364.41	3.95	44.01	116.67	2.24	19.43	780.39	4.22	209.67	2.00	69.35	1.72	16.01	0.400
14/9	140	90	8	12	18.038	14.160	0.453	365.64	4.50	38.48	120.69	2.59	17.34	730.53	4.50	195.79	2.04	70.83	1.98	14.31	0.411
			10		22.261	17.475	0.452	445.50	4.47	47.31	140.03	2.56	21.22	913.20	4.58	245.92	2.12	85.82	1.96	17.48	0.409
			12		26.400	20.724	0.451	521.59	4.44	55.87	169.79	2.54	24.95	1096.09	4.66	296.89	2.19	100.21	1.95	20.54	0.406
			14		30.456	23.908	0.451	594.10	4.42	64.18	192.10	2.51	28.54	1279.26	4.74	348.82	2.27	114.13	1.94	23.52	0.403
16/10	160	100	10	13	25.315	19.872	0.512	668.69	5.14	62.13	205.03	2.85	26.56	1362.89	5.24	336.59	2.28	121.74	2.19	21.92	0.390
			12		30.054	23.592	0.511	784.91	5.11	73.49	239.06	2.82	31.28	1635.56	5.32	405.94	2.36	142.33	2.17	25.79	0.388
			14		34.709	27.247	0.510	896.30	5.08	84.56	271.20	2.80	35.83	1908.50	5.40	476.42	2.43	162.23	2.16	29.56	0.385
			16		39.281	30.835	0.510	1003.04	5.05	95.33	301.60	2.77	40.24	2181.79	5.48	548.22	2.51	182.57	2.16	33.44	0.382
18/11	180	110	10	14	28.373	22.273	0.571	956.25	5.80	78.96	278.11	3.13	32.49	1940.40	5.89	447.22	2.44	166.50	2.42	26.88	0.376
			12		33.712	26.440	0.571	1124.72	5.78	93.53	325.03	3.10	38.22	2328.38	5.98	538.94	2.52	194.87	2.40	31.66	0.374
			14		38.967	30.589	0.570	1286.91	5.75	107.76	369.55	3.08	43.97	2716.60	6.06	631.95	2.59	222.30	2.39	36.32	0.372
			16		44.139	34.649	0.569	1443.06	5.72	121.64	411.85	3.06	49.44	3105.15	6.14	726.46	2.67	248.94	2.38	40.87	0.369
20/12.5	200	125	12	14	37.912	29.761	0.641	1570.90	6.44	116.73	483.16	3.57	49.99	3193.85	6.54	787.74	2.83	285.79	2.74	41.23	0.392
			14		43.687	34.436	0.640	1800.97	6.41	134.65	550.83	3.54	57.44	3726.17	6.62	922.47	2.91	326.58	2.73	47.34	0.390
			16		49.739	39.045	0.639	2023.35	6.38	152.18	615.44	3.52	64.69	4258.88	6.70	1058.86	2.99	366.21	2.71	53.32	0.388
			18		55.526	43.588	0.639	2238.30	6.35	169.33	677.19	3.49	71.74	4792.00	6.78	1197.13	3.06	404.83	2.70	59.18	0.385

注　1. 截面图中的 $r_1=1/3d$ 及表中 r 的数据用于孔型设计，不做交货条件。
　2. 角钢长度：2.5/1.6~9/5.6　长4~12m　10/6.3~14/9　长4~19m，16/10~20/12.5　长6~19m。

三、热轧工字钢 (GB/T 706—2008)

h——高度;　　　　r_1——腿端圆弧半径;
b——腿宽度;　　　I——惯性矩;
d——腰厚度;　　　W——截面模数;
t——平均腿厚度;　i——惯性半径;
r——内圆弧半径;　s——半截面的静力矩 (面积矩)

表Ⅱ-3 (a)　热轧工字钢截面尺寸、截面面积、理论重量及截面特性

型号	截面尺寸 (mm)						截面面积 (cm²)	理论重量 (kg/m)	参考数值						
									X—X				Y—Y		
	h	b	d	t	r	r_1			I_X (cm⁴)	W_X (cm³)	i_X (cm)	$i_X:S_X$ (cm)	I_Y (cm⁴)	W_Y (cm³)	i_Y (cm)
10	100	68	4.5	7.6	6.5	3.3	14.345	11.261	245	49.0	4.14	8.59	33.0	9.72	1.52
12.6	126	74	5.0	8.4	7.0	3.5	18.118	14.223	488	77.5	5.20	10.8	46.9	12.7	1.61
14	140	80	5.5	9.1	7.5	3.8	21.516	16.890	712	102	5.76	12.0	64.4	16.1	1.73
16	160	88	6.0	9.9	8.0	4.0	26.131	20.513	1130	141	6.58	13.8	93.1	21.2	1.89
18	180	94	6.5	10.7	8.5	4.3	30.756	24.143	1660	185	7.36	15.4	122	26.0	2.00
20a	200	100	7.0	11.4	9.0	4.5	35.578	27.929	2370	237	8.15	17.2	158	31.5	2.12
20b	200	102	9.0	11.4	9.0	4.5	39.578	31.069	2500	250	7.96	16.9	169	33.1	2.06
22a	220	110	7.5	12.3	9.5	4.8	42.128	33.070	3400	309	8.99	18.9	225	40.9	2.31
22b	220	112	9.5	12.3	9.5	4.8	46.528	36.524	3570	325	8.78	18.7	239	42.7	2.27
25a	250	116	8.0	13.0	10.0	5.0	48.541	38.105	5020	402	10.2	21.6	280	48.3	2.40
25b	250	118	10.0	13.0	10.0	5.0	53.541	42.030	5280	423	9.94	21.3	309	52.4	2.40
28a	280	122	8.5	13.7	10.5	5.3	55.404	43.492	7110	508	11.3	24.6	345	56.6	2.50
28b	280	124	10.5	13.7	10.5	5.3	61.004	47.888	7480	534	11.1	24.2	379	61.2	2.49
32a	320	130	9.5	15.0	11.5	5.8	67.156	52.717	11100	692	12.8	27.5	460	70.8	2.62
32b	320	132	11.5	15.0	11.5	5.8	73.556	57.741	11600	726	12.6	27.1	502	76.0	2.61
32c	320	134	13.5	15.0	11.5	5.8	79.956	62.765	12200	760	12.3	26.8	544	81.2	2.61
36a	360	136	10.0	15.8	12.0	6.0	76.480	60.037	15800	875	14.4	30.7	552	81.2	2.69
36b	360	138	12.0	15.8	12.0	6.0	83.680	65.689	16500	919	14.1	30.3	582	84.3	2.64
36c	360	140	14.0	15.8	12.0	6.0	90.880	71.341	17300	962	13.8	29.9	612	87.4	2.60
40a	400	142	10.5	16.5	12.5	6.3	86.112	67.598	21700	1090	15.9	34.1	660	93.2	2.77

斜度 1:6

续表

型号	截面尺寸 (mm)						截面面积 (cm²)	理论重量 (kg/m)	参考数值						
									X—X				Y—Y		
	h	b	d	t	r	r₁			I_X (cm⁴)	W_X (cm³)	i_X (cm)	$i_X : S_X$ (cm)	I_Y (cm⁴)	W_Y (cm³)	i_Y (cm)
40b	400	144	12.5	16.5	12.5	6.3	94.112	73.878	22800	1140	15.6	33.6	692	96.2	2.71
40c	400	146	14.5	16.5	12.5	6.3	102.112	80.158	23900	1190	15.2	33.2	727	99.6	2.65
45a	450	150	11.5	18.0	13.5	6.8	102.446	80.420	32200	1430	17.7	38.6	855	114	2.89
45b	450	152	13.5	18.0	13.5	6.8	111.446	87.485	33800	1500	17.4	38.0	894	118	2.84
45c	450	154	15.5	18.0	13.5	6.8	120.446	94.550	35300	1570	17.1	37.6	938	122	2.79
50a	500	158	12.0	20.0	14.0	7.0	119.304	93.654	46500	1860	19.7	42.8	1120	142	3.07
50b	500	160	14.0	20.0	14.0	7.0	129.304	101.504	48600	1940	19.4	42.4	1170	146	3.01
50c	500	162	16.0	20.0	14.0	7.0	139.304	109.354	50600	2080	19.0	41.8	1220	151	2.96
56a	560	166	12.5	21.0	14.5	7.3	135.435	106.316	65600	2340	22.0	47.7	1370	165	3.18
56b	560	168	14.5	21.0	14.5	7.3	146.635	115.108	68500	2450	21.6	47.2	1490	174	3.16
56c	560	170	16.5	21.0	14.5	7.3	157.835	123.900	71400	2550	21.3	46.7	1560	183	3.16
63a	630	176	13.0	22.0	15.0	7.5	154.658	121.407	93900	2980	24.5	54.2	1700	193	3.31
63b	630	178	15.0	22.0	15.0	7.5	167.258	131.298	98100	3000	24.2	53.5	1810	204	3.29
63c	630	180	17.0	22.0	15.0	7.5	179.858	141.189	102000	3300	23.8	52.9	1920	214	3.27

表Ⅱ-3 (b)

型号	截面尺寸 (mm)						截面面积 (cm²)	理论重量 (kg/m)	参考数值						
									X—X				Y—Y		
	h	b	d	t	r	r₁			I_X (cm⁴)	W_X (cm³)	i_X (cm)	$i_X : S_X$ (cm)	I_Y (cm⁴)	W_Y (cm³)	i_Y (cm)
12	120	74	5.0	8.4	7.0	3.5	17.818	13.987	436	72.7	4.95	10.3	46.9	12.7	1.62
24a	240	116	8.0	13.0	10.0	5.0	47.741	37.477	4570	381	9.77	20.7	280	48.4	2.42
24b	240	118	10.0	13.0	10.0	5.0	52.541	41.245	4800	400	9.57	20.4	297	50.4	2.38
27a	270	122	8.5	13.7	10.5	5.3	54.554	42.825	6550	485	10.9	23.8	345	56.6	2.51
27b	270	124	10.5	13.7	10.5	5.3	59.954	47.064	6870	509	10.7	22.9	366	58.9	2.47
30a	300	126	9.0	14.4	11.0	5.5	61.254	48.084	8950	597	12.1	25.7	400	63.5	2.55
30b	300	128	11.0	14.4	11.0	5.5	67.254	52.794	9400	627	11.8	25.4	422	65.9	2.50
30c	300	130	13.0	14.4	11.0	5.5	73.254	57.504	9850	657	11.6	26.0	445	68.5	2.46
55a	550	166	12.5	21.0	14.5	7.3	134.185	105.335	62900	2290	21.6	46.9	1370	164	3.19
55b	550	168	14.5	21.0	14.5	7.3	145.185	113.970	65600	2390	21.2	46.4	1420	170	3.14
55c	550	170	16.5	21.0	14.5	7.3	156.185	122.605	68400	2490	20.9	45.8	1480	175	3.08

四、热轧槽钢 (GB/T 706—2008)

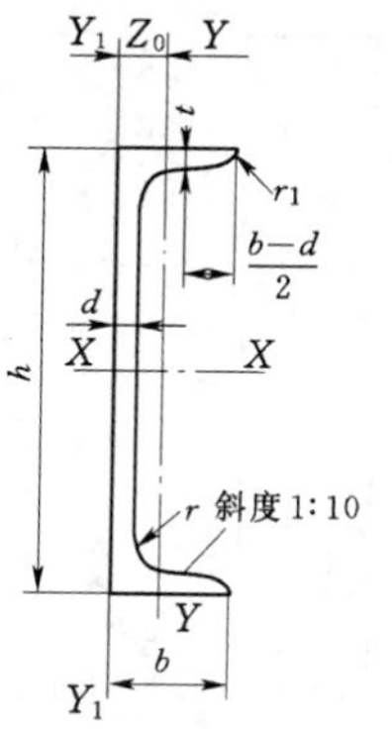

注明: ①图中各尺寸是

h—高度; b—腿宽度; d—腰厚度; t—平均腿厚度;

r—内圆弧半径; r_1—腿端圆弧半径;

I—惯性矩; W—截面模数;

i—惯性半径; Z_0——YY 轴与 Y_1Y_1 轴间距

②槽钢长度: [5～[8 为 5～12m; [10～[18 为 5～19m; [20～[40 为 6～19m;

③经供需双方协议，可供应附表Ⅱ-4 (b)

表Ⅱ-4 (a)

型号	截面尺寸 (mm)						截面面积 (cm²)	理论重量 (kg/m)	参考数值							
									X—X			Y—Y			Y₁—Y₁	Z₀ (cm)
	h	b	d	t	r	r_1			W_X (cm³)	I_X (cm⁴)	i_X (cm)	W_Y (cm³)	I_Y (cm⁴)	i_Y (cm)	I_{Y_1} (cm⁴)	
5	50	37	4.5	7.0	7.0	3.5	6.928	5.438	10.4	26.0	1.94	3.55	8.30	1.10	20.9	1.35
6.3	63	40	4.8	7.5	7.5	3.8	8.451	6.634	16.1	50.8	2.45	4.50	11.9	1.19	28.4	1.36
8	80	43	5.0	8.0	8.0	4.0	10.248	8.045	25.3	101	3.15	5.79	16.6	1.27	37.4	1.43
10	100	48	5.3	8.5	8.5	4.2	12.748	10.007	39.7	198	3.95	7.80	25.6	1.41	54.9	1.52
12.6	126	53	5.5	9.0	9.0	4.5	15.692	12.318	62.1	391	4.95	10.2	38.0	1.57	77.1	1.59
14a	140	58	6.0	9.5	9.5	4.8	18.516	14.535	80.5	564	5.52	13.0	53.2	1.70	107	1.71
14b	140	60	8.0	9.5	9.5	4.8	21.316	16.733	87.1	609	5.35	14.1	61.1	1.69	121	1.67
16a	160	63	6.5	10.0	10.0	5.0	21.962	17.240	108	866	6.28	16.3	73.3	1.83	144	1.80
16b	160	65	8.5	10.0	10.0	5.0	25.162	19.752	117	935	6.10	17.6	83.4	1.82	161	1.75
18a	180	68	7.0	10.5	10.5	5.2	25.699	20.174	141	1270	7.04	20.0	98.6	1.96	190	1.88
18b	180	70	9.0	10.5	10.5	5.2	29.299	23.000	152	1370	6.84	21.5	111	1.95	210	1.84
20a	200	73	7.0	11.0	11.0	5.5	28.837	22.637	178	1780	7.86	24.2	128	2.11	244	2.01
20b	200	75	9.0	11.0	11.0	5.5	32.837	25.777	191	1910	7.64	25.9	144	2.09	268	1.95
22a	220	77	7.0	11.5	11.5	5.8	31.846	24.999	218	2390	8.67	28.2	158	2.23	298	2.10
22b	220	79	9.0	11.5	11.5	5.8	36.246	28.453	234	2570	8.42	30.1	176	2.21	326	2.03
25a	250	78	7.0	12.0	12.0	6.0	34.917	27.410	270	3370	9.82	30.6	176	2.24	322	2.07
25b	250	80	9.0	12.0	12.0	6.0	39.917	31.335	282	3530	9.41	32.7	196	2.22	353	1.98

续表

型号	截面尺寸 (mm)						截面面积 (cm²)	理论重量 (kg/m)	参考数值							Z_0 (cm)
	k	b	d	t	r	r_1			W_X (cm³)	X−X I_X (cm⁴)	i_x (cm)	W_Y (cm³)	Y−Y I_Y (cm⁴)	i_Y (cm)	Y₁−Y₁ i_{Y_1} (cm⁴)	
25c	250	82	11.0	12.0	12.0	6.0	44.917	35.260	295	3690	9.07	35.9	218	2.21	384	1.92
28a	280	82	7.5	12.5	12.5	6.2	40.034	31.427	340	4760	10.9	35.7	218	2.33	388	2.10
28b	280	84	9.5	12.5	12.5	6.2	45.634	35.823	366	5130	10.6	37.9	242	2.30	428	2.02
28c	280	86	11.5	12.5	12.5	6.2	51.234	40.219	393	5500	10.4	40.3	268	2.29	463	1.95
32a	320	88	8.0	14.0	14.0	7.0	48.513	38.083	475	7600	12.5	46.5	305	2.50	552	2.24
32b	320	90	10.0	14.0	14.0	7.0	54.913	43.107	509	8140	12.2	49.2	336	2.47	593	2.16
32c	320	92	12.0	14.0	14.0	7.0	61.313	48.131	543	8690	11.9	52.6	374	2.47	643	2.09
36a	360	96	9.0	16.0	16.0	8.0	60.910	47.814	660	11900	14.0	63.5	455	2.73	818	2.44
36b	360	98	11.0	16.0	16.0	8.0	68.110	53.466	703	12700	13.6	66.9	497	2.70	880	2.37
36c	360	100	13.0	16.0	16.0	8.0	75.310	59.118	746	13400	13.4	70.0	536	2.67	948	2.34
40a	400	100	10.5	18.0	18.0	9.0	75.068	58.928	879	17600	15.3	78.8	592	2.81	1070	2.49
40b	400	102	12.5	18.0	18.0	9.0	83.068	65.208	932	18600	15.0	82.5	640	2.78	1140	2.44
40c	400	104	14.5	18.0	18.0	9.0	91.068	71.488	986	19700	14.7	86.2	688	2.75	1220	2.42

附表 II − 4 (b)

型号	截面尺寸 (mm)						截面面积 (cm²)	理论重量 (kg/m)	参考数值							Z_0 (cm)
	h	b	d	t	r	r_1			W_X (cm³)	X−X I_X (cm⁴)	i_x (cm)	W_Y (cm³)	Y−Y I_Y (cm⁴)	i_Y (cm)	Y₁−Y₁ i_{Y_1} (cm⁴)	
6.5	65	40	4.3	7.5	7.5	3.8	8.547	6.709	17.0	55.2	2.54	4.59	12.0	1.19	28.3	1.38
12	120	53	5.5	9.0	9.0	4.5	15.362	12.059	57.7	346	4.75	10.2	37.4	1.56	77.7	1.62
24a	240	78	7.0	12.0	12.0	6.0	34.217	26.860	254	3050	9.45	30.5	174	2.25	325	2.10
24b	240	80	9.0	12.0	12.0	6.0	39.017	30.628	274	3280	9.17	32.5	194	2.23	355	2.03
24c	240	82	11.0	12.0	12.0	6.0	43.817	34.396	293	3510	8.96	34.4	213	2.21	388	2.00
27a	270	82	7.5	12.5	12.5	6.2	39.284	30.838	323	4360	10.5	35.5	216	2.34	393	2.13
27b	270	84	9.5	12.5	12.5	6.2	44.684	35.077	347	4690	10.3	37.7	239	2.31	428	2.06
27c	270	86	11.5	12.5	12.5	6.2	50.084	39.316	372	5020	10.1	39.8	261	2.28	467	2.03
30a	300	85	7.5	13.5	13.5	6.8	43.902	34.463	403	6050	11.7	41.1	260	2.43	467	2.17
30b	300	87	9.5	13.5	13.5	6.8	49.902	39.173	433	6500	11.4	44.0	289	2.41	515	2.13
30c	300	89	11.5	13.5	13.5	6.8	55.902	43.883	463	6950	11.2	46.4	316	2.38	560	2.09

习 题 答 案

第三章

3-1　$R = 4.56\text{kN}, \alpha = 9°14'$

3-2　$N_{AB} = 1.36\text{kN}(拉), N_{BC} = 2.08\text{kN}(拉)$

3-3　$R = 0$

3-4　$T_{AB} = 230.95\text{N}, T_{AE} = 115.47\text{N}, T_{BC} = 230.94\text{N}, T_{BD} = 119.54\text{N}$

3-5　$(a)0; (b)Fl\sin\theta$

3-6　$R_{AB} = 5\text{kN}, m_2 = 3\text{kN} \cdot \text{m}$

3-7　$R_A = 2694\text{N}, R_C = 2694\text{N}$

3-8　$(a)R_A = \dfrac{F}{3}(\downarrow), R_B = \dfrac{F}{3}(\uparrow); (b)R_A = F(\uparrow), R_B = F(\downarrow)$

3-9　$R_A = 5.05\text{kN}, R_B = 5.05\text{kN}$

3-10　$R' = 45.4\text{kN}, \alpha = 82°24', m_0 = 54.8\text{kN} \cdot \text{m}$

3-11　$(a)R' = 0, M_A = \dfrac{\sqrt{3}}{2}Fa; (b)R = 2F, M_A = \dfrac{\sqrt{3}}{2}Fa$

3-12　$(a)R_A = 113.3\text{kN}(\uparrow), R_B = 86.7\text{kN}(\uparrow)$

　　　$(b)R_A = 19.33\text{kN}(\uparrow), R_B = 10.67\text{kN}(\uparrow)$

　　　$(c)R_B = 16\text{kN}(\uparrow), m_B = 49\text{kN} \cdot \text{m}(顺)$

　　　$(d)R_A = 20\text{kN}(\uparrow), m_A = 40\text{kN} \cdot \text{m}(逆)$

　　　$(e)R_A = 5.83\text{kN}(\uparrow), R_B = 89.17\text{kN}(\uparrow)$

　　　$(f)R_A = 9.50\text{kN}(\uparrow), R_B = 3.50\text{kN}(\uparrow)$

3-13　$X_A = 22.4\text{kN}(\leftarrow), Y_A = 4.4\text{kN}(\downarrow), R_B = 28\text{kN}$

3-14　$(a)X_A = 3\text{kN}(\leftarrow), Y_A = 0.25\text{kN}(\downarrow), R_B = 4.25\text{kN}(\uparrow)$

　　　$(b)X_A = 0, Y_A = 6\text{kN}(\uparrow), m_A = 5\text{kN} \cdot \text{m}(逆)$

　　　$(c)X_A = 20\text{kN}(\leftarrow), Y_A = 20\text{kN}(\uparrow), R_B = 30\text{kN}(\uparrow)$

3-15　$Q = 333\text{kN}, x_{\max} = 6.75\text{m}$

3-16　$m_0 = 70\text{N} \cdot \text{m}$

3-17　$X_A = 1.08F(\rightarrow), Y_A = 1.625F(\uparrow), m_A = 1.75Fa(逆), X_E = 1.08F(\leftarrow),$
　　　$Y_E = 0.375F(\downarrow)$

3-18　$N_1 = 62.5\text{kN}, N_2 = 57.7\text{kN}, N_3 = 57.7\text{kN}, N_4 = 12.5\text{kN}$

第四章

$4-1$ $R_x = -345.4\text{N}, R_y = 249.6\text{N}, R_z = 10.56\text{N}$

          $M_x = -51.78\text{N} \cdot \text{m}, M_y = -36.65\text{N} \cdot \text{m}, M_z = 103.6\text{N} \cdot \text{m}$

$4-2$ $M_x = \dfrac{F}{4}(h-3r), M_y = \dfrac{\sqrt{3}}{4}F(h+r), M_z = -\dfrac{Fr}{2}$

$4-3$ $M_{x1} = 0.211G, M_{x2} = 0.366G, M_{x3} = 0.423G$

$4-4$ $N_1 = F, N_2 = -1.414F, N_3 = -F, N_4 = 1.414F, N_5 = 1.414F, N_6 = -F$

$4-5$ $F_3 = 4000\text{N}, F_4 = 2000\text{N}, R_{Ax} = -6375\text{N}, R_{Az} = 1299\text{N}, R_{Bx} = -4125\text{N}, R_{Bz} = 3897\text{N}$

$4-6$ $R_{CE} = 1000\text{N}, R_{Ax} = 0, R_{Ay} = -750\text{N}, R_{Az} = -500\text{N}, R_{Bx} = 433.0\text{N}, R_{Bz} = 500\text{N}$

$4-7$ $F_1 = F_D, F_2 = -\sqrt{2}F_D, F_3 = -\sqrt{2}F_D, F_4 = \sqrt{6}F_D, F_5 = -F - \sqrt{2}F_D, F_6 = F_D$

$4-8$ $b - c - a = 0$

$4-9$ $F_2 = 360\text{N}, R_{Ax} = -40\sqrt{3}\text{N}, R_{Az} = 160\text{N}, R_{Bx} = 10\sqrt{3}\text{N}, R_{Bz} = 230\text{N}$

$4-10$ $x_C = 50\text{mm}, y_C = -140\text{mm}$

$4-11$ $R_B = \dfrac{F_1+F_2}{2}, R_{Ax} = 0, R_{Ay} = -\dfrac{F_1+F_2}{2}, R_{Az} = F_1 + \dfrac{F_2}{2}, R_{Cx} = R_{Cy} = 0, R_{Cz} = \dfrac{F_2}{2}$

$4-12$ $(a) x_C = 0, y_C = 153.6\text{mm}; (b) x_C = 19.74\text{mm}, y_C = 39.74\text{mm}$

$4-13$ $x_C = 135\text{mm}, y_C = 140\text{mm}$

$4-14$ $BE = 0.366a$

$4-15$ $x_C = 1.319\text{m}, y_C = 3.333\text{m}, z_C = 1.361\text{m}$

第五章

$5-1$ $(a) N_1 = F(拉), N_2 = F(压), N_3 = 4F(压)$

          $(b) N_1 = 20\text{kN}(拉), N_2 = 10\text{kN}(压)$

          $(c) N_1 = 0, N_2 = 5\text{kN}(压), N_3 = 15\text{kN}(压)$

          $(d) N_{AB} = 180\text{kN}(压), N_{BC} = 420\text{kN}(压)$

$5-2$ $(a) M_{x1} = 3\text{kN} \cdot \text{m}, M_{x2} = -2\text{kN} \cdot \text{m}, M_{x3} = -2\text{kN} \cdot \text{m}$

          $(b) M_{x1} = -3\text{kN} \cdot \text{m}, M_{x2} = 3\text{kN} \cdot \text{m}, M_{x3} = 0$

$5-3$ $(a) |M_x|_{\max} = M_e; (b) |M_x|_{\max} = 2.4M_e; (c) |M_x|_{\max} = 8M_e; (d) |M_x|_{\max} = 2lt$

$5-4$ $(a) Q_1 = 2\text{kN}, M_1 = 12\text{kN} \cdot \text{m}$

          $(b) Q_1 = 2qa, M_1 = -\dfrac{7}{2}qa^2; Q_2 = 2qa, M_1 = -\dfrac{3}{2}qa^2; Q_3 = 2qa, M_3 = -\dfrac{3}{2}qa^2$

          $(c) Q_1 = qa, M_1 = 0; Q_2 = qa, M_2 = 0; Q_3 = qa, M_3 = -qa^2$

          $(d) Q_1 = -\dfrac{1}{4}ql, M_1 = -\dfrac{1}{8}ql^2; Q_2 = \dfrac{5}{8}ql, M_2 = -\dfrac{1}{8}ql^2$

          $(e) Q_1 = 2\text{kN}, M_1 = 0; Q_2 = -2\text{kN}, M_2 = 0; Q_3 = -2\text{kN}, M_3 = 3\text{kN} \cdot \text{m}$

          $(f) Q_1 = 11\text{kN}, M_1 = 5\text{kN} \cdot \text{m}; Q_2 = -9\text{kN}, M_2 = 13.5\text{kN} \cdot \text{m}$

$5-5$ $(a) |Q|_{\max} = 2F, |M|_{\max} = Fa$

          $(b) |Q|_{\max} = qa, |M|_{\max} = \dfrac{1}{2}qa^2$

          $(c) |Q|_{\max} = 2qa, |M|_{\max} = qa^2$

$(d)\ |Q|_{max} = F, |M|_{max} = Fa$

$(e)\ |Q|_{max} = \dfrac{5}{3}F, |M|_{max} = \dfrac{5}{3}Fa$

$(f)\ |Q|_{max} = \dfrac{3M_e}{2a}, |M|_{max} = \dfrac{3}{2}M_e$

$(g)\ |Q|_{max} = \dfrac{5}{8}qa, |M|_{max} = \dfrac{1}{8}qa^2$

$(h)\ |Q|_{max} = \dfrac{7}{2}F, |M|_{max} = \dfrac{5}{2}Fa$

$(i)\ |Q|_{max} = \dfrac{5}{8}qa, |M|_{max} = \dfrac{1}{8}qa^2$

$(j)\ |Q|_{max} = 30\text{kN}, |M|_{max} = 15\text{kN} \cdot \text{m}$

5 - 6 $\quad (a)M_{AB} = Fa$（左拉）

$(b)M_{BC} = 16\text{kN} \cdot \text{m}$（上拉）

$(c)M_{BC} = \dfrac{9}{2}qa^2$（下拉）

$(d)M_{BA} = \dfrac{1}{4}qa^2$（右拉）

第六章

6 - 1 $\quad (\sigma_-)_{max} = 1\text{MPa}$

6 - 2 $\quad 159.2\text{MPa}$

6 - 3 $\quad [F] = \sqrt{2}/3A[\sigma_-]$

6 - 4 $\quad A_1 = 5\text{cm}^2, A_2 = 14.14\text{cm}^2, A_3 = 25\text{cm}^2$

6 - 5 $\quad 2\llcorner 45 \times 45 \times 6$

6 - 6 $\quad r_m = r\left[\dfrac{6(R-r)}{\gamma\pi hr^3} - 2\right]^{\frac{1}{3}}$

6 - 7 $\quad B$ 点的位移 $\delta_B = 0.125\text{mm}(\leftarrow)$

6 - 8 $\quad (1)\ \sigma = 180\text{MPa}; (2)F = 11.996\text{kN}; (3)\delta_B = 42.5\text{mm}(\downarrow)$

6 - 9 $\quad (1)\ x = 0.6\text{m}; (2)F = 200\text{kN}$

6 - 10 $\quad \Delta l = \dfrac{8\sqrt{3}}{3}\dfrac{Fl}{EA}, \delta_B = 4\Delta l, \delta_c = 2\Delta l$

6 - 11 $\quad \Delta l = \dfrac{4Fl}{\pi E d_1 d_2}$

6 - 12 $\quad \Delta l = \dfrac{2Fl}{\pi E d^2}$

6 - 13 $\quad A_1 = 0.576\text{m}^2, A_2 = 0.665\text{m}^2, \delta_A = 2.24\text{mm}(\downarrow)$

6 - 14 $\quad \alpha = 45°$

6 - 15 $\quad \alpha = \arctan\sqrt{2} = 54°44'$

6 - 16 $\quad R_{左} = \dfrac{5}{3}F(\uparrow), R_{右} = \dfrac{4}{3}F(\uparrow)$

6 - 17 $\quad N_1 = 30\text{kN}, N_2 = 60\text{kN}, A = 600\text{mm}^2$

6 - 18 $N_1 = -11.5\text{kN}, N_2 = 2.68\text{kN}, N_2 = 8.46\text{kN}$

6 - 19 $e = \dfrac{b(E_1 - E_2)}{2(E_1 + E_2)}$

6 - 20 $\sigma_1 = \sigma_3 = -8\text{MPa}, \sigma_2 = -2\text{MPa}$

第七章

7 - 1 $M_{x\text{max}} = 0.859\text{kN} \cdot \text{m}, M_{x\text{min}} = -2\text{kN}$

7 - 2 $\tau_A = \tau_C = 71.3\text{MPa}, \tau_B = 35.7\text{MPa}$

7 - 3 $\tau_{\text{max}} = 12.1\text{MPa}$

7 - 4 $P = 38.6\text{kW}$

7 - 5 $d_1 = 44.8\text{mm}, D_2 = 45.8\text{mm}$

7 - 6 $M_{e1}/M_{e2} = 8$

7 - 7 $\phi = \dfrac{ql^2}{2GI_P}$

7 - 8 $d = 145\text{mm}$

7 - 9 $\tau_{\text{max}} = 58.1\text{MPa}$

7 - 10   空心轴 $\tau_{\text{max}} = 41.2\text{MPa}$, 实心轴 $\tau_{\text{max}} = 23.8\text{MPa}$

7 - 11 $M_x = 585.5\text{kN} \cdot \text{m}$

7 - 12 $|M_x|_{\text{max}} = \dfrac{7}{8}M_{e1}$

7 - 14 $\dfrac{a}{l} = \left(\dfrac{d_1}{d_2}\right)^4$

7 - 15 $M_{x1} : M_{x2} : M_{x3} = 1 : 1.48 : 2$

第八章

8 - 1 $\sigma_{\text{max}} = 40\text{MPa}$

8 - 2   实心 $\sigma_{1\text{max}} = 159\text{MPa}$; 空心 $\sigma_{2\text{max}} = 93.6\text{MPa}$; $(\sigma_{1\text{max}} - \sigma_{2\text{max}})/\sigma_{1\text{max}} = 41.2\%$

8 - 3 $\sigma_{\text{max}} = 58.9\text{MPa}$

8 - 4 $x = 2.4\text{m}$

8 - 5 $h = \dfrac{3}{4}\dfrac{\rho l^2}{\sigma_s}$

8 - 6   圆截面：$M_{\text{max}} = \dfrac{\pi d^3}{32}[\sigma]$; 正方形截面：$M_{\text{max}} = \dfrac{a^3}{6}[\sigma]$;

         矩形截面：$M_{\text{max}} = \dfrac{bh^2}{6}[\sigma]$

8 - 7 $h = \sqrt{2}b, b = d/\sqrt{3}$

8 - 8 $b = 316\text{mm}$

8 - 9 $\sigma_{\text{max}} = 100\text{MPa}, d \leqslant 2\text{mm}$

8 - 10   圆形：$d = 108\text{mm}$; 矩形：$b = 57\text{mm}$, $h = 114\text{mm}$;

         工字形：16 号，$W = 141 \text{ cm}^3$ 最省材料

8 - 11 $b = 283\text{mm}, h = 566\text{mm}$

8 - 12 $F_{\text{max}} = 61.3\text{kN}$

8 – 13　　$\sigma_{\max} = 51.2\text{MPa}$

8 – 14　　(1) $\sigma = 30\text{MPa}$，$\tau = 1.6\text{MPa}$

　　　　　(2) $\sigma_{\max} = 50\text{MPa}$，$\tau_{\max} = 2.5\text{MPa}$

　　　　　(3) $\sigma_{\max} = 200\text{MPa}$，$\tau_{\max} = 5\text{MPa}$

8 – 15　　(1) $\sigma_{\max} = 1019\text{MPa}$，$\tau_{\max} = 33.97\text{MPa}$；(2) $\tau_{\max}/\sigma_{\max} = 3.33\%$

8 – 16　　$\tau_{\max}/\sigma_{\max} = h/2l$

8 – 17　　$F \leqslant 2091\text{N}$

8 – 18　　$1 : 8 : 27$

8 – 19　　(a) $\theta_B = ml/EI$，$w_B = ml^2/2EI$

　　　　　(b) $\theta_B = 2ql^3/3EI$，$w_B = 11ql^4/24EI$

　　　　　(c) $\theta_A = -ql^3/24EI$，$w_C = ql^4/24EI$

　　　　　(d) $\theta_A = -\theta_B = Fl^2/9EI$，$w_E = 23Fl^3/648EI$

8 – 20　　$w_B = \dfrac{25qb^4}{72EI}$

8 – 21　　$l \leqslant 8.6\text{m}$

8 – 22　　$I \geqslant 1396\text{cm}^4$，选用 18 号工字钢

8 – 23　　$[w_{中}] = 1.318\text{mm}$，$\theta = 0.00797\text{rad}$

8 – 24　　32a 号工字钢

8 – 25　　$R_{By} = \dfrac{5}{16}F$，$M_A = -\dfrac{3}{16}Fl$（上边受拉）

8 – 26　　$R_{Cy} = \dfrac{7}{16}ql$，$M_B = -\dfrac{1}{16}ql^2$（上边受拉）

8 – 27　　(a) $R_{Ay} = R_{Cy} = \dfrac{3}{8}ql(\uparrow)$，$R_{By} = \dfrac{5}{4}ql(\uparrow)$；

　　　　　(b) $R_{Ay} = \dfrac{7}{4}F(\uparrow)$，$R_{By} = \dfrac{3}{4}F(\downarrow)$，$M_B = \dfrac{Fl}{4}$（逆时针方向）

8 – 28　　BC 杆：$\sigma_{\max} = 185\text{MPa}$；$AB$ 杆：$\sigma_{\max} = 156\text{MPa}$

第九章

9 – 1　　(1) $\sigma_{30°} = -57.1\text{MPa}$，$\tau_{30°} = -27.6\text{MPa}$

　　　　　(2) $\sigma_{45°} = 70\text{MPa}$，$\tau_{45°} = 40\text{MPa}$

　　　　　(3) $\sigma_{-30°} = 17.3\text{MPa}$，$\tau_{-30°} = 10\text{MPa}$

9 – 2　　(1) $\sigma'_{zh} = 65.6\text{MPa}$，$\sigma''_{zh} = 24.4\text{MPa}$，$\tau_{\max} = 32.8\text{MPa}$

　　　　　(2) $\sigma'_{zh} = 72.4\text{MPa}$，$\sigma''_{zh} = -12.4\text{MPa}$，$\tau_{\max} = 42.4\text{MPa}$

　　　　　(3) $\sigma'_{zh} = 80\text{MPa}$，$\sigma''_{zh} = -30\text{MPa}$，$\tau_{\max} = 55\text{MPa}$

9 – 4　　(1) $\sigma_{45°} = -0.45\text{MPa}$，$\tau_{45°} = -0.59\text{MPa}$

　　　　　(2) $\sigma'_{zh} = 0.01\text{MPa}$，$\sigma''_{zh} = -1.19\text{MPa}$

9 – 5　　$M_e = 11.8\text{kN} \cdot \text{m}$

9 – 6　　$\sigma'_{zh} = 56.05\text{MPa}$，$\sigma''_{zh} = -38.35\text{MPa}$

9 – 7　　(1) $\sigma_{30°} = -60\text{MPa}$，$\tau_{30°} = -28\text{MPa}$

　　　　　(2) $\sigma_{45°} = 68\text{MPa}$，$\tau_{45°} = 40\text{MPa}$

(3) $\sigma_{-30°} = 18\text{MPa}$，$\tau_{-30°} = 10\text{MPa}$

9 - 9　$\sigma_x = 53.8\text{MPa}$，$\sigma_x = 46.2\text{MPa}$，$\varepsilon_z = -0.15 \times 10^{-3}$

9 - 10　(1) $\sigma_1 = 81.2\text{MPa}$，$\sigma_2 = 20\text{MPa}$，$\sigma_3 = -1.2\text{MPa}$

　　　　(2) $\varepsilon_x = 0.45 \times 10^{-4}$，$\varepsilon_y = 1.75 \times 10^{-4}$，$\varepsilon_y = -0.2 \times 10^{-4}$

9 - 11　$\sigma_x = \sigma_y = -60\text{MPa}$，$\sigma^z = -140\text{MPa}$

9 - 12　$\varepsilon_{45°} = 0.166 \times 10^{-3}$

9 - 13　$\sigma_1 = 34.1\text{MPa}$，$\sigma_2 = 0$，$\sigma_3 = -19.1\text{MPa}$，$\sigma_{e1} = 34.1\text{MPa}$，$\sigma_{e2} = 39.8\text{MPa}$

9 - 14　$\sigma_1 = 116.71\text{MPa}$，$\sigma_2 = 0$，$\sigma_3 = -9.9\text{MPa}$，$\sigma_{e3} = 127\text{MPa}$

第十章

10 - 1　$\sigma_{\text{拉max}} = 8.0\text{MPa}$，$A$ 点

10 - 2　$\sigma_{\max} = 133.8\text{MPa}$

10 - 3　$q_{\max} = 11.34\text{kN/m}$

10 - 4　$\sigma_{\text{拉max}} = \dfrac{7F}{bh}$

10 - 5　$\sigma_{\text{拉max}} = 3.8\text{MPa}$，$\sigma_{\text{压max}} = 4.0\text{MPa}$

10 - 6　$\sigma_{\max} = 109.3\text{MPa}$

10 - 7　$\sigma_{\text{压max}} = -1.39\text{MPa}$

10 - 8　(1) $h = 300\text{mm}$；(2) $\sigma_{\text{压max}} = -4.44\text{MPa}$

10 - 9　$e = 15.0\text{mm}$

10 - 10　$d \geqslant 38\text{mm}$

10 - 11　$\sigma_{e3} = 139.6\text{MPa}$

10 - 12　$\sigma_{e3} = 147.6\text{MPa}$

第十一章

11 - 2　$F_{cr} = 178\text{kN}$

11 - 3　$F_{cr1} = 2540\text{kN}$，$F_{cr2} = 4705\text{kN}$，$F_{cr3} = 4825\text{kN}$

11 - 4　$F_{cr} = 345\text{kN}$

11 - 5　(1) $F_{cr} = 242\text{kN}$，$F_{cr} = 106.7\text{kN}$；(2) $n_{st} = 1.52$，不安全

11 - 6　(1) $[F] = 172\text{kN}$；(2) $[F] = 69\text{kN}$

11 - 7　$F_{\max} = 51.8\text{kN}$

11 - 8　20a 号工字钢

11 - 9　$d = 19.1\text{cm}$

11 - 10　$d = 3.12\text{cm}$

附录 I

I - 1　(a) $y_C = 271\text{mm}$，$z_C = 204\text{mm}$　　(b) $y_C = 305\text{mm}$，$z_C = 400\text{mm}$

　　　(c) $y_C = 0.193\text{mm}$，$z_C = 0.093\text{mm}$　　(d) $y_C = \dfrac{4r}{3\pi}\text{mm}$，$z_C = r$

I - 2　(a) $\dfrac{2}{3}h^4$，$\dfrac{1}{6}h^4$　　(b) $383.33 \times 10^6\text{mm}^4$，$183.33 \times 10^6\text{mm}^4$

I - 3　矩形：$I_{z_0} = 3.375 \times 10^{-4}\text{m}^4$　　工字形：$I_{z_0} = 5.875 \times 10^{-4}\text{m}^4$

I－5　$y_C = \dfrac{7d}{9\pi}$ ，$I_{z_0} = 0.00496d^4$

I－6　$I_{y_2} = 1.17 \times 10^4\,\mathrm{cm}^4$

I－7　(a) $4.24 \times 10^6\,\mathrm{mm}^4$ ；　(b) $1.88 \times 10^8\,\mathrm{mm}^4$ ；

(c) $1.179 \times 10^7\,\mathrm{mm}^4$ ；　(d) $\dfrac{\pi D^4}{64} - \dfrac{1}{3}ba^3 - \dfrac{1}{4}baD^2 + \dfrac{1}{2}ba^2D - \dfrac{1}{4}ba^4$

I－8　(a) $I_{z0} = 21.26 \times 10^{-4}\,\mathrm{m}^4$ ；　(b) $y_C = 120\,\mathrm{mm}, I_{z_0} = 3.155 \times 10^{-4}\,\mathrm{m}^4$

主要参考文献

[1] 刘鸿文．材料力学．第三版．北京：高等教育出版社，1992.

[2] 程宜康．工程力学．南京：东南大学出版社，2000.

[3] 范钦珊．材料力学．北京：高等教育出版社，1979.

[4] R. C. Hibbeler. 材料力学．北京：高等教育出版社，2004.

[5] 唐驾时，等．理论力学．北京：机械工业出版社．

[6] 董卫华．理论力学．武汉：武汉工业大学出版社．

[7] 蒋平．工程力学基础（Ⅰ）．北京：高等教育出版社．

[8] 哈尔滨工业大学理论力学教研组．理论力学．第五版．北京：高等教育出版社，1997.

[9] 尹冠生．理论力学．西安：西北工业大学出版社，2000.

[10] 范钦珊．理论力学．北京：高等教育出版社，2000.

[11] 刘延柱，杨海兴，朱本华．理论力学．第二版．北京：高等教育出版社，2001.

[12] 浙江大学理论力学教研室．理论力学．第三版．北京：高等教育出版社，1999.

[13] 孙训方，方孝淑，关来泰．材料力学．第四版．北京：高等教育出版社，2002.

[14] 袁海庆．材料力学．武汉：武汉工业大学出版社，2000.

[15] 范钦珊．材料力学．北京：高等教育出版社，2000.

[16] 叶文洪，姚庆钊．工程力学．北京：中国建材工业出版社，2002.

[17] 单辉祖．材料力学教程．北京：高等教育出版社，2004.

[18] 粟一凡．建筑力学．北京：人民教育出版社，1979.

[19] 武汉水利电力学院．工程力学与工程结构．北京：人民教育出版社，1979.

[20] 刘达．材料力学．西安：西北工业大学出版社，1999.

[21] 刘观薪．工程力学学习指导．北京：中央广播电视大学出版社，1991.

[22] 周国谨，施美丽，张景暎．建筑力学．第二版．上海：同济大学出版社，2002.

[23] 秦惠民．材料力学．武汉：武汉大学出版社，1995.

[24] E. J. Hearn. Mechanics of Materials. 1975.